NO EXCUSE!

By
Jay Rifenbary

没有任何借口

［美］杰伊·瑞芬博瑞（Jay Rifenbary） 著

佘卓桓 译

湖南文艺出版社
HUNAN LITERATURE AND ART PUBLISHING HOUSE

博集天卷
CS-BOOKY

著作权合同登记号：图字 18-2015-086

图书在版编目（CIP）数据

没有任何借口/（美）瑞芬博瑞（Rifenbary，J.）著；佘卓桓译.— 长沙：湖南文艺出版社，2015.8（2021.2重印）

书名原文：No Excuse！

ISBN 978-7-5404-7274-0

Ⅰ.①没… Ⅱ.①瑞… ②佘… Ⅲ.①成功心理-通俗读物 Ⅳ.①B848.4-49

中国版本图书馆CIP数据核字（2015）第185644号

上架建议：励志·成功心理

MEIYOU RENHE JIEKOU
没有任何借口

作　　者：〔美〕瑞芬博瑞（Rifenbary，J.）
译　　者：佘卓桓
出 版 人：曾赛丰
责任编辑：薛　健　刘诗哲
监　　制：邢越超
策划编辑：李彩萍
特约编辑：尹　晶
版权支持：刘子一
营销支持：文刀刀　周　茜
版式设计：李　洁
封面设计：主语设计　风　筝
出　　版：湖南文艺出版社
　　　　　（长沙市雨花区东二环一段508号　邮编：410014）
网　　址：www.hnwy.net
印　　刷：三河市中晟雅豪印务有限公司
经　　销：新华书店
开　　本：787mm×1092mm　1/16
字　　数：281千字
印　　张：20.5
版　　次：2015年8月第1版
印　　次：2021年2月第10次印刷
书　　号：ISBN 978-7-5404-7274-0
定　　价：52.00元

若有质量问题，请致电质量监督电话：010-59096394
团购电话：010-59320018

以个人的名义，欢迎你们

没有任何借口

亲爱的朋友：

　　欢迎你们参与我研发的这个充满活力的成功计划。《没有任何借口》是我这些年来知识与经验的重大总结。本书将会帮助你们在个人生活与职场中达到全新的高度。你们将会了解更多关于成功原则的知识、宽恕、自尊以及做人的态度，这些都是我们要谈论的内容。

　　《没有任何借口》一书的哲学思想可以帮助你释放内在的潜能，更好地加以运用，帮助自己以及你想要帮助的人。《没有任何借口》一书是以自我责任为中心的。我们每个人都是个人生活与职业生涯的决定者与掌控者，不论最后的目标能否达成。一旦你明白你就是那个应该为自己人生负责的人，就不会为失败找任何借口了。

　　无论在任何地方，人们都厌倦了做事不负责任的平庸之人。人们现在更看重家庭和谐与良好人际关系的重要性。现在，我们是时候停止指责、抱怨、哀叹与感慨，不再以一副"受害者"的形象出现了。任何人都没有天生搭"顺风车"的权利，我们需要为自己的人生承担更多的责任。

我们的家庭、社区、企业与政府都急需更多的领袖人物。《没有任何借口》一书提出的方法，能够帮助许多人不断成长，让他们成为理想中的自己。这是一本面向二十一世纪领袖人物的书。我相信，它也是一本能够帮助所有人的书。

当我开始践行书中的生活哲学时，我的人生拥有了更多的意义。通过践行这些思想，我按照自己想要的方式去管控、建构生活，不是以牺牲别人的利益去成就自己，而是通过帮助别人去实现共赢！我相信，你们也将发现，给别人带去积极的影响，帮助别人取得成功，将会给你带来一种前所未有的神奇感觉。这不就是成功所具有的真正内涵吗？

《没有任何借口》一书能够为你们的发展提供所需的技能，最终取得梦寐以求的成功。能与你们分享这一人生哲学，我感到由衷的快乐。我希望，给我带来积极影响的人生哲学可以惠及更多人。

记住，绝对不要为你没有获得所希望的成功人生而寻找借口。

希望你们前途无量的
杰伊·瑞芬博瑞

目录
CONTENTS

没有任何借口

第一部分
奠定你成功的基石

第一章 学会对自我负责

第二章　目标的能量

第三章　保持正直

第二部分
掌握成功的法宝

第四章　你的成功阶梯

第五章　彻底宽恕——第一步

第六章　学会自我尊重——第二步

第七章　提升态度与热情——第三步

第八章　坚持自控——第四步

第九章　始终诚实做人——第五步

第十章　更新你的知识结构——第六步

第十四章　将"没有任何借口"融入人生——将步骤整合

感 谢

没 有 任 何 借 口

　　单打独斗是不可能取得成功的。只有依靠多人的协同合作与相互配合，才有可能取得真正具有价值的成就。这本书就是许多优秀人物协同合作的产物，书中集合了很多追求更加美好生活的人的思想、人生经验以及愿望，同时也是很多杰出人物对这个世界的一种反思与自我表达，他们的思想对我获得人生成就产生了重要影响。

　　我要感谢研究励志与成功领域的许多老师的帮助。同时，我还要感谢我的许多朋友、亲人、同学、团队成员、教练、老师、战友、空降兵指导员、指挥官、经理与工作上的同事，因为他们给予的积极支持与指引都是我想要的。我要感谢我在新泽西州劳伦斯维尔高中与纽约的西点军校的求学经历。每一段经历都为我提供了成长与学习的机会，让我更好地发现真正的自我。

　　我还要感谢我在辉瑞制药公司与HMSS公司学

到的销售与管理工作方面的经验。每一份工作经历都让我用一种全新的眼光去看待商业经营以及学习如何与他人打交道。最后，我要感谢我在培训与研发中心的很多客户与商业伙伴。感谢你们的支持，感谢你们与我分享帮助别人成为更加成功、负责任以及快乐的人的这个梦想。

在这里，我还要特别提到一些人。他们带给我爱意、理解与指引，让我将写作这本书的梦想变成现实。我要衷心感谢下面这些人：

感谢我的妻子诺尼，感谢她无时无刻不给予我的爱意。这些年来不管高潮还是低谷，她始终坚信着我，支持着我。当你娶了一个一生以爱意、耐心以及同理心为原则的女人为妻，想要不成功其实也是挺难的。她是我最好的朋友，也是给予我最多帮助的"监督员"。

感谢我的孩子，妮科尔与杰瑞德，感谢你们对我无条件的爱意与带给我的天真笑容，你们的表现始终让我感到不可思议。感谢你们让我的每一天都变得更加灿烂。

感谢我的母亲多萝西，感谢你对家庭的奉献，感谢你绝不放弃自己、家人与朋友的决心带给我的积极影响，感谢你始终对我说："你能做到的！"

感谢我的姐姐德博拉，在我遇到困难的时候你给予我的独特视野，带给我无限的鼓舞。

感谢我的出版商。要是没有他们的鼎力相助与出色的才华，世人将无法了解《没有任何借口》一书所具有的力量，也将无法因此受益。他们并不是单纯的出版商，更是为创造一个更加美好的世界而努力的人，让每个人都对自己、别人以及社会负起责任。

最后，我要感谢上帝赐给我的一切，这包括我的家庭、健康的身体、表达的能力，以及给自己带来积极改变的机会。

杰伊·瑞芬博瑞

追求卓越的个人承诺

　　遗传基因与个人所有的经历，构成了我的人生。其中一些是好的、一些是坏的，但这都是属于我的。现在的我，都是应得的我。我的人生、我的名声以及我的影响，都是个人选择的一种反映。如果我无法遂意，这是因为我没有为选择追求更多。我决心不活在无法改变的过去，也不活在无法保证的未来，而活在实实在在的当下！当下，是我所拥有的一切！我无法成就所有，但能有所成就。我无法将所有事情做好，但能将一些事情做好。我无法保证一定会赢，但可以保证不会让失败成为一种习惯。即使我失败了，心也不会失败。我会挺起胸膛，激发内心的情感，看得更远，走得更快；同时牢记，我所取得的成就可能不会改变人类的历史进程，但我所尝试的事情能创造个人的历史进程。我谨此立下承诺，必将此宣言变成现实。

——约翰·康佩尔

前 言

没 有 任 何 借 口

    我在离地面一千两百五十英尺[①]的高空上,降落伞没有从后背弹出来。我无法抬头看到底发生了什么事。我的头部被一捆缠绕的线缠住,下巴死死地贴着胸口。生存本能与过往的画面让我回想起培训时观看的影片的内容,这让我知道降落伞此时就像一根丝带那样在空中飘荡。我身边的世界瞬间变得混乱起来,似乎站在旁边嘲笑着我的处境。头上的运输机已经飞远了,在我挣扎着要打开降落伞的时候,"呼呼"的风声让我对地球与天空的意识都渐渐地丧失。我只能整理自己的思想,感受到心脏在扑通扑通地狂跳。

    当我们的空降兵训练团队登上C-130"大力神"运输机,准备第一次降落训练时,我就只能依靠自己与装着降落伞的背包了。我站在运输机的机腹,感觉自己是世界上最孤独的人。我所拥有的只

① 1米=3.280 8英尺。

是我自己，也只能完全靠自己了。我站在一扇打开的机舱门前，虽不情愿，但我是第一个要跳下去的人。"跳！"跳伞指挥员发出最后的命令，我做好了要半翻转跳伞的动作。机舱外的狂风似乎要将我拉出舱门，这种感觉真的是太刺激了。突然，我就悬在了半空，在下落的时候，自然会按照我的体重，以自身的规律去决定我的命运。

难道我的降落伞没有认真打包好吗？此时，降落伞应该自动打开的。空气动力的法则与物理规律是绝对的且毫不留情面的。我的本能与接受的教育都能让我明白这一点。它们肯定是"勾结"起来了，若是解不开纠缠的绳索，我只有死路一条。

"长官，没有任何借口！"我回想起在西点军校的训练情景。不要抱怨！不要发牢骚！不要指责！接受这一切！接受责任！我想要成为一名空降兵！这是我的选择！现在，我只想要安全着陆。我只希望自己能有机会去实现人生的目标。我希望成为一名成功的军人，拥有一番属于自己的事业。我希望成为一名有爱的丈夫与父亲。我希望成为一位能够给别人带来积极影响的领袖人物。我所梦想的未来取决于我对风险的接受程度。

我的生命危在旦夕。我只能依赖动物的本能与过去的经验解救自己了。我在昨天熟读了跳伞前的指导手册。我所掌握的知识，接受的身体、情感与精神上的训练，让我能够进入美国军事学校。我之所以选择核物理学科，是因为这是公认的最难学的课程。我在九年级时就下定决心要成为游泳运动员，艰苦的训练让我拥有了强壮的身体，处事冷静，乐观好动，有良好的社交能力。当时，我觉得自己要克服在七年级时所遭受的屈辱。我的母亲始终相信她唯一的儿子，这个从十一岁就失去了父亲的孩子，能够成为一个优秀的人。最后，我想起了父亲那伟岸的身影，在他生前我就很少见到他。在他去世后，我对他只剩下伤心的模糊记忆。

"长官，没有任何借口！等一下！这到底是谁的错呢？难道别人没有正确地帮我打包好降落伞吗？还是别人在打包的时候犯错了？谁将为这些错误负责呢？"

没有任何借口！切断这些垃圾绳索。它们缠着我会让我丧命的！必须立即做些事情！

"如果绳索缠绕起来了，就要像踩自行车那样摆动双脚！"瞬间，我的双脚与大脑记起了这段话。我穿着沉重的军靴，从来没有想过要飞翔或踩自行车，但是我的双脚必须动起来。奇迹出现了……在我摆动双脚的时候，神奇的物理法则起作用了，缠绕的绳索挣脱开了。我就像一个刚从子宫里出来的新生命，肺部呼吸着人世间的第一口空气，降落伞"轰"的一声"爆炸"开了，在我头上形成了一个飘浮着的美丽伞形罩。降落伞向上拉着我，松了一口气的我开始欣赏起地面的景色。降落伞给了我生命与时间去享受这个世界的荣光，等待着最后的落地。

要是我出现了哪怕是片刻的分神，为自己去找借口，都会让我无法从面临的巨大困境中摆脱出来，无法迅速做出反应，无力扭转糟糕的形势。

当我们为生命去"跳跃"的时候，这难道不是我们想要的吗？我们是在找寻全新的刺激，不断拓展我们的经历边界吗？我们希望掌控原本控制着我们的力量吗？我们想要更好地成长，成为更好的人吗？我们希望人生更具有力量，对自然与其他人有更深入的了解吗？

就像一个打开的滑翔降落伞，没有任何借口能让你跨越任何门槛。没有任何借口能让你的人生拥有全新的意义。没有任何借口能帮助你过上成功快乐的生活，实现个人的成长。没有任何借口能让你成为最好的自己，产生积极的影响。你能感觉到自己是独一无二且具有价值的，因为你生而伟大！

_ 冒险是为了获得自由

"哈哈大笑有可能被人说成是傻瓜，哭泣有可能被人说成是多愁善感，伸手帮助别人有可能暴露真实的自我，在众人面前表达自己的梦想有可能失去他们的支持，爱别人有可能得不到别人爱的回报。活着就要冒着死去的风险，心怀希望就冒着要忍受绝望的痛苦，努力尝试却有可能会失败。但我们需要去冒这些风险，因为人生中最大的冒险就是不冒任何风险。不冒风险的人一事无成、一无所有、一文不值。这些人可能会躲过痛苦与悲伤，但他们根本无法学习、感受、改变、成长、爱别人并真正地生活。这些深受自身信念束缚的人，不过是奴隶而已。这些不敢冒险的人自愿放弃了自由。只有敢于冒险的人才是真正自由的人。"

——埃德温·兰德

＿你厌倦抱怨的人了吗?

　　《没有任何借口》一书的原则让我知道了如何去实现之前从未想过的梦想。当你们践行这些原则的时候，同样也能够做到。这些原则能够给你带来攀登任何高峰所需的工具。一开始，你会兴奋地发现，自己仿佛在一段冒险旅程开始的时候就遇到了一位全新的旅伴。随着时间的推移与训练的深入，你会发现他成了你最可靠最舒心的朋友，始终准备帮助你去应对各种挑战。这些原则能够引领你去找寻真正的财富，而财富并不单纯局限于金钱。它们能够帮助你将尚未实现的梦想变成现实。

　　《没有任何借口》一书提到的原则是基于我的个人经验。在西点军校与空降兵的经历，我记忆犹新。我担任过军官、集团高管、企业家、讲师、励志演说家，成了一名丈夫与父亲，这些经历为我创作《没有任何借口》一书提供了无价的帮助。

"没有任何借口"的哲学基础就是：人们需要拥有满意的工作所带来的尊严，从而让他们的生活与别人的生活变得更好。B.C.福布斯——《福布斯》杂志的创办人与多本著作的作者——就曾这样说过："我们从工作中感受到的是乐趣还是痛苦，完全取决于我们的心态，而不是工作本身。"我们只有将工作与爱意结合起来，真正的成功才会随之而来。这就是"没有任何借口"的哲学基础！这种生活哲学能让你在快乐的生活中聪明地工作。

无论做任何事情，都要远离负累与沮丧的感觉。你要明白，你的工作对自己与别人都是有好处的，任何障碍都无法阻止你全身心地去实现目标，这种认知对你的个人与职业发展都是极为重要的。

《没有任何借口》一书是为那些想让自己与别人的生活变得更加美好的谦卑之人准备的，他们愿意接受指引，践行这些生活哲学。《没有任何借口》一书是为那些想要过上圆满生活的人准备的，是为那些愿意为自身成功承担责任，同时愿意在别人成功的路上承担一定责任的人准备的。

《没有任何借口》一书是为那些愿意接受这种观点的人准备的：不论是成功还是失败，都只是自身行为的一个结果。失败会让我们吸取教训，为获得想要的结果做好准备。失败就是我们通向成功的垫脚石。

对很多人来说，要想取得成功并不容易。他们看到成功只会降临在别人的身上，这让他们产生了一种冷漠的自我挫败的心态。

如果我们陷入了消极思想的罗网，就很难认识到自身的成功。"没有任何借口"，这意味着我们愿意承担积极思想的责任。沉浸在失败中只能让我们无法获得想要的结果。一旦我们从失败中吸取教训，就可以让这些失败与错误随风而去了。《没有任何借口》一书是为那些愿意消除所有阻碍与影响自身努力的消极思想的人准备的。《没有任何借口》能让你认准自己的目标，朝着这个目标去努力，实现你的梦想与追求。

本书里提到的许多训练方法，旨在帮助你探究自身的想法、情感与感知。这些训练专门用来挖掘你的内在思想，从而让你找到智慧、力量与善意。在你实现梦想与目标的时候，还可以将更多的能量用于帮助别人。

接受这些富于挑战的工作能给你带来什么回报呢？消除你对失败与遭受拒绝的恐惧感，从而让你更好地前进。这个奖赏如何呢？我们中的很多人时刻都背负着过重的包袱，找寻着太多的借口。当你对失败与拒绝感到恐惧的时候，它们始终在你身边，准备让你处在一个"安全"与可以自我开脱的地方。当你开始过上"没有任何借口"的生活时，就不会为借口预留任何生存的空间了。

当你践行"没有任何借口"的原则之后，就会发现自己真的不需要找任何借口了，因为你根本不需要。你将会彻底消除找借口的坏习惯。你将知道如何去定义真正的成功。你将从自身的经验中得知，要是你没有取得成功，就不能找任何借口。

当我全身心投入创作《没有任何借口》与真正践行这些原则时，我做了一个事关个人生活与职场生涯的决定，就是远离我曾经认为安逸的空间。我愿意拿之前拥有的一切去冒险，如果失败了，我不会指责任何人，也不会指责自己。我必须意识到，指责自己不过是击败自己的另一种方式而已。下面，我要对"没有任何借口"思想产生的过程进行一番介绍。

1976年7月，我进入了西点军校。在这里，"长官，没有任何借口！"这句话是军校生每天都要说的。大一新生在回答高年级学生的问题时，"长官，没有任何借口！"是四个回答中的一个，另外三个回答分别是："是的，长官！""不是的，长官！"与"长官，我不明白！"1976年，那时我十九岁。对我来说，"长官，没有任何借口！"这个回答不过是为了结束一场让人不悦的交流所说的话而已。当时我没有勇气去了解这么古板的规定竟然是军事训练的一部分的原因。

十三年之后，那是1989年的一个晚上，我突然顿悟，"长官，没有任何借口！"这句简单的陈述句可以让人没有任何隐藏的余地。这句话在我作为思想者与行动者的发展过程中，扮演着极为重要的角色。"没有任何借口"的思维方式是最基本的训练，这是获得成功的必备要求。在我们每次重复"没有任何借口！"这个回答的时候，其实就是在强调了结过去的好处，专注于找寻解决方法，不浪费任何时间去找毫无意义的借口。

我独自站在办公室里。在我创办的公司成立之日举办的盛大庆祝宴会结束后，我感到了孤独。多年来，我一直梦想着能有这样的成就，我也抓住了这样的时机。为了实现这个目标，我必须放弃之前安安稳稳的事业，否则只能每天按部就班地工作，才能一直爬到公司的顶层。

这是一个艰难的决定，与我决定从军队退役的决定一样无比艰难。我的内心受到了驱动，我想要过另一种生活。幸运的是，在我举棋不定的时候，我得到了妻子的鼓励与支持。

那天晚上，我对自己获得这一切的方式感到高兴。但在庆祝宴会结束，数百名朋友与支持者离开之后，为什么站在办公室里的我感到那么孤独与恐惧呢？开创自己的公司一直都是我的梦想，这个梦想现在也实现了，这是绝大多数人梦寐以求的事情啊！为什么我还会感到如此空虚与不满呢？

我的内心充盈着对父亲的渴盼。我从未像那个时刻那样想念他，从未像那个时刻那么需要他的安慰与认同。想要改变过去许多事情的渴盼涌入了我的心灵，仿佛我正跟跄着脚步站在悬崖边上。我呆呆地站在那里，等待着内心的情绪平复。直到我悲伤地意识到，是时候对父亲的去世释怀了。父亲的去世无法成为我不去做出未来决定的借口或理由。父亲的去世，也不是我不去尝试其他事情的借口。即便父亲现在还活着，这一切也不会变。

我意识到，自己现在是一个成年人了，需要努力为自己与家庭去创造我想要的生活。我之前取得的一切成就，都是通过诚实、真诚与履行承诺实现的。当然，这也是与我尊敬的人一起努力的结果。

在这个时刻，我作为自我负责的人的人生才刚刚开始。我们开始沿着自我圆满的道路前进，放下对他人的认同需求是极为重要的。在我的人生里，我第一次意识到，按照自己的愿景去创造想要的生活，同时照顾到别人以及他们的需求，这是多么重要。

当然，如果你身在职场，可能就需要将自己的期望与老板的期望结合起来。不过，你要确保自己的行为符合正直与正确的原则。

虽然我因为父亲的缺失而感到内心空虚，但我知道过上"没有任何借口"的成熟生活所需要的东西：自尊、自我责任与自我接受。

"没有任何借口"的原则就在那天晚上诞生了。对我来说，这意味着在事关自身前途命运的道路上，我能够有更多的自由与力量。在那之前，我所有的成就不过是别人借给我的东西而已。现在，我终于真实地拥有了这一切，并从过去的经验教训中有所收获。

我下定决心，要继续向前，相信自己有创造的能力。我相信黄金法则（己所不欲，勿施于人），相信我能遵照这样的黄金法则去生活与取得成功。我对生命中很多重要的人给予的爱意与支持而心存感恩。我要特别感谢我的妻子诺尼，她也是我最好的朋友与商业伙伴。当我做出决定之后，内心的释怀与兴奋取代了长久以来焦虑不安的情绪。现在，我能够体验到责任所带来的那种成长的力量，帮助我进入全新的高度与自我认知。

_ 你的人生就在你手上

在可以俯瞰一座美丽城市的山顶上，住着一位智慧的长者。当地的孩子从小就被教导要找这位长者寻求指引，尊重他的教导。

一天，两个男孩想出了一个迷惑长者的办法。他们抓住了一只小鸟，然后朝山顶走去。他们来到了正在静坐的长者面前，其中一个男孩将小鸟握在自己的手上。

"智慧的长者！"这个男孩说，"你能说说我手上的这只小鸟是活的还是死的吗？"

长者沉默地盯着那个男孩，说："如果我告诉你手上的那只小鸟是活着的，你就会用力握紧，将小鸟捏死。如果我告诉你小鸟是死的，你就会张开手指，让小鸟重归自由。

"孩子，你的手上掌控着生与死的力量啊！你们有选择毁灭一种精神与一曲欢歌的力量。或者，你们可以选择让小鸟重归自由，让它拥有属于自己的未来，将自身的潜能发挥出来。你们这么聪明，肯定知道在生与死之间应该选择什么。

"如果你们让我的回答决定这只小鸟是生是死，那么你就放弃了自己的能量。你们同时也放弃了做出正确选择的责任，放弃为自身的力量与智慧感到欢喜的可能性。"

两个男孩下山的时候似乎聪明了一些。长者尊重两个男孩想要挑战他的权威的愿望，证明了自己是一位领袖与老师。他察觉到男孩们表现出的反叛情绪，是他们想要放弃自我责任的一种潜在渴望。长者在拒绝进行配合之后，他其实是在帮助男孩们更好地了解自己，更好地成长。

_ 我们都是决策者

成为你个人生活与职场生涯的决策者，同时允许与鼓励别人这样做。我们都有选择的能力，我们过往做出的选择在很大程度上决定了我们现在的生活状态。认识到我们有很多选择，这是通往接受自我责任的第一步。通过做出选择去发挥个人能量，这本身就是兼具挑战与欢乐的事情。

孩子们每天都要受到成人社会期望的影响。他们的父母、监护人与其他家庭成员、同龄人与学校会给他们带来影响，电影、电视、书籍与音乐等方面也会给他们带来影响。其中一些影响是积极的，一些影响则是消极的。

孩子们要学会的第一种责任就是，思考往哪一个方向走才是适合的。这样的情况不是经常出现吗？有没有人这样跟你说过呢？如果有的话，你是从什么时候开始这样做的？你有没有停止过这样做呢？有没有人教过你如何去思考呢？或者你如很多人一样，从小就被教导要听从父母与其他人的看法，而不是去独立思考呢？

本书将帮助你发现自身内在的能量——选择与行动的能量。只有当这样的信息进入你的思想与情感，进入你的心智与心灵时，才能真正起到作用。我希望本书能够像那位长者帮助男孩们那样帮到你们。我希望你们能够认识自身的能量，然后善用这种能量。当你运用这些能量去获得最符合自身利益的东西时，只要你没有造成伤害，那么这同样符合别人的最佳利益。

运用这里阐述的原则，可以做出符合自己与他人最佳利益的选择。你的其他选择有：要么像很多人那样盲目地遵从社会规定或他人的看法，要么就是盲目地进行反抗。这两种极端的做法都具有自我摧毁性。事实上，你正在阅读这本书，就说明你正在尽最大努力去做出睿智的选择。

我们在生活中收获的结果，在很大程度上取决于我们的选择与行为。我在那晚顿悟到的生活哲学，在之后的每一天都得到了证实。

我们的行为，若是基于清醒的自我意识，再伴随着自我责任的话，能够为我们的人生创造许多转折点。

当你过着"没有任何借口"的生活，就再也不会允许环境或别人的意愿去逼迫你做不符合自身最佳利益的行为。你将能够清楚地看到属于自己的机会在哪里，知道自己什么时候该承担做出决定的责任。你将会为自己的失败与成功负起一切责任。你不会因为自己的失败去埋怨任何人，也不会在取得成功时以自我为中心。你将始终意识到，无论是成功还是失败，这些都是属于你个人的。你会为自己的成功感到由衷的开心，将你的失败视为可以学习的经验。当你过着"没有任何借口"的生活时，就能大步朝着自己的梦想迈进。

_ "成功法宝"与成功的阶梯

你在本书里学到的原则相当于我的人生知识宝库。随着不断地运用，这个知识宝库的容量会不断扩大。这其中包含过上快乐且富有成就感的生活所需的一切思想。你们运用这些思想，就知道这能够增强你们对生活的洞察力，有机会在各个方面取得成功。

为什么说"没有任何借口"的思想与搭建成功阶梯之间存在着联系呢？只需将成功的原则组织起来，就可以清楚了解并加以运用。我希望创造出一个每个人都能简单使用的方法，帮助他们改变自己与别人的生活。

为什么成功原则这么重要呢？这些原则起到的作用与汽车的燃料是差不多的。你的车可能是赛道上最快的车，但如果你忽视了最基本的一些物质，甚至都无法顺利完成比赛。诸如燃料与水等物质，虽然简单，但极为重要。

你可以沿着成功的快车道前进，但如果你忽视了最基本的东西，肯定无法冲过终点，更别说取得最后的胜利了。你要注重培养诚实、正直等品质，同时放下过去。你是否思考过这些品质呢？绝大多数人只关注每天生活所面临的挑战，很少会关注那些影响成功的最基本的因素。

我想为成功找一个同义词，我觉得用一个缩写去表达成功更加适合一些。我翻开了词典，但找不到一个让我满意的单词。接着，我开始思考词典里的意思是什么，然后，我翻开了一本词典，发现"成功"最符合我想象的描述是"思想宝库，知识宝库"。

那时，我觉得"知识宝库"是描述成功的思想财富的最佳词语，因为这个词语能将我想表达的意思阐述出来。这正是成功阶梯的基础。你的成功阶梯与"知识宝库"因素都是你需要去掌握的，然后将之视为迈出的第一步。

在第一部分里，我们将会谈及成功的基础：自我责任、目标与正直。这将会为你们沿着成功的阶梯往上攀爬做好准备。关于成功的阶梯的内容，我将在第二部分详细讨论。请保持开放的心灵，一起感受快乐吧！这将是一趟让人兴奋的旅程！

_ 乐观主义者的信条

答应自己。要强大到淡定地面对所有事情，保持内心的平和。将健康、幸福与成功带给你所遇到的每个人。让所有的朋友都感觉他们是独一无二的。要专注于事物阳光的一面，让你的乐观情怀变成事实。只追求最好的，将工作做到最好，期望最好的结果。要对他人的成功充满热情，就像你取得了成功一样。逝者不可挽，来者犹可追。无论何时，面露微笑，笑对所有人。花时间去提升自己，以至根本没有时间去批评别人。内心敞亮，忧愁自然消退，灵魂高贵，愤怒自然远离，自己强大，失败自然不敢近身，开心愉悦，烦恼自然遁逃。

——麦克兰德博格·威尔逊

第一部分
奠定你成功的基石

没有任何借口

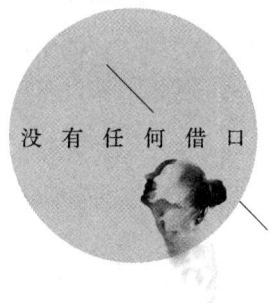

镜中人

在你追求自我的时候得到你想要的东西，这个世界就会让你成为国王。你只需站在镜子前，看着自己，聆听镜子里的人所说的话。因为镜子里的人不是你的父亲、母亲与妻子，他们对你的看法你可不必聆听。在你人生中最为重要的话语，就是镜子里面的人对你说的话。一些人可能会认为你是一位正直可靠的朋友，说你是一个非常好的人，如果你不敢直视镜子里的人，那么你就是一个流氓。你真正应该取悦的是镜子里的人，其他人的看法你都可以不在乎，因为只有他才是伴随你到最后的人。如果镜子里的人始终是你的朋友，那么你就能经受最危险最困难的考验。如果你欺骗了镜子里的人，即便你赢得了全世界所有人的赞美，你最后也只能收获心痛与泪水。

——戴尔·温布罗

第一章
学会对自我负责

没 有 任 何 借 口

_ "没有任何借口"是人生的第一步

立正！稍息。你拿起这本书的目的，可能是想要知道成功的人生是怎样的，以及如何拥有成功的人生。从简单的意义来说，这些问题的答案就在标题上——"没有任何借口！"一旦你把握住机会，做出富于建设性的决定，并且愿意为此承担责任，那么你就将收获幸福快乐与富于成就感的人生。

我可以简单地说，你只需继续沿着之前的道路前进，合上这本书，过上你想要过的生活就可以了，但事实并非如此。

正如本·斯威特兰德所说的："成功是一趟旅程，而不是终点。"这是一个不断学习的过程。因此，从那些克服了与你面对过类似挑战的成功人士身上学习经验，有极大好处。也许，我在学习拥有"没有任何借口"的生活的过程中掌握到的一些经验，能够对你们有一些帮助。

在我准备写这本书的时候，我必须克服重重障碍，因为我有很多不去这样做的"好借口"。我必须避免找诸如到草坪上割草、冲更多咖啡以及做其他烦琐的事情等借口。我只能想象着你们现在已经沿着这条路前进了，并希望得到我的一些指引。

激励与教导——这是一个多么重要的组合啊！这些都是能帮你取得更大成就、实现梦想的重要工具。无论你的梦想与目标是什么，激励与教导都是你开始这趟旅程与追求理想生活的关键因素。

也许，你也不知道自己要过上怎样的生活。你可能在情感上不愿意承认这点，这无关紧要。很多人在遭受了重大挫折与打击之后，最后放弃了自己的梦想。我对你们的建议是，不管需要做出多大努力，都要从这样的心态中抽离出来。

通过遵循"没有任何借口"的生活原则，我设定了一些远大的目标，并且实现了它们。我只是希望你们也能明白，你们同样能够运用本书的思想，改变自己的人生。当每个人都感觉自己获得了足够的自由与激励去实现自己的梦想时，那么这个世界将会变得更加美好。所以，我接受了这个挑战，定下目标，让其他人都知道成为一个承担自我责任的人的感觉是多么美妙。

我鼓励你们现在就接受这样的挑战，无论付出多少努力，都要为自己的梦想而活。现在就是你们开始的时候！缺失的一环可能只是因为从来没有人告诉过你，为自己的生活、梦想与目标承担责任，是一件多么让人兴奋与期盼的事情。

在本书的这一部分，你们将开始掌握成为一个"没有任何借口"的人的基本要求。在你们制订一个人生指导计划的时候，就能慢慢建立起自信。你们会想象着自己已经取得了想要的成功。当你们之后进入"成功法宝"与成功阶梯的部分，就能学会实现梦想的各种原则。在这个过程中，你们将能比之前更好地控制自己的人生，更有能力去实现自己的梦想。这将减少你们身上背负的压力，从成功中感到更加深沉的快乐。

当然，你们可能需要做出一些改变。绝大多数人都是需要做出改变的。毕竟，对缺乏理智的定义是："不断重复着同样的行为，却想收获一个不同的结果！"如果你正在等待人生变得更好，你猜猜会怎样？那你还会继续等下去！别人不可能找到你，直接带给你一个激动人心的人生。

运用本书的原则，能让你有机会消除负面的思想，从而消除负面思想带来的看似难以逾越的障碍。从现在开始，你要相信自己的梦想是可以实现的。

当你运用本书的原则时，就会发现你能实现自己的梦想与目标。你将意识到自己可以成为一个快乐、成功与圆满的人。你可以按照自己设定的目标成长与发展。承担自我责任与采取恰当的行为能够帮助你做到。

如果你对成功有着合理的愿望，那么你已经准备好过上"没有任何借口"的生活了。你已经准备做到最好，利用最多的机会。如果你的个人管理方式因为无知与自我怀疑而变得毫无用处，我建议你将这些东西全部放下。从现在开始，你将有机会以全新的认知过上美好的生活。

在进入第二部分的"成功法宝"之前，让我们首先打下基础，为你们过上"没有任何借口"的全新生活做好准备。从现在开始，你要将承担自我责任去建构成功视为自己最大的动力。

_跨越障碍，才能提升

负责任的父母都希望他们的孩子对生命有着健康的敬畏情感。但是，我们从小接受过的警告、建议与鼓励有时会粉碎这样的良苦用心。在某些情况下，给予孩子的这些信息会变得过分沉重，让快乐的情感似乎变成了一种错误与不当的行为，友善待人似乎变成了一种让人恐惧的行为。我们认为负责任是没有乐趣的吗？你是否有过这样的想法？"没有任何借口"能够帮助你改变这样的想法。负责任地生活能给你带来无限的乐趣，没有比负责任更能提振你的情绪与增强你的自信了，承担自我责任带来的乐趣会随着你坚持践行而越来越多。

这是否意味着很容易实现？不，不是的。但方法很简单。为自我负责的行为清理出一个空间是有一定难度的。一旦你这样做了之后，就会发现越来越容易。精神愉悦的感觉能够给你带来能量。你的决心会随着每次成熟与果敢的行为而越来越强。无论这些行为最终给你带来了成功还是失败，一种自我负责的行为都能增强你不断向前的力量。你也正在为自己想要过的生活积累能量。

本书包含心灵锻炼的内容，会给你的思想带来一定的冲击，引领你去探寻内在的情感。这将帮助你认清阻止你实现目标的障碍。也许，你过去的痛苦与缺乏经验的经历阻挡了你的前进。也许，你第一次知道了这到底是怎么回事，开始觉醒。

你同样需要留意其他事情。在绝大多数情况下，你需要自身拥有的力量、勇气、智慧与内在美感等方面传递出的信号。这些品质就是你建造未来的基石。当你对自己拥有的优秀品质有了更加深入的认知，这就是找寻隐藏在彩虹尽头的宝藏的开始。你在旅途中背负的包袱让你感觉如何？每当你远离了一个借口，这个包袱就会轻一些，就能腾出更多的空间，装入旅途中所需的物品。每当你努力移除一个障碍，每当你想找借口时，都告诉自己再坚持一下，那么你所重视的品质就会不断得到加强。你的人生也能不断得到提升。

"没有任何借口"能够教会你认清自己的恐惧，不让恐惧阻挡你前进。你可以将这些恐惧情感视为追寻心灵深处愿望的资源——指引着你朝着最伟大成功的方向前进。无论什么时候，只要你感到了失败或拒绝的恐惧情感，就意识到你正接近心灵的愿望，此时最需要"没有任何借口"的激励与教导。你要远离借口所带来的欺骗，不要觉得借口能让你免于失败，它反而会让你付出成功的代价。你要怀着更大的自信，相信自己的能力，准备好进入全新的生活。

我做出离开之前的公司、创立自己公司的决定，就说明了不断接受挑战能够带来意想不到的成长。我认真计算过这样做的得与失。在那个时候，我根本没想过"没有任何借口"的哲学会出现。我只是对长久以来一直困扰着的东西有了更加深入的了解：为什么一些人能够取得成功，而绝大多数人一事无成呢？因为大多数人都喜欢找借口！他们正是在不断找借口的过程中，失去了拥有美好生活的机会。千万不要成为他们中的一员。

_ 让你的轮子转动起来

你还记得让自己感到惊讶的时候吧，也许其他人在成功渡过难关之后，感受到了这样的惊喜。我希望你也有类似的经历，因为这些经历能让你变得更加自信与成熟。回想一下你过去因为成功而感到欢喜兴奋的时刻吧。停留在那个时刻，直到你真切地体会到喜悦带给你的悸动。沉浸在这样的回忆里，是多么甜蜜的感觉啊！

你对过去成功的表现的记忆，可以帮助你更好地满足"没有任何借口"的生活所需的条件。我也将通过自身的一些经验帮助你们这样做。

回想一下，你坐在自行车上，身体摇摇晃晃，双脚悬在半空。你的双脚从踏板上垂下来，左右脚尖撑着地面，保持身体的平衡，避免翻倒在地。

父母的手会抓住座椅，在你加快车速的过程中帮你保持平衡。还记得他们是如何掌控节奏，从而与毫无经验的你保持一致的速度的吗？他们比你更相信你能做到。

还记得你最后骑上自行车并牢牢掌控住时的兴奋吗？物理的法则会自然形成一个支持体系，帮助你成功地完成此前你不敢去做的事情。

如果你骑的是三轮车，坐在上面时，根本不会考虑是否会跌倒的问题。

你能够自然地后退、前进与转弯。为什么你要选择去骑摇摇晃晃的自行车，而要放弃稳定的三轮车呢？

是因为你已经长大，三轮车无法满足你的需求了吗？你的双膝开始撞击手把了吗？你是否觉得双脚叉开踩着三轮车无比尴尬？好好地想一下。到底是什么让你觉得该面对全新的挑战？有没有人帮助你去探寻全新的选择？一辆更大的三轮车？一辆自行车？在大小适合的自行车、地形、方向、手把等问题上，是什么让你做出自己认为正确的选择？

_ 自行车的能量

在我们深入审视这些问题，了解身体、心灵与生命的元素是如何协同合作，帮助你克服每个困难之前，让我们单纯地去寻找一些欢乐。

感受这样的探索。感受正在发生的事情。你的脸颊撞击着空气，风在你耳旁絮语。你对自己能够控制好手把充满自信，并对自己的状态感到满意。你的双脚踩在踏板上，上下来回转动。你感到无比兴奋与自由。

这正是"没有任何借口"的生活带给你的感觉，这是一种让人兴奋与自由的感觉。这是一种诚实的个人能量——选择与行动带来的能量，自我责任是其中的关键。

我们将会审视你成功掌控自行车的那个时刻，重新回想起自我责任的时刻是很重要的。回想起踏板对你双脚用力踩下去做出的反应；回想起你脚踩踏板、掌控前轮的时刻。

脚踩踏板！转弯！从静止到移动！你第一次是前进呢？还是后退呢？这无关紧要。你可以随意地转弯。你的心智能够将"要转方向"的想法传递到你的手臂上，然后你就能自如地转动手把，让自行车朝着你想要的方向前进。

　　你是否不断重复地感受掌握某种能力所带来的喜悦呢？是的，你能够做到的。作为成年人的你，在做出了要过"没有任何借口"的生活的选择时，将带给你比在儿童时期任何的挑战都更加刺激与富有成就感的享受。

_ 成为自己生命中的主角

　　你从小被灌输人生就是一场挣扎的理念了吗？这样的理念会造成很多不快乐。挣扎意味着你处于无法胜利的消极状态。这种关于人生的阴暗观点会像一个自我实现的预言，最终将你引向失败的结果。这样的理念其实代表着一种失败的态度。当然，这并不是说人生就没有任何挑战了。人生若是没有挑战，就会变得了无生趣，你也无法有长足的进步。挑战能够带来新的考验，帮助你提升到一个全新的层次。当你将"没有任何借口"的理念融入你的生活时，就会发现不带任何挣扎的念头去做事的心态会让你更加高效，做起来事半功倍，同时还能感受到更多的快乐。

　　当你实现了一个目标，要努力感受承担自我责任所带来的那种兴奋。如果你不愿意离开安全区域，直面内心隐藏的恐惧，就将寸步难行。什么时候走出自我的安全区域，决定权在你手上。

　　当你了解并接受结果取决于你的行为时，就会产生一种神奇的情感。这就是一种简单的因果关系。当你选择直面恐惧，同时接受这样带来的各种责任时，你就能比绝大多数人更好地进行自我了解。

　　你能成为自己人生故事的主角。无论别人是否这样看待你。你成功地掌控了自己的内在情绪，这才是最重要的。虽然你的决策过程会受到其他人或者环境的影响，但是否采取行动，最终取决于你自己的决定。

　　你的行为在很大程度上决定了你将如何度过自己的一生。

_ 值得铭记的一位骑士

《盔甲骑士》是我最喜欢的一个故事。在你们踏上"没有任何借口"的旅程之前，我希望你们能将这个故事视为你们的旅伴。

在罗伯特·费希尔这本寓意深远的书籍的开篇，我们看到了一位骑士身处自己人生的顶峰。他拯救出来的危难少女是最多的，他屠龙的数量也是最多的，他还在远征里消灭了最多的敌人。这位骑士还以他身上的盔甲闻名。他所取得的辉煌战功告诉世人，他是友善与爱意的骑士的典范。这是他所追求的目标，也满心欢喜地认为自己就是这样的人。

但是，他的妻子朱丽叶与孩子克里斯托弗对他并不满意。因为这位骑士每天都准备去战斗，不想让仰慕自己的人失望，所以他从不卸下盔甲。克里斯托弗不知道自己父亲真正的样貌，也不知道拥抱父亲是什么样的感觉。他的妻子朱丽叶也是如此，多年来她受够了丈夫冷冰冰的拥抱，她向其下达了最后通牒：这套盔甲必须脱下，悬挂在壁柜上，他要将更多的时间用于陪伴自己与克里斯托弗，否则他们就一拍两散。

朱丽叶还是他营救过的纯真少女吗？骑士认真考量着自己的困境。他觉得脱下这套盔甲会遇到许多难题。最后，多亏了妻子的提醒，他才醒悟到自己已迷失其中。他与妻子不知道怎样才能将这套盔甲卸下来，即便是最优秀的铁匠也无法做到，骑士开始了寻找帮助的旅程。

首先，他前往宫廷准备与过去服务多年的国王说再见。国王不在，于是他对国王亲近的廷臣说了自己的困境。这位廷臣对骑士的困境不以为意。他说："我们每个人都会陷入自己建构的陷阱里。"并跟他说默林才是能够帮到他的人。

在一片偏僻的树林里，骑士终于见到了默林。他因为过去久经沙场，导致现在身体很虚弱，而默林的话让骑士并不满意。面对愤怒的骑士，默林最后说："也许，你一直都沉溺在偏执的情绪中无法自拔，你应该去找寻照亮你的真理。"

于是，骑士踏上了新的旅程。身边的松鼠与白鸽始终支持与鼓励着他，他开始朝着寻找"真理"的道路前进。他在沿途将要进入三座城堡：沉默的城堡、知识的城堡以及意志与勇气的城堡。每当离开一个城堡，他的身心都发生了巨大变化。

他身上的盔甲渐渐脱落。每一次改变生命的体验都伴随着汹涌的泪水，让之前保护他身体重要部位的盔甲逐渐生锈。每一个感受到深刻洞见的时刻，骑士脸上、头部、手臂上的盔甲都会崩裂。渐渐地，他身上的盔甲越来越少，他能更自如地攀登陡峭的高山，朝着目标前进。

骑士从动物身上学到的道理就是接受。"当你学会接受而不是过度期望时，就不会有那么多失望。"当骑士站在沉默城堡的门前，名为丽贝卡的白鸽对他这样说。在知识城堡里，骑士认识了期望与野心的区别。此时，默林重新出现了，对他说："源于理智的野心会让你拥有雄伟的城堡与良马。但是，源于心灵的梦想能够带给你幸福。

"源于心灵的梦想是纯洁的，这样的梦想不需要与别人去争斗什么，也不会伤害任何人。事实上，这在帮助你取得成功的同时也能帮助别人。"

随着骑士每次更精进地领悟，他发现自己始终走在通往真理的道路上。当他身上的盔甲越来越少的时候，之前掌握的知识让他明白了更多深刻的道理，认同、悔恨与悲伤的泪水让他身上的盔甲继续生锈并脱落。

在来到最后的城堡门前时，只有他的护胸甲还在，此时他只能独自面对守卫着意志与勇气的城堡的巨龙了。骑士勇敢地朝着巨龙走去，因为他相信恐惧与怀疑都是幻觉。当骑士的恐惧与怀疑越来越少的时候，巨龙也随之变得越来越小，最终完全消失。

骑士再次踏上了追寻真理的道路，他已经能够看到山顶了。他徒手攀登着高山，朝着最后的目标前进。他用力地抓住凹凸的岩石表面，最后得知自己面临的挑战竟然是……放手。他堕入了自己过去的深渊。他第一次意识到，他要为自己的人生承担责任。他意识到必须抛弃过去那种将错误与失败归结于别人的做法，而要将这一切视为自己的责任。

他掉落的速度越来越快，在眩晕的过程中，他的心灵终于不再蒙尘。他第一次清楚地看到了自己的人生——没有任何的指责与借口。在那个时刻，他完全接受了自己要承担的人生责任。

从那个时刻起，他再也不会将自己的错误与不幸归结于其他任何人，而完全归结于自己。他认识到自己是造成这一切的原因，而不是结果。这样的认知带给了他一种全新的能量。

他开始向上"掉落"了，地心引力的作用方向似乎发生了逆转，最后他发现自己站在山顶上。他为自己的人生与学到的真理流下了感恩的泪水，情不自禁地双膝跪地。他的泪水格外滚烫，因为这完全是发自内心的，这些泪水将他身上残存的护胸甲完全融化了。

盔甲过去带给他的荣光并没有减弱。现在他已经重新找回了自己，内在火焰闪耀出的光芒要比之前的盔甲更加闪亮。

与这位骑士一样，我们都会陷入自己制造的"盔甲"里。一旦我们学会了要摆脱社会的期望，意识到自身期望的重要性，必然能在太阳底下拥有自己的位置。

_ 按照自己的意愿前进

苏斯博士在生前最后出版的一本书《哦，你将前往的地方》里，这样写道："大脑在你的头上，鞋子在你的脚下，你可以按照自己的意愿选择往哪里走。"

遵循苏斯博士这句简单的话语，秉承着诚实、正直与无私的想法做出决定，那么这个世界仿佛会变成一只牡蛎，让你每天都能看到全新的珍珠。你所拥有的独特才华与资源，将会帮助你踏上成功的阶梯。当然，首先你需要学会为自己的决定承担全部责任。下面的这些问题将帮你认清你当下生活依然会使用的借口。**你到底多么擅长找借口呢？大声读出下面这些问题，听到自己的声音。**这将让你更容易相信自己。

- 我会将自己的迟到归结为"闹钟没准时响"吗？
- 我经常会说"做不到"与"没办法"这些词，事实上只是"不愿意去做"而已？
- 我不愿意尝试新鲜事物，是因为我"太老了""太年轻"或"太累了"？
- 我接受失败的时候，是否认同"好人总是吃亏"这个说法？
- 我犯错后，是否找借口说"我只是遵循原则而已"？
- 我没有及时回复电话或邮件，只是因为"忘记"去做，或"太忙了"？
- 我之所以暴饮暴食，只是因为"我无法控制自己"？
- 我考试作弊，因为"大家都这样做"？
- 我将事业与工作停滞不前的原因，归结为老板与经济形势？
- 我忽视家庭的原因是"我没有时间"？
- 我是否常说"没有时间"以避免做一些必要的工作，从而让自己的人生更成功？
- 我反对一个想法时，不去解释真正的原因，而是说"这并不适合我"？
- 我是否经常说"没有钱"，虽然事实并非如此？
- 我是否说"我已经寄出去了"，实际上并未执行？
- 我是否说"我会做的，但……"，然后准备找个借口呢？

如果你与多数人一样诚实地回答这些问题，并对其中一些问题给予肯定的回答，说明你正渐渐消除生活中的各种借口，你已经准备拥有承担自我责任的生活了。

你在本周、本月与本年准备做哪些决定呢？哪些决定会对你的个人生活与职场事业产生重要的影响呢？这些决定是关乎你个人、财富、教育、家庭与精神等方面的吗？你是否愿意做出必要的决定，采取行动不断向前呢？你是否愿意为这些决定带来的结果承担责任呢？

做人要勇敢点！你可以在电脑、手机或一张白纸上，列出你即将做出的决定的清单，记住这些决定会影响到你与身边人的生活。这样做会让你更好地察觉到自己是否又在找借口，以避免去做决定或逃避责任。

_ 转化你的思维模式

本杰明·富兰克林说："那些擅长找借口的人，基本上都是一事无成的人。"那么，我们该怎样消除借口呢？成为一个成功人士的第一步就是意识到：你可能拥有许多自我强加的负担。这些负担就是我们常说的借口。

如果你在某个时刻觉得有必要承担自我责任，在下一个时刻却又恢复到之前喜欢找借口的状态呢？你最好还是看到问题的全貌，也比以偏概全或假装看不到要好。展现勇气的机会无处不在，你的勇敢会随着你不断践行"没有任何借口"的人生思想而累积。你心灵中的某部分正透过自己蒙上的眼罩向外窥探，对你说："糟了，我又找借口了！"每当你对自己这样说的时候，就代表着一个自我负责的时刻。

这样的感觉就像第一次成功骑在自行车上，感受着风吹过你的脸庞，非常舒适。记住，独处是一种荣耀。如果独处让你感到孤单，就是对你的一种考验，之后必能给你带来许多奖赏。

所以，我们要抛弃过去那种传统的思想，要用全新的思想去替代。借口可能在现实生活中有存在的根源。在某些时候，每一个借口背后都会有一个真实的理由。比方说，有时你之所以无法学会骑自行车是因为你还小，或太老了，或你尚未准备好。当这种过往的"现实"变成一种持久的借口，那么问题就出现了。"我永远都不会长大，或我已经太老了！""我永远都不会骑自行车，我天生就是这么笨！"当然，你肯定会有这些借口的，但别人同样可以找这样的借口时！每当你发现自己在找寻借口时，就要改变自己的思维方式。这也正是本书要帮助你们去做到的。

_ 如何遏制借口

我们的生活在很大程度上取决于个人的行为方式以及习惯，这些行为会让我们在每天的生活里立即做出反应或催生出实用的解决方法。在很多时候，这些行为是有必要存在的，也能给我们带来好处。但在某些情况下，我们可能忽视了自身的责任，有意识或无意识地选择找借口为自己的失败开脱，为错误找寻理由，为自己让别人感到失望而寻求托词。这样做的危险之处就在于，找借口的行为很容易变成一种习惯，从而影响我们与别人取得成功与获得幸福。

记住下面这些思想：

• 首先，过上"没有任何借口"的生活总会面临许多挑战，解决问题的关键就在处理这些"挑战"上，消除借口需要你付出努力。

• 一些事情会让我们感同身受。我们所面对的问题都有一定的共性，我们都需要找到生活的理由，有我们爱的人，有可以从事的工作以及可以分享的快乐。我们都需要忍受悲伤与失望。

• 当我们背负起责任并积极行动，就会变得越来越好。在某种程度上，指责别人与找借口的习惯会让绝大多数人难以行动。

过上"没有任何借口"的生活会让你变得富足吗？会的！富足不仅仅是赚到更多的金钱，这一切都取决于你。"没有任何借口"的生活能够：

- 让你的生活变得更丰富多彩。
- 让你所爱的人的生活变得丰富多彩。
- 让你的同事的生活变得丰富多彩。
- 让你有机会为自己与家人创造想要的成功。
- 帮助你做出具有自我责任感的行为：接受你天生就拥有的能力，人生在很大程度上就是你自己创造的。

_你的思想决定着你的人生

如何度过自己的一生，很大程度上取决于你是否愿意为自己负责。对很多人来说，他们所拥有的只是时间而已。他们从未想过去规划自己的人生，总在抱怨："那个家伙真是太幸运了。如果我拥有他那样的运气，一切都会好起来的。"他们对自己人生的评价都是建立在别人所有的物质与成就上。当你过上了"没有任何借口"的生活之后，就能够从这样盲目的攀比中解放出来。你将会专注于如何沿着你想要实现的人生目标更好地前进。

一些人可能受制于糟糕的现状。不过要记住，人生并不单单局限于朝九晚五的生活，我们每天面对的挑战与压力，都并非自身本性产生的，绝大多数都是我们思想中那些尚未实现的期望引起的结果，甚至是我们的长辈、人生观以及经验引起的。**在绝大多数情况下，你的思想决定着你的人生。好消息是，你能通过改变自己的思想，进而改变自己的人生。**

很多年轻人在成年后都会发现，一个好的借口能让他远离麻烦的处境。我们并非天生就有这样的想法，这是一种习得的行为习惯。在很多情况下，我们都是通过别人的例子与自身的经验习得这种行为的。一个孩子要面对的麻烦越大，找借口的行为就越有可能变成一种习惯。

到底发生了什么呢？如果一个孩子做出的不当行为没有得到纠正，那么他去培养其他行为的机会就有可能失去了。更为重要的是，年轻人的洞察力在面对自己制造的麻烦时，会变得模糊不清。承担自我责任的真理通常会被隐藏起来，或被视而不见。如果一个人在遇到问题时，总是先想着去找寻好的借口，那么他怎么会有足够的精力去改正这些不当行为呢？

_三段话改变了我

1976年7月，我进入西点军校参加为期七周的基本训练，我们称之为"野兽军营"。在那个时候，我已经知道寻找借口的好处了。每当情况允许的时候，我都会将未能完成任务的错误归结为别人或其他事情。我觉得自己与其他新生一样，都比较擅长这点。那时，我们都是高中阶段的优秀学生，否则根本不可能有机会进入西点军校。尽管如此，我们惊讶地发现，在面对困难局面时，自己找寻借口开脱的机会都被剥夺了。

找借口是被禁止的！我们在回答高年级学生的问题时，绝对不能为自己的错误或失败找任何借口，不管我们是在参与个人活动还是集体活动的时候，都绝对不能。因为这条规定，我们经常听到自己与其他新生说出这句话："长官，没有任何借口！"下面是西点军校的《军号宝典》中关于禁止找寻借口的详细规定：

新生不能养成找借口的习惯。在军队里，没有为失败找借口的任何理

由。学生可以解释或说出可使罪行减轻的环境因素，即便这样的解释被采纳
了，它也绝不能被视为借口。

——《军号宝典·培养军人的习惯》

承担自我责任的思想从我们进入西点军校的那一刻起就被灌输了。下面
这一段节选自《军号宝典》的话，阐述了这样做的重要性：

参加西点军校为期七周训练的学生要接受严格的军事训练。在这期间，
新生要掌握基本的军事训练技能，才能加入军团。新生要经过高强度的训
练，才能使他们成为具有自律性与充满斗志的战士，为他们进入高年级的军
团做好准备。这样的训练方式对每个学生都有着清晰与细致的要求：严谨地
执行、严格而公正的自律规定、即时改正、培养绝对听从指挥的习惯，渐进
增强学生身体素质。新生的起床时间必须严加控制，参加的每一项活动要严
加监督。注重细节与端庄的仪表，应该成为他们的第二天性。

——《军号宝典》，1976—1980年，第53—54页

在成功结束新生基本训练之后，我加入了高年级的军团。高年级系统是
由高年级的学生负责的，由军校生军团司令负责监督。设置这样的管理体系
是为了实现特定的目标，我们需要向新生讲授美国军事学院的习俗、传统与
遗产。这样的体系同时还营造出一种可控、富有压力的军事环境。那些不能在
压力下很好地完成工作或无法达到军事学院要求的新生，都会被记录下来。

完成新生基本训练的时间与高年级学生回校的时间是吻合的，这一般是
八月的最后一周。在新生迈着自信的步伐，高唱着《西点军校行军曲》的时
候，高年级学生有机会第一次观察这些新生。

这是一个让人无比激动的时刻！我们不禁会想到之前那些同样迈步走过
这里的伟大人物。那一天，我在这条"灰色长线"的队伍里，首先想到的是

道格拉斯·麦克阿瑟将军。

之前提到的《军号宝典》是新生们眼中的《圣经》，其中的内容是每个想要在西点军校里生存的学生都要了解的。《军号宝典》是最重要的手册，因为在军校里生存下来可以说是新生们的第一要务。

没有能力与意愿满足军校要求的学生只能离开。有时，他们前一天还在，第二天就灰溜溜地走人了。所以，从那些最后坚持下来并取得成功的人士身上汲取动力是非常必要的。

_ 遵循杰出领袖的话语

麦克阿瑟将军是西点军校最为杰出的毕业生之一。1962年5月，他在接受西尔维纳斯·塞耶荣誉勋章的时候发表了一篇震撼人心的演说，这篇演说的内容也被印在了新生手册上。在他的演说里，他提出了"责任·荣誉·国家"的口号，现在成了西点军校的校训。

这三个庄严的词，使你软弱时变得坚强，畏惧时有勇气面对自己；失败时要不屈不挠，成功时要谦和有礼；要身体力行并杜绝空谈，要勇于面对重压以及困难和挑战，学会巍然屹立于风浪之中，要律人也律己……它们在你们的心中创造奇迹，永不退缩的进取精神，它们以这种方式教导你们成为军官或绅士。

——《军号宝典》，第31—32页

在我进入西点军校的第一天，我便得知，"长官，没有任何借口！"的回答原来是为了帮助新生变得更强大与更负责。

"长官，没有任何借口！"我依然能回想起这句话带来的让人颤抖的力量。在面对高年级学生质问的重重压力下，不假思索地说出这句话会让你感到恐惧。不过，渐渐地，"长官，没有任何借口！"被我们说得越来越响亮，口气越来越坚定。我们之前想要找寻借口的自然反应，已经被一种全新的思维方式所取代：将一切缩减为一句关于事实的陈述，直指问题的核心。当我们没有正确地做好事情或没有完成任务时，不管是否情有可原，我们依然需要为这样的结果负责。

_ 我的成功故事

这些年来，我一直从西点军校的这段经历中受益，我希望这能够继续给我的余生带来正面影响。军事训练培养了我积极的自我反省习惯，让我能更好地检视个人的行为。我改正了之前那种无助于取得成功的行为方式。

"长官，没有任何借口！"的回答给我带来的影响渐渐变得清晰起来。积极的自我反省并不会引领我走向找寻借口的道路。直到今天，每当我发现自己沉浸在过去的成就与失败中时，我都会想起"长官，没有任何借口！"这句话。这让我能够迅速从自我恭维与自我怜悯的心理陷阱中逃脱。

说出"没有任何借口！"这句话，可以帮助你变得更加强大，特别是当你踏上未知的旅程时，抑或觉得信念在动摇时，就显得特别有用。想象一下，你如果像体操运动员那样悬在半空，将手放开吊环，在即将抓住另外一个吊环的关键时刻，能把握好正确的时机吗？我有过多次类似的感觉：非常紧张不安。

我进入西点军校的时候也正处于这样一个不确定的时候，我觉得自己像悬在半空。每个新生都要克服一些困难才能成为正式的军校生。当时，我们还有其他选择，但我们既然做出了这样的选择，就要承受选择带来的结果。

十三年后，在完全不同的情境下，我感受到了相同的挑战。到了1989年，我在西点军校、军队以及企业里都有过成功的事业了。那些岁月充满了挑战与成就，但都无法与我首次创办自己的事业，站在自己办公室里的那种兴奋的感觉相媲美。

我孤身一人。盛大的聚会结束了，一大群支持者与祝福者已经离开。我的妻子已经带孩子们回家了。我走到商店门口，准备锁门回家，默默享受这一段安静的孤独。我内心温暖愉悦，为自己实现了开办零售业务公司的梦想而感到高兴。我有了一个提升个人与事业的资源中心，人生面临着新的转折。突然，我感到莫名的恐惧。

"长官，没有任何借口！"这句话又在我的脑海里回响。我冒着失去一切的风险创办公司，如果我最后失败了，将没有任何借口可找。我的人生中第一次有了这个想法：我真的非常希望父亲此时此刻能在我的身边。

自从父亲去世后，我从未像现在这样感觉如此孤独。这一切发生得太突然了，原本身体健康、精力旺盛的父亲就那么突然地离开，我们甚至都没有说再见的机会。他是一位优秀的牙医，也是小有名气的业余高尔夫球手。我们（我的父亲、母亲、姐姐与我）生活在纽约州金斯顿这座小城里，这也是父亲出生与成长的地方。在一个阳光灿烂的日子，他坐在家门前的庭院里，正与我的姐姐以及她的朋友坐在一起，然后毫无征兆地离开了人世。

父亲下葬的那天同样是阳光灿烂的一天，我依然能回想起那时只有十一岁的我是怎样的状态。我站在母亲旁边，不断地对自己说："我要活下来，我要活下来！"

从那时起，我就将对父亲的记忆视为一种力量与鼓励的源泉。作为他唯一的儿子，我希望能够实现他的期望。但他从来没有说过是哪些期望，所以我只能凭空去猜想，这因此改变了我真正的人生规划。

我希望让父亲与母亲感到自豪。不管遇到什么事情，母亲总是鼓励我，支持我努力做好自己。我早产六周，造成肺部功能出现衰竭，在刚出生的头几天，我一度徘徊在死亡的边缘，是母亲将我培养成一个健康与强壮的人。无论我对自己有着怎样不切实际的愿望，母亲始终鼓励我去追逐梦想。要是我没怀着让父亲为我感到骄傲的信念，可能无法单凭自身的意志去实现人生的目标。

那天晚上，我独自一人站在新成立的公司办公室里，不断回想起过往。我故意把自己在具有等级制度与家长式作风的组织里取得的成功剥离出来，我感到自己正在以一种前所未有的方式处理对父亲的回忆。我之前从未像现在这样希望父亲此时此刻能与我在一起，并得到他的认同。

"长官，没有任何借口！"我对自己与父亲说，心底那些深沉而孤独的东西正在牢牢地控制着我。父亲的去世让我无法感受到他的爱意，但这也激励着我努力去取得成功。

在那个时刻，我知道自己正在努力放下之前无法释怀的东西。我明白，父亲的去世不能成为借口，它不是阻止我继续向前的理由。

我知道自己已经准备好孤身一人去面对了。我意识到自己的期望——而不是父亲的期望——足以驱动我去实现自己的梦想与目标。我再也不需要取悦父亲或任何人了，我只需要得到自己的认同即可。在那个充满全新期望与全新认知的时刻，我接受了自己是孤身一人的事实。

不过，这也让我明白，我有着父亲爱我的记忆，同时还意识到我们父子都是通过诚实、真诚与坚持去努力取得成功的。

_始终要相信自己

按照自身的期望而不是身边人的期望去创造自己的生活。请认真思考一下，我们是否经常按照别人的期望去塑造自己，从而取悦对方呢？这可能会让你在自我否定中变得无法接受自己，以及面对这些选择所带来的悲剧。对自己的人生负责，意味着我们要有勇气去直面困难，也意味着需要冒一些风险，甚至不惜让一些关系变得紧张，但这样做会赢得更多的尊重。

　　成为承担自我责任的人需要一个过程。在你践行没有任何借口的原则时，承担自我责任的经历会慢慢累积，对你构建一个更加高效的人生产生积极的影响。你会渐渐成为一个圆满的人，如果你自认已然圆满，那就要在人生的七个重要方面进行平衡与发展（这将在下面的章节进行阐述）。每当你做出一个成熟的决定，都能接受自身行为带来的责任，那么你将获得更好的成长。

　　你可能已经注意到，你对他人认可的需求程度与内心的平和程度成反比。有时，你可以从自己尊重的人当中选择少数几个寻求建议，或以他们为榜样去改变自己的行为——前提是这些人值得学习与模仿。渴望得到他人的接受与认同，这是基本的人性。不过，有选择性地接受他人的建议，是很明智的做法。你要专注于找寻这样的人去获取建议：他们顾及你的最佳利益，拥有你所赞赏的人生价值观，对你充满爱意并且始终支持着你。有些时候，你要远离这些人的帮助，独自面对各种事情，这也同样重要。审视自己的人生、决定自己所要前进的方向、观察能否收获想要的结果，这些缺一不可。

　　践行"没有任何借口"的人生原则能够增强你的自我价值、自爱与自尊情感。你将学会放下一些东西，不去把自己对失败的恐惧归结于他人，不去寻求额外的庇护。你将知道如何与人创造全新的关系，按照自己的理念去生活。

　　当你将自己所爱的人放下，不再试图躲在他们背后寻求庇护时，你与他们都将体验到一种全新的爱和自由。

　　当你意识到自己能够决定自身未来的时候，你才能更加充分地体验人生。当你拥有了"没有任何借口"的思想时，你就再也不会因为自身的缺点、失败或羞涩去指责别人了。你将有机会为拥有圆满的生活打下坚实的基础。

　　你可能会像所有刚踏上全新人生之路的人那样提出这些问题：我是否准

备好了？我是否有足够的自我责任感？我有能力去面对成功吗？我有能力去接受失败吗？我准备好了去接受这种全新的自我责任感对我的家庭与朋友的影响吗？当事情不如意的时候，我是否愿意为自身的行为负责呢？我能否放弃所有精心设计的借口呢？

很久以前，我认识一个愿意为自身行为负责的人，他从来都不会找借口为自己开脱。比方说，如果他吃晚饭的时候迟到了，就会对妻子说："亲爱的，我没有及时离开办公室。"在我还是个少年的时候，就很欣赏这个人。现在，我知道他当年的言行对我现在践行"没有任何借口"的生活理念影响巨大。他完全为自己的行为承担责任，不会将时间浪费在找借口上。因为他知道，借口是毫无意义的，对于解决问题于事无补。

_学会心甘情愿去做事

当你愿意为自身的行为承担所有责任，就会怀着轻盈的心去生活。当你有意识地不因自身的行为去指责别人，就会感觉内在变得更加强大，没有那么孤单，也不会对结果感到恐惧。遭受拒绝与失败的恐惧感曾经阻挡着你前进，但现在这些感觉都会逐渐消失。你正在掌控着自己的人生。恐惧控制心理或影响你的行为的概率会越来越低。你的自我责任感会随着个人的成长与生活的不断拓展，得到进一步提升。

随着事业不断发展，我清楚地意识到，自己要朝着另外一个事业方向前进。一直以来，我都擅长与人打交道，渴望与别人进行沟通。我的热情通常会让我轻易进入全新的环境，认识其他人。无论是在高中、军事学院还是日后成为商人的日子里，我都特别享受公众演说的感觉。我知道，对企业来说，利用外部资源去帮助他们的员工满足激励与培训的需求是很重要的。

第三方提供的信息通常都是更可信且更容易被人接受的。我觉得自己所擅长的，就是成为这样的第三方。我开始进行企业培训，到各大公司进行演说。我的目标就是帮助他们更好地理解个人责任感与成功的个人生活和职业生涯之间的关系，提升他们的生活效率。

我的零售商店里有很多激发个人潜能的书籍，我如饥似渴地阅读，对这些富于价值的信息有了全新的理解。我阅读了戴尔·卡耐基、诺曼·文森特·皮尔、拿破仑·希尔、W.克莱门特·斯通与厄尔·南丁格尔等过去伟大作家的作品；我还阅读了当代一些心理自助作家的作品，比如哈维·麦凯、苏珊·杰弗斯、史蒂芬·柯维、罗伯特·舒勒博士、拉里·威尔逊、汤姆·彼得斯、M.斯科特·佩克等人的作品。

自我责任感是这些作家在他们的著作里传递出来的一个关键信息。尽管如此，很多人在现实生活的践行中依然遇到了诸多困难。培养自我责任感对于我们取得个人与事业的成功是必需的，这个过程需要我们付出很大勇气，要求我们拥有成熟的心智以及志同道合的人的支持。

我相信自己有能力将"没有任何借口"的生活理念传播出去，为人们提供实用的指引，帮助他们拥有承担自我责任的生活。我知道这样的做法能够帮助人们更好地处理个人生活以及事业发展面临的瓶颈问题。我突然发现自己应该这样去做，因为我的人生一直是以"没有任何借口"的原则为指导的。我的目标就是希望这些全新的观点能给你们带来好处，如果是这样的话，这对我来说也是一种回报。

没有什么比将"没有任何借口"的生活理念变成现实，给我带来更多的愉悦与满足感了。无论是只有三四个人的公司，还是规模庞大的公司，"没有任何借口"的原则都是适用的。这个原则适用于传统销售、市场营销组织与互联网公司。这个原则同样适用于政府雇员，适用于你、你的家人、朋友、同事、商业伙伴与其他你认识的人。最后，我可以说，这是一本适合所有人阅读的书。

我有很多实实在在的证据，可以证明那些践行"没有任何借口"这一原则的人过上了更加美满与高效的生活。那些之前不知道自身潜能的人，通过践行"没有任何借口"的原则，发现了真实的自己。他们懂得如何控制自己的情感、目标与才华，从而更好地帮助别人与公司，当然，他们最终也帮助了自己。

能否改变你的人生，这完全取决于你。通过践行"没有任何借口"的原则，你将获得足够的资源与工具，更好地帮助自己做出积极的改变。你将有机会以不同的方式与身边的人交往，给他们的人生带来积极的影响。"没有任何借口"能激发你对生活的全新热情，激发你对实现曾经认为不可能实现的梦想的热情。

你不会受制于环境的摆布。如果你做出选择，就能成为自己命运的主人。祝贺你！你已经获得了更好地掌控自己人生的能量！

此时，你很可能已经一只脚坚定地踩在了"没有任何借口"的基石上。你可以一步步地学习如何更好地专注于自己，更好地专注于实现个人的行动计划，这将引领你实现人生的目标。你将会发现，当你对目标有了越发清晰的认知时，就能更好地将自身的能量投入需要的地方。只有获得这种全新的专注力，才能以一种前所未有的方式实现你想要的成功。

现在，你有机会让自己拥有一种全新的自我责任感，你是否准备好接受全新的训练呢？

"没有任何借口"行动计划：培养自我责任感的法则

1. 无论付出多少努力，都要为梦想而活。不要接受自己或别人提供的任何借口。

2. 如果你想要自己的人生发生改变，就要改变你的思想与行为，从而更好地实现目标。去想去做一些你之前不敢想与不敢做的事情，你将会有全新的收获。

3. 留心你身上传递出的代表力量、勇气、智慧与内在美感的信号。认识到自身拥有的优良品质，努力去帮助别人进步。

4. 留意你对失败与遭受拒绝的恐惧感。这些恐惧感说明你已经接近了内心的愿望，这些恐惧感不过是代表成长的机会已然到来的一种信号。

5. 成为自己人生的主角。抛弃那种认为人生就是挣扎的观念，努力去开创更多的成就，抛弃身上一直以来背负的沉重包袱。

6. 把你在过去经常使用的借口写下来。发誓永远都不要再找这些借口，然后将这份借口清单扔掉。

7. 写下你即将要做的一些决定，列出一个清单。记住，这些决定会给你的人生与身边人的生活带来影响。这能让你更好地察觉自己在过去使用的借口，从而不让自己利用这些借口为最后的结果逃避责任。

8. 认识到你已然长大成熟，再也不会为无所作为去找寻一些貌似诚实的理由。当过去的现实变成了一个永恒的借口时，问题就出现了。每当你发现自己在找寻借口，就要努力改变自己的思想。

9. 按照自身的期望而不是别人的期望去创造自己的人生。通过勇敢地接受自己以及你想要做的事情为自己的人生负责。这可能会让你冒着失去一些关系的风险，却能够从别人那里获得更多的尊重。

10. 不要因为害怕失败而将别人当成自己的挡箭牌，不要躲在别人身后。谨遵此话，你与别人将能够体验那种前所未有的相互去爱的自由。

11. 为自己的行为负全责，你将会发现自己的心灵变得轻盈。下定决心，绝对不将自己的行为导致的结果归咎于他人。那么你就会感觉自己更加强大，身边的朋友也更多，这能让你勇敢地面对结果。

第二章

目标的能量

_ 承诺

在一个人许下承诺之前，他依然会犹豫不决，有可能做出倒退的行为。一个最基本的真理是，对真理的无视会扼杀无数聪明的想法与创意。当一个人许下承诺，那么上天都会帮助他。一个正确的决定，会让你更好地面对无法预知的事情，遇到更多的智者，得到你之前从来不敢想的帮助。无论你做什么，有什么样的梦想，都可以立即开始！

——歌德

_ 你对成功的定义

在你思考如何获得更多成功之前，首先要知道成功对你意味着什么，了解你想要追求的事业，相信自己能够实现目标。

就以乔治·巴顿将军为例子吧。在他还是一个不到七岁的小孩子时，年幼的巴顿就拥有了一个清晰的目标，那就是成为一名军人。对他来说，成为陆军上将是一件顺其自然的事情。他与其他伟大的军人一样，始终坚信着这个目标。每天早上，他都会立正，向自己的父亲敬礼。

在少年时期，巴顿继续做着"一些极为狂野"的事情，努力实现自己已经认准的目标。他贪婪地阅读着历史上那些伟大将领的故事。他研究了波斯、希腊、罗马等国的将军，研究排兵布阵以及中世纪的许多战争。他的课堂报告基本上围绕着名声、荣耀与英雄主义这些主题。

对所犯的任何错误都要自我承担责任，这是巴顿在很小的时候就明白的道理。他知道，人生真正的奖赏都是通过持之以恒的努力获得的。他正是凭借着顽强的斗志与不懈的努力，克服了阅读障碍症，顺利从西点军校毕业。在漫长的军人生涯里，他不断获得提拔，逐渐收获属于自己的名声，最后成了美国陆军将军。他不依附于任何人的政治影响力，而是凭借诚实与全身心的努力去实现自己的每个目标。

当他还是西点军校的新生时，就在个人的日记本上写下这些人生信条，它们最终帮助他实现了最伟大的目标，成了美国陆军的一名将军。

比如："尽自己最大的能力与决心去做好每一件事。以一丝不苟的态度将事情做到最好，而不只是敷衍了事。"

每一个认识乔治·巴顿将军的人或每一位阅读过他人生传记的人，都会有自己的看法。然而，我相信他们都会同意一点，即巴顿将军是一个拥有自己人生目标的人。他无所畏惧，敢于直面人生的难题。

"当命运拍了拍你的肩膀，你必须转过身，看看他是谁。每个人都会遭遇这样的情况，但对此真正留意的人很少。你必须下定决心，遵循命运所指引的方向。你必须专注于目标，为你设定的目标不断努力……"

在你创造与塑造人生的时候，拥有目标比拥有才华更为重要。巴顿将军的例子就证明了这点。如果你能持之以恒地努力，就能撬动高山。这也是拥有目标或使命的重要性所在。

那么，你的目标是什么呢？你的人生抱负是什么呢？你的梦想是什么呢？你是否拥有自己的梦想呢？今天，请自己思考一下。想象你正处于个人与事业的最佳状态，想象你对自己与家人、朋友、邻居、同事或商业伙伴都拥有良好的情感。

你对成功的定义是什么？和谐美满的家庭生活？一帆风顺的职业生涯？经营成功的企业？拥有财富与时间自由？与自己所爱、所关心的人拥有最为快乐的生活与良好的关系？与那些支持你不断前进的人相互鼓励？要想对别人的生活产生最大的影响，你就要提升自我认知，并通过自己对人生的理解，去指引自己实现目标。

本章将会引领你们踏上一段认清个人目标的旅程。一旦你开始这样做了，就已经朝着你选择的未来迈出了重要的一步。你已经认识到，自己有可能成为理想中的自己。你将会沿着一条实现个人梦想与目标的道路前进。

当你在第二部分了解到更多重要原则的时候，就有机会去掌握规范自身价值观的方法。你将知道该怎样审视期望，为自己参加的这场人生游戏制定标准，懂得尊重自己与别人。你将学会如何以更有意义的方式与别人交流，从而收获充满爱意与成就感的关系。你将感受到一种为他人贡献的圆满，知道自己对别人的生活产生了积极的影响。

你还将明白（或者是我必须提醒）一点，那就是**你所拥有的最重要的人际关系，就是你与自己的关系。**

你将会收获改变人生的机会，做出最符合自身利益的选择，但这需要你足够自律。你需要有正确的态度去支撑自己沿着全新的道路前进。

"没有任何借口"的原则会告诉你们如何培养乐观主义精神，如何将消极思想转化成积极思想。你将会把愉悦、乐观、坚持与正直视为全新的法则。你将会懂得，这些有用的品质将有助于你实现目标。

_ 制胜的策略

在任何军事形势下，指挥官都需要依靠一个行动计划，也就是"战斗方略"。这个计划是基于预期的最佳结果，制订出联军所有的战斗策略。费迪南·福煦元帅就谈到了制订总体计划的重要性：

……即便某次军事行动受挫，或某个部队伤亡非常重大，指挥官都必须坚持原先的军事计划，同时要求部队咬牙挺住，绝不能让整个行动计划撤销，否则带来的消极影响会让之前的战果丧失，甚至彻底打乱原有的军事计划。

——《军事将领》沃德·贾思特　著

总体计划或者说目标，是帮助我们赢得战争胜利的策略。要是没有战争计划，不可能取得胜利。这也是一个爱好和平的国家需要制订国家防御计划的原因之一。

当你通过践行"没有任何借口"的原则，获得全新的认知与视野之后，就能够制订与执行自己的行动计划。认准你的人生目标，是你迈向成功最重要的一步。

_ 确定自己的目标

你来到这个星球的目的是什么？这是回答"你的目标是什么"的第一步。孩子会理直气壮地答："为了被人爱。"成年人可能会说："为了去爱别人。"

对自己负责包括：你该怎样运用自身的能量？你将会爱谁？你将会帮助谁？你将支持或愿意为哪些事业奋斗？当你开始思考自己到底为谁工作，并找寻到真正热爱的事业时，将会对美国作家约瑟夫·坎贝尔的"人并非为了找寻生活的意义，而是活着的意义"这句话有更深切的了解。

我们中绝大多数人都想弄清活着的意义。当我们以个人（而非他人）认准的目标而活，就能更好地享受每一天。虽然这个过程会遇到很多挑战，但我们依旧心怀感恩，渴望人生变得更有价值。**有目的地活着，是人生最伟大的喜乐之一。**

如果你有勇气去反省自己的灵魂，就能发现自己的目标。不知有多少人认为机会如同死神，一生只敲一次门，那些错过机会、没有目标的人，通常会活得了无生趣。追求目标，会引领我们运用内在的精力，远离停滞不前与僵死的状态。

对自己负责能让你随时准备就绪。这种状态可以让你与一名身强体壮、训练有素的士兵媲美。当士兵出去执勤的时候，他需要自己决定如何运用能量与手中的资源。要是他缺乏一个明确的目标，就会陷入焦虑不安的状态，等待着别人先行动，或者将精力、弹药浪费在毫无目标的行动上，无法取得任何结果，使自己置身于危险的境地。无论他是一个多么具有自我责任感的人，都会将自己与战友拖入泥潭。

_目标如何让你成功

只有当你选择成为自己人生的终极决策者时，你才能成功。如果你不去为自己以及自身的行为负责，那么外部发生的事情、所处的环境以及其他人的目标都会影响到你。

蓝天白云下，躺在漂浮于平静湖面的橡皮船上，是一种非常愉悦的感受。不理会世间的任何纷扰，这能给我们带来内心的平和。但是，一些人在拥有桨橹、风帆或引擎的时候，依然无法感受生命的激情。他们不断让自己置身于不安的局面，然后等待着别人的解救。即便生命危在旦夕，他们依然无所适从。

过上对自我负责的生活，意味着你知道如何享受生活，并且为面临的各种处境做好准备。缺乏自我责任感将会毁掉你的人生。如果你缺乏自我责任感，就会害怕自己孤身一人。一旦事情出现差错，你总是把别人当成挡箭牌。当你学会为自己负责，就能独自面对很多磨难；随着你不断成长，还会认识其他具有自我责任感的人。

当你不找借口，你的自我责任感就会不断增强。你会感觉内在拥有一股无法被征服的力量，这股力量可以帮助你战胜一切困难，排除一切障碍。感受一下它，回看自己的人生，你会找到这些力量的证据。

每个人心中都有对自我负责的渴望。每当你获得鼓励，这种愿望就会变得更强烈。当我们将自身能量专注于目标上，能量就会源源不绝。当我们找寻并利用机会，不断学习与成长，自我责任感就会变得愈发强烈。

_ 专注于人生的目标

当我回望过去的人生经历，发现在我还未意识到之前，就已然按照对自我负责与追寻目标的原则去做事了。我选择的目标很有挑战性，但我坚持不懈，尽全力去实现它。

从成长与激励的角度看，过去所得的经验，对我的个人定位与事业成长至关重要。你们可能也会认同这点。生活中的事总是环环相扣，促使我们做出种种转变。你是否注意到自己的一些阅历通常与其他方面存在关联？出色完成工作所带来的满足感，最终会变成一种不满。重复解决一个你早已烂熟于心的问题会让你感到厌烦。而这样的事情发生在我身上时，我就会找寻新的挑战。

当你学会对自我负责，就会反思自己是否真诚与正直。正直的品质，可以帮助你专注于手头的事，并真切地认清自己是谁。

为了实现人生的意义，你要选择非凡的目标，然后专注于此。当你全身心变得无比专注时，学会自省与承担责任极为重要。你选择的目标，要与你的价值观以及世界观相一致。了解你的目标并为之努力，同时忠于自己的想法，这将让你取得巨大的成就。

当你体验并认识到自己的成功，为了"目标"奋斗会给你带来越来越多的奖赏，也逐渐会变成一种习惯。当你反思过去所做的决定时，下面这些问题值得你深思：

- 取得重大成就的机会是否出现过，而你却忽视了？
- 当你准备行动时，是否挑对了时机与安排好优先次序呢？
- 你是否对改变人生方向的信号足够敏锐？

许多人根本不去思考这些问题，他们每天都浑浑噩噩，只专注于生活琐事，比方说上班、支付账单、打扫房子与整理后院，为孩子的衣食住行操碎了心。

当然，这些事情非常必要，但若是完全专注于此，会让我们无法实现自己的目标。你要留心在更大范围发生的事情，比方说哪些事可以委派出去，如何才能更好地做出贡献，等等。

记住，你专注于什么，就会得到什么结果。如果你只专注于去做一些可以维持最低生存的事情，就注定会庸庸碌碌，没有任何成就。你可能在不知不觉中，任由外界环境的摆布，没顺着自己的梦想与目标前进。如果你足够清醒，勇于追求目标并学会对自我负责，就能更好地实现长久以来的梦想。

_你的梦想与目标

现在，我建议你抽一些时间独处，好好地回想一下你的梦想与目标。你可能将梦想与目标隐藏在潜意识里，根本不相信自己能够实现它们，或者你不相信自己有过上理想生活的能力。这都无关紧要，现在请给自己一点点自信就好。

抽出一些时间，列出你的二十个梦想与目标，无论大小。假设时间与金钱都不是障碍，你能够成为自己想要成为的人，拥有想要拥有的一切。你可能只想要豪宅或将一百万美金投入自己心爱的事业上。专注于你所想的，这才是最重要的。继续这样写下去，尊重自己的意愿，写下你认为必须实现的二十个最重要的梦想或目标。相信自己有这样的能力。

多年来，我一直考虑要从事咨询师或职业演说家等职业，我的工作让我每天都与那些想要挖掘自身潜能的人进行交流。人们愿意找寻提升个人能力、挖掘自身潜能的激情让我印象深刻。正是这些人帮助我找到了自己全新的目标。

_ "10%"的人生

威廉·詹姆斯自1889年开始在哈佛大学担任心理学教授。他经过认真的调查研究发现：终其一生，一般人只挖掘了10%的潜能。

为什么绝大多数人都过着这样"10%"的人生呢？为什么绝大多数人不愿意去挖掘自身更多的潜能？你们经常会听说一些音乐家或表演家，都出自与他们目前的职业没有任何关系的家庭环境。或者说，你发现一位运动员出生在一个根本不鼓励他参加体育锻炼的家庭里。

如果你在年幼时才华没有被挖掘出来，就要付出额外的努力才能克服这个困难。你要做的就是了解并接受这个事实，然后寻求别人的支持与指引，探寻与挖掘被忽视的才华。你可能需要花费数年时间，才能发现深藏于内心的愿望。

你可能因为别人泼冷水，而将自己的才华隐藏起来了，埋在"安全区"内。当你意识到那些不友善、心胸狭窄的人通常使用这样的手段，将你拉低到与他们同样无能的水准时，就可以与这些冷嘲热讽绝缘了。每天，我在书店里总会遇到一些人，希望挖掘自身剩下的90%的潜能，去实现梦寐以求的目标。

_ 将目标付诸行动

对我而言，没有比与那些始终积极奋进的人交流更令我欢欣鼓舞的了。我的很多客户都激励着我，每过一天，我都越发感觉到这一点，"对自己负责"是成功的关键特质。我更加清楚地看到，无论是过去还是现在，"没有任何借口"的人生理念是如此重要。在我推广"没有任何借口"的过程中，能感觉到它对那些想要过上美好生活的人而言，是多么有价值。它对很多人的生活产生了立竿见影及异常深远的影响。

我在西点军校学到的"没有任何借口"这句口号，成为我在任何领域取得成功的关键。每过一天，我都能觉察到它在其追随者中发挥的影响力。我遇到过很多急切想要将这个理念付诸实践的人。

他们很快就能够理解"对自己负责"的真正意义。他们过去习惯了将后退当成一种借口，如今意识到恐惧是前进的最大障碍。他们发现自身的恐惧，勇敢地直面它，尽最大的努力去克服。

首先，他们学会了对自己说"没有任何借口"。在面对压力的情况下，找寻借口的阴影就会在他们的心里慢慢会聚起来，而"没有任何借口"这句话就是最好的救命稻草。就像当年美国的装甲部队在战场占据上风时，能将代表虚假与错误的软弱敌军扫荡干净。

我目睹了这句简单话语所具有的力量，它能够鼓励人们勇敢地面对这个世界。当他们与其他人接触时，能够展现出一种全新的能量。他们的借口被赶得无影无踪，能够诚实地评估当下的状况，最终直面现实。他们收获了诚实且高效的反馈，让其他人也因此受益。

当你被现实状况压得喘不过气时，是否会找借口？如果你不承认找借口是源于内心的恐惧这一事实，那么你就是在自欺欺人。

抛弃借口能帮助你化解难题。当你用对自己负责的态度取代找借口时，积极的行为最终会驱散内心的恐惧！下面这个故事就能阐明这个道理。

_ 相处模式很重要

约翰与玛丽是一对夫妻，他们在参加"没有任何借口"的训练之后对我说，这个训练让他们受益匪浅。他们有机会到西海岸享受为期一周的假期。他们都对第一次体验太平洋与加利福尼亚州沿岸的风光充满了期待。他们计划这趟旅程的起点是旧金山，然后沿着南边的小镇与卡梅尔至蒙特雷的沙滩前进。最后，他们会驾车沿着大苏尔的沿海高速公路行进，并在红树林住上一晚。

旅行开始后，一切如期进展。旧金山是一座国际化都市，这里的建筑独具特色，连绵的山丘与温和的气候都给他们带来了美好的享受。蒙特雷这座城市就是美国经济与移民史的鲜活见证，卡梅尔这座小镇如他们想象中那般美丽。他们手挽手地走在沙滩上，路边是别具魅力的艺术家社区建筑，他们感到了内心的契合。

约翰与玛丽在旅程中采取"没有任何借口"的相处模式，这起到了非常好的效果。当然，他们在旅途中也出现了一些困扰，比如住宿问题与交通延误，但他们不断提醒自己要自我负责，彼此保持耐心与宽容的态度。要是事情的发展不尽如人意，他们也不会指责对方或找借口。不管面临什么状况，他们总是想办法去找寻最好的解决办法。他们始终专注于旅行的目标：享受彼此在一起的时光，感受着假期带来的愉悦。

约翰与玛丽兴高采烈地开始了驾车前往大苏尔的旅程。约翰事先根本没想到玛丽会对靠海的公路表现出如此强烈的恐惧感。他们开车行驶在一条双向高速公路上，路边只有一些铁围栏，陡峭悬崖下几百英尺的地方就是大海。

这条路建在人造的岩架上，沿着太平洋"镶嵌"在耸立的悬崖边。它在几百英尺高的位置与海面处于平行状态，顺着悬崖的轮廓曲曲折折，车子忽而径直朝着远处的天空开去，忽而又安全地落回黄线之内。

一旦他们驶上通向大苏尔的高速公路，就没机会回头了。整条高速公路只有两到三块外倾的岩石允许车辆掉头。他们驶过了这些地方，玛丽的恐惧感渐渐显现，但他们只能继续向前开。

玛丽开始慌张起来，害怕到无法控制。她变成了对约翰与自己的一个危险的存在，也对其他从对面驶来的车辆构成威胁。她的身体变得僵硬，像一支箭那样笔直地挺立着。她后来跟我说，自己的手臂不受控制地敲打着约翰的手，约翰则尽力地掌控着车的走向。

最后，玛丽成功地控制住了内心的恐惧，约翰努力地保持专注。当他们来到悬崖的末端，这趟充满挑战的驾车旅程才告一段落。最终，他们怀着愉悦的心情将车停在了大苏尔国家公园宽敞的停车场，并在附近的汽车旅馆预订了晚上的房间。

玛丽已经耗尽精力，为自己刚才失去自控感到无比自责，她同时意识到自己的失控行为给他们俩带来的危险。约翰也是精疲力竭，他清楚地知道，必须制订一个全新的旅行计划。

他们都忧心忡忡，因为必须沿着来时的路才能回家。约翰觉得，要是玛丽这次坐在驾驶位开车回去的话，对他们来说更好一些。这样做除了能帮她克服恐惧，更能让她专注于驾驶，忽略路面以外的状况。最后，玛丽勇敢地接受了这个挑战。

一个"没有任何借口"的人专注于目标，就能更好地认识、接受并且承担起自己和他人的责任。约翰这样做不仅是为了安全愉悦地返回，还承担起了作为丈夫的责任。

约翰没有只想着自己，而是在照顾妻子需求的前提下制订了一个计划。

他认为，自己不能牺牲玛丽享受假期美好时光的权利，而应该充分尊重她的感受。他请玛丽承担起更多责任，这反过来增加了返程的安全系数。约翰用一种鼓励的方式去安抚妻子的自尊心，这是说教、威胁或指责都无法得到的结果。最终，玛丽以平静的心态开车回家，安全抵达。他们微笑着看着彼此，为共同面对与克服旅途中的恐惧而感到高兴。

约翰与玛丽经常会大笑着分享他们的这段旅程，总结出这是"没有任何借口"的人生的一次冒险旅程的典范。

_ 追寻超越你梦想的东西

当我第一次与别人分享"没有任何借口"理念时，发现他们中很多人都不知道对自己不负责会对自身及别人造成什么消极的影响。我分析了他们之前的一些行为，让他们认识到找借口是如何麻痹大脑的。他们要做的就是在每次想找借口时有所觉察，然后坚持用"没有任何借口"的理念将其斩除。

看到那些践行"没有任何借口"的人取得了进步，我感到无比神奇。我不止一次地看到，那些愿意摆脱借口，为自身行为承担责任的人，拥有了越来越强的自信心。

随着他们继续践行"没有任何借口"的理念，就能不断找寻更高的目标。过上"没有任何借口"的生活，让他们能够感受内在能量不断增长，继而拥有全新的勇气与决心，开创属于自己的胜利。

我在给企业员工做演讲之前，都会事先了解这些企业的内部文化。每当我遇到一位喜欢抱怨、爱发牢骚的人时，就忍不住说上一通。我知道自己掌握的知识，能帮助他们避免陷入无休止的恶性循环中。

每一个爱抱怨与指责的人，只要接受"没有任何借口"的理念，就能更高效地投入工作中。他们会成为企业内部充满创造性能量的源泉。帮助别人了解他们爱找借口的行为，这是让人兴奋的。看到"没有任何借口"的理念给他们带来的改变，我感到由衷的高兴。我喜欢帮助别人寻找他们自己的路，为他们攀登高峰助一臂之力。

对你来说，现今最大的乐趣就是攀登心目中的那座高山，定下自己的目标。如果"没有任何借口"不能帮助你重新思考或发现目标，那么它就没有实现对你的承诺。当然，这是一个循序渐进的过程。你的自我意识会随着个人的成长速度发展，从而以全新的思想取代过去的旧思维。

时常审视自己的人生很有必要。你越能看清自己、明白自己到底想要什么，就越知道所走的道路是不是正确。

四季轮转提醒我们时间正在流逝，这是造化帮助我们注重自身的模式变化。时间更替可以让我们知道应该完成某些工作，从而着手新的规划。

对很多人来说，新的一年意味着新的开始。在新年来临时，我们承认需要做出新的改变，这是我们培养或增强自身信念的最好时候。

_ 关于目标的两个故事

分享下面两个故事的目的，是为了展现拥有目标能为你的人生带来巨大的能量。第一个故事是关于电影人物改行当励志演说家的故事，这个人在早年就认准了自己的目标。第二个是个寓言故事，讲的是一个小女孩向大家分享了她的人生秘密。

_ 电影原型中玩橄榄球的男孩

以前，一个名叫丹尼尔·鲁迪的男孩，梦想着为圣母大学的橄榄球队效力。他在家里的十四个孩子里排行第三，在伊利诺伊州乔利埃特镇的一个工薪家庭里成长。高中毕业后，他在一家发电厂上班，后来加入了海军，退伍后又回到了发电厂。

他的一位朋友因为一场工业事故丧命之后，鲁迪开始重新审视自己的人生，决定追求自己的人生梦想。他想为圣母大学的橄榄球队效力。但是，朋友与亲戚都劝他放弃这个念头，对他泼冷水："你以为自己是谁？"

他的高中成绩不足以让他进入圣母大学，但他成功地考入了圣母大专学院。虽然他患有轻微的阅读困难症，但他非常认真地学习，最终获得了优异的成绩。他三次申请进入圣母大学，都遭到了拒绝。但他没有放弃，最后终于被录取。虽然他的身高只有五英尺六英寸，但他是思想与行动的巨人。

鲁迪顽强的斗志与决心赢得了团队成员与教练的尊重。他斗志昂扬、坚韧不拔，最终赢得了奖赏。他在大学最后一年主场比赛的最后几分钟得到了上场的机会，成功阻截了佐治亚理工学院的四分卫，帮助球队赢得了比赛。观众都向他欢呼，队友们都将这位胜利者高高抬在肩膀上。鲁迪成了他们心目中的英雄。

鲁迪在1976年获得了大学学位。在接下来的十六年里，他没有取得什么大的成就。到了1992年，他开始为另外一个梦想而活：参与制作电影《追梦赤子心》，这部电影后来票房大卖。

现在，鲁迪在励志演说与企业培训方面拥有成功的事业，还创办了一个专门服务儿童的基金会。他证明了梦想与坚持具有巨大的能量。他的目标就是帮助别人不断成长，发挥自身的潜能。

_ 永远快乐的小女孩

莫纳还是小女孩的时候，就失去了双亲，失去了所有的庇护。她感觉每天都是悲伤的。一天，当她孤身一人穿过一片草地时，看到一只蝴蝶正挣扎着要脱离缠住它的荆棘丛。莫纳小心翼翼地将蝴蝶解救出来。奇迹出现了，她的善举让蝴蝶摇身一变，成了一位美丽的仙女。

"为了报答你的善意，"仙女说，"我会满足你的任何要求。"莫纳想了一下，柔和地说："我想要每天都快快乐乐的。"仙女走上前，对她耳语几句，然后就飞走了。

在那之后，莫纳的人生始终被快乐所填满。她已经将自己的悲伤都留在了那片她遇上仙女的草地上。莫纳成长为一位美丽的女性，最后也慢慢衰老了。在她人生的最后时刻，很多朋友与仰慕者都过来安慰她，向这位了不起的女性道别。

莫纳献给朋友们最后的礼物就是她与仙女相遇的故事。她将仙女在她耳边低语的话告诉大家，她的眼睛闪烁着幸福的光芒："无论每个人看上去多么安稳，无论他们是年迈还是年轻、是贫是富，他们都需要你。"

因为莫纳相信仙女说的话，所以她成了一个有目标的人。所谓快乐，不过是我们不断努力，最终成功实现目标所带来的附属品而已。莫纳所怀抱的远大目标，让她拥有了长寿且快乐的人生。这就是有目标的人生带给我们的帮助，当然，你自己选定的目标，往往最管用。

在那个冷漠的世界里，莫纳想要知道自身的价值。但是，她真正的内在价值无须证明。作为造物主的孩子，她的存在本身就是一种价值。首先，她学会了如何在给予中获得成长。其次，她意识到别人的需求，不吝啬去付出自己的关爱。

在定义自身目标的时候，请学会尊重自己，在前进的路上不断调整。当你这样做时，要将面临的挑战视为一次提升自我与不断成长的机会。

你要欢迎那些导师进入你的人生。你在找寻适合自己的人生道路时，可以追随他们前进。找寻那些慷慨之人，他们能发现你潜藏的优秀品质。你需要他们帮助你激发内在的渴望，从而更好地实现既定的目标，最终实现梦想。

_按照成功法则去生活

本书阐述的思想理念，有的来自杰出人物的经历，有的来自我自己的人生经验。当你将"没有任何借口"的理念践行到现实生活中时，其实就在遵循公认的成功法则——自尊、热情、有态度、懂宽恕、目标明确等——这些成功法则会成为你对自我负责的强大支撑。

什么因素会激励你成为一个更强大的人呢？是外部因素还是你的内在动力？二者都扮演着重要的角色。成长需要外部的环境，但你的目标决定了成长的方向。

你的目标就是你内心深处的真实体现，这能映射出你完全释放自身潜能时所取得的成就。当你得到了恰当的培养之后，就有可能得到难以估量的发展。一个合理的目标可以帮助你充分发挥自身的潜能。

外在激励会对你的人生产生影响吗？答案是肯定的。

在军事训练里，外在激励代表着一种生活方式。不服从命令的后果来得迅速且严厉，有时甚至要遭受严厉的惩罚。在企业经营层面，金钱通常是刺激员工完成任务的要素。金钱再加上登上月度销售排行榜的荣耀，通常能激励员工更加努力地工作。毕竟，谁想垫底呢？企业的这些制度与排名并不能真正刺激我，因为这并不是我工作的真正目的。当我加入一家以此为激励制度的企业后，就不得不遵循它们。这些目标并不是别人帮我选择的。你受雇于企业，就意味着你需要帮助其他人实现梦想与目标。

在绝大多数组织架构里，都会有内部与外部的激励机制：当你学会从这些激励机制中得到好处，就能在企业内展现自身的才华。

在你所选择的情形里，你可能会发现一些外部激励的要求是你无法达到的，因为这些要求可能与你的价值观或行为倾向完全相悖。你可以评估公司的经营理念与自身想法之间的差异，以决定去留。你可以选择与你的经理进行交流，与他达成一个新的协议。你可以为自己创造出一个强大的内在动力，以达到富有挑战性的目标。当你能对自己负责，内在激励因素就会自然出现。这能帮助你克服各种困难，让你拥有更多前进的能量。

1981年，我在佐治亚州本宁堡参加了美国陆军突击学校训练课程。我从中领悟到：能不能生存，完全取决于你对自身能力的相信程度。当你遭受严峻的生理与情感上的考验之后，就会发现内在的激励是多么重要。在那些身心遭受考验的时刻，一切都需要你的内在动力支撑你继续坚持下去。

我一开始就怀着正确的心态进入西点军校。我认为自己的使命是展现出卓越、自信以及无私的品质。追求这些目标成为我内在的驱动力。我始终留意每个能培养这些品质的机会，不是为了得到别人的认可，而是为了内在的满足。

在突击学校毕业的那一天，只有不到一半学员坚持到了最后。每个行业都会有这样的放弃者。突击培训学校的这段经历，对每个参与其中的人来说，都是对个人内在动力的一种考验。很多学员没有足够强大的内在动力坚持到最后。他们没有充分调动内在动因，熬过外部环境所带来的各种考验。

愿望是关键要素。如果你的愿望不够强烈，就会让你在实现有价值的目标之前就选择放弃。成功或失败，取决于每个人是否有能力将外部激励转化成内在动因。当你的愿望足够强烈，就能更好地发展自身能力。

有很多积极的外部激励影响着我们的表现，唤醒我们追求卓越的愿望。很多公司在激励与奖励等方面效果卓越。但是，如果这些外部激励无法支持你的梦想与目标，与你个人对目标的定义不吻合，就只能带来短期的效果。**也许你得到了一切奖励，但是，如果它们与你自身的价值观以及目标不吻合，对你来说就毫无意义。**

我们或许认识一些成功却不快乐的人。可以肯定的是，这些所谓的成功人士取得的成功是非常有限的。他们可能只会对外界刺激做出反应。他们会将自己的不快乐归结为别人的过错。他们可能生活在一个谎言世界里，不敢以真实的面目去面对自己与别人。

我的突击训练并没有在毕业那天画上句号。对我来说，最重要的时刻，就是我必须在内心动力与外部激励之间做到平衡。这很像自己在努力阻止一群脱缰的野马四处奔跑。

_ 如何面对逆境

在我的脑海里，突击训练时期就像是电影胶片那样，不断在脑中回放。那是一段无法磨灭的记忆，如果你对突击训练有所了解的话，肯定会理解我的。

在突击训练的紧要关头，我的暗语是"反面"。这与盖瑞·拉尔森的连环漫画没有任何关系，但他的漫画作品还是有一定可信性的。在接受了极为严酷的训练之后，你会产生一种超意识，让你有机会从自己认为忍受能力极限的状态下超脱出来。这取决于你在那个超越自身潜能时刻的表现。突击训练的这段经历让我明白：专注于一个远大的目标，能够激发任何人之前无法想象的内在潜能，打破他们之前为自己设定的能力极限。

首先，让我们了解一下突击部队的背景吧。美国陆军突击部队的历史可以追溯到罗杰斯的游骑兵。十八世纪中期在法国与印第安人的战争期间，陆军少校罗伯特·罗杰斯在当时的美国殖民地组建了九个连，用于保护当时英国统治者的利益。当时的战场就在今天的纽约州北部、新英格兰地区以及加拿大边境的一些省份。

传统的欧洲行军路线与进攻方式，让英军陷于灭亡边缘。罗杰斯的"十九项游骑兵信条"包含这样的指令——"如果敌军跟踪你，你就绕一个圈，绕过来攻击敌军后方，伏击之前准备伏击你的敌军"。这样的作战信条，帮助他之前组建的缺乏经验的殖民军队变身为一股强大的作战力量，他们有能力对敌军的各种作战方式与作战地形进行分析。因为他们取得的巨大军事成功，罗杰斯的游骑兵被载入美军史。直到今天，罗杰斯的"十九项游骑兵信条"依然在西方国家的军事学院里成为必修课。

今天，每个游骑兵部队的目标是成为战场上的先锋部队，能独当一面。每一个游骑兵都忠诚于部队所设定的目标，都需要接受高强度的军事训练，才能成为一名正式的士兵。

当我完成装甲兵基本训练后，我有资格到游骑兵突击学校接受锻炼。我知道等待着自己的是什么，剥夺睡眠与食物肯定是其中的考验项目之一。除此之外，还有很多高强度的体能训练与课程需要我去做，这一切都超乎想象。达到这些设定的标准让我感到无比振奋。每当我克服了前进道路上的一些障碍，就能体会到内心的满足，增强自信心。

突击训练是在步兵学校突击训练旅里进行的，这是步兵最重要的领袖训练课程。他们的教材是这样写的：

突击训练旨在培养与挖掘军队的将领，让他们的身心接受严格的考验，锻炼他们的自律能力，让他们始终处于高度刺激的状态，保持对任务的忠诚。他们要高标准地完成任务，对形势做出迅速的判断，面对有压力的情形，能够采取必要的方式取得胜利。

——《步兵·"训练守则：突击训练课程"》

遗憾的是，很多一开始参与的士兵都无法完成项目训练。我从不觉得这样的情况会出现在我身上，直到在训练课程中发生了这样一件事。

我所在班级的很多人都成功地完成了在本宁堡进行的突击训练，也完成了在佐治亚州查特胡奇国家森林公园里进行的高山训练，于是我们被送到了佛罗里达州参加最后阶段的训练。这些训练课程包括水上训练、夜间跳伞、沼泽渗透，以及在城市开展军事行动训练。我们是在1981年2月末来到这里的，当时这里的天气非常寒冷，可以说是该州多年未遇的严寒。

我对自己的游泳能力向来很自信。这是我第一次因为自身优秀的体魄而得到别人的赏识以及其他学员的尊重。我并非要炫耀自己的能力，而是我真的觉得，我对水上训练游刃有余。当我回想起自己在西点军校与突击训练第一阶段时的表现，我深信更大的挑战还在后面。我根本不知道自己将面临什么新的考验。

在一次行动中，我作为美国最优秀的"游泳选手"，被要求游过一条汹涌的小溪，到小溪对面履行救生员的职责。我将一条六十英尺长和一条八英尺长的绳索的一头扛在肩膀上，它们是用来指引那些跟随在我身后的士兵的安全绳索。我跳进冰冷刺骨的水里，努力地抵抗着湍急的水流，来到了芦苇丛生的对岸。我将六十英尺长的绳索紧紧地拴在一棵树上，然后拿着八英尺长的绳索游回水流交叉的中心位置，我要一直站在那里，时刻准备救起其他有可能落水的学员。我用一只手臂牢牢地抓着安全绳索，可它实在太沉了，就像一条蛇时刻想从我的手上脱落。我用另外一只手抓住芦苇，以保持身体的平衡。

我必须一直这样坚持着，直到其他学员从河岸的一边转移到另一边。他们紧紧抓住那根六十英尺长的绳索，依次顺着绳索渡河，他们背负着战斗装备，像是一只只翻倒的乌龟。

我能够感到体温越来越低，但我想办法去分散注意力，暗示自己这些症状都是不存在的。我抽搐的肢体动作引起了突击训练教官的注意，他嘲笑我的同时也给我"鼓励"。我的四肢出现了严重的痉挛，恳求立即上岸。最后，教官下令将我抬到岸边。

此时，另一位教官来到我坐下来的地方，我浑身依然不受控制地颤抖。

"想回家吗？"他讥讽地问。

另一位教官也走过来说："想回家找妈妈吗？"

我心想，站在我身旁的这些教官真是铁石心肠。他们根本无法容忍任何借口。我沉默不语，必须做一个关键的决定。

我知道，在本宁堡参加第一阶段的训练时，因为身体原因申请退出，还能保全颜面，这也是绝大多数放弃者选择的方式。教官们对我的数落持续了十分钟。他们分别站在我两侧，说我是多么无能。

最后，我回答说："报告长官，我不想回家。"教官命令道："马上回到水里去。"

这是我第一次想要站起来一走了之，但我内心的某种情感拒绝了这种念头：千万不要让这些折磨你的教官看着你不合格。

我站起来，不知从哪里找到一股巨大的力量，重新跳入河里，坚守自己的岗位。我一直坚持到最后一名学员完成渡河任务，他们将我拉上岸。很多人用毛毯将我包裹住，生火让我暖暖身子。没过多久，我们就要开始十二分钟的路面行军。

我最终成功地完成了使命，是因为我不允许自己丧失信念。每当我回想起这段往事，虽然有很多痛苦的记忆，但最终取得的成功依旧让我非常自豪。

在训练过程中，我被剥夺了睡眠、食物与个人的尊严。想象一下折磨你的教官每天对你进行言语侮辱，而你要默默地承受这一切。无论怎样，我始终都没有放弃目标！我要成为一名突击队员。如果让我重新考虑，我依旧会做出这个决定，这并非怕遭人取笑才这样做的。

我并未想办法去迎合那些教官。当我重新跳入冰冷的水里，我是在迎合自己设定的标准。当时，我在心里想："可能明天就要离开突击训练营，但这个决定应该是出自我内心，而不是折磨我的教官。"正是这样的想法让我熬过了考验。我有三根冻伤的脚指头可以证明那个勇敢的抉择时刻。我还对人类的潜能有了更深入的了解，知道每个人为了实现目标，可以超越自身的极限。

_ 存在的意义

目标赋予我们的人生意义与价值，给我们成为理想的自己一个理由。最重要的是，这能让我们有机会帮助别人。众所周知，那些比较长寿的老年人通常会养宠物或种植花草，因为这样做给了他们活下去的理由。那些退休下来的人要是缺乏未来的计划或方向，通常寿命要比那些有目标的老人短一些。

你制定的目标，能使内心相信别人需要你以及你的才华。无数的研究已经证实了一点：沮丧带来的压抑情感与缺乏自尊的心态会让人的健康出问题。确立目标能够帮助你保持更健康的生活方式，想着自己能够为别人提供价值。你可以告诉他人自己拥有何种能力或才华，然后找寻恰当的机会施展出来。比方说，如果你享受与孩子们在一起的时光，就可以找寻机会到当地的儿童医院去做志愿者。

目标能让我们更好地享受人生的乐趣。当目标变成我们的乐趣时，这样的感觉是最美好的。如果我的目标就是激励别人去获得成功，那么其他任何工作都无法与此媲美。因此，对我来说，花大量时间去修理汽车引擎是不大现实的，这并非我的才能所在，也不是我的人生目标。那无法给我带来最大的快乐，我也无法对这个世界有所贡献。

_ 你的人生目标是什么

无论于人于己，坦承自己的人生目标以及想要成为怎样的人，都是很重要的。下面的六个步骤可以帮助你认准自己的目标。你还能够发现，自己的工作以及其他活动是否有助于你实现目标。你要将回答写出来：

1. 你的工作符合你的目标吗?

2. 你的老板希望你完成什么目标? 如果你自己创业, 你希望自己能实现怎样的目标? (比如: 你代表着公司的最高标准去面对公众; 在职场保持团队合作的态度; 维护公司的最佳利益)

3. 哪些个人品质对你制定目标有影响?

A.我擅长哪些工作? 我有哪些技能可以反映出我的才华?

B.我喜欢做什么工作? 如果不考虑时间与金钱, 我会做什么工作呢?

C.别人对我有怎样的看法呢?

D.我的弱项在哪些方面? 我是否需要提升这些方面的技能, 以实现目标?

E.别人不喜欢我哪一点? 它们对于实现目标是必需的吗?

F.我的人生态度如何? 人们是否愿意与我相处呢?

G.我希望从人生中得到什么? 对我来说, 活着的意义是什么?

4. 工作之外, 你参与哪些活动, 可以让你能发挥能力去实现目标?

5. 如果你发现自己的本职工作与其他活动都无法帮你实现目标, 你将做出什么改变呢?

6. 你将采取什么行动, 使得自己和公司都有所成长?

通过回答这些问题, 你将能更好地了解自己, 知道实现人生目标的真正基础是什么。你的目标究竟是什么呢? 如果内心不甚清楚, 就要运用想象力。假设你已经知道目标, 就将你心中的想法写出来。拿出一张白纸, 写下:

我的人生目标是: (填写你的目标)

_ 你已经做到了!

你是好样的! 通向成功的关键就是认准目标, 而你现在就有实现它的机会。

"没有任何借口"行动计划：目标所具有的能量

1. 制定你的人生目标、使命或梦想。在创造与发展自己的人生时，这比才能更重要。只有知道自己该往哪个方向前进，才能移山填海。否则，你就像一艘没有桨橹的船，毫无目标地漂流。拥有目标将会让你对人生充满激情。

2. 成为你所选择成为的人，做自己选择去做的事情。如果你不主动为自己的人生负责，那么外部发生的事情或其他目标就可能会反过来指引你。

3. 列出你想要实现的二十个以上的目标。相信自己有能力去实现这些目标。这将有助于你敞开心扉，为自己拥有的潜能感到无比兴奋。你的人生目标越清晰，就越能了解、接受、履行你对自己以及别人的责任。

4. 抛弃借口会让你更好地解决面对的难题。当自我责任感取代了借口，目标与积极的行动就会取代恐惧。

5. 一旦你定下目标，就会在努力实现目标的过程中感到快乐。目标是我们找寻快乐的关键因素。

6. 拥有实现目标的强烈愿望。这将帮助你弥补自己所缺乏的能力，你将会知道如何向前走。你的内心愿望越强烈，获得成功的概率就越高。

7. 找寻内心深处的激励因素。虽然外在激励也能给你很大的动力，但真正让你坚持下来的还是你的内在动因。

8. 定下目标能让你过上更健康的生活。缺乏自尊与沮丧会给你的健康带来消极影响。你要制定一个能为别人带来价值、发挥自身才华的目标。

如果一个人没有跟上同伴的步伐，也许只是因为他听到了不同的鼓声而已。让他随着自己听到的音乐前进吧，不管这些音乐是多么杂乱或缥缈。

——梭罗

　　如果我能重活一次，我会敢于犯更多错误并保持轻松愉悦的状态，不会时刻神经紧绷。我会在人生这趟旅程中玩得足够疯狂。我会攀登更多的高山，去更多的河流游泳。如果我能再活一次，我不会再被其他事情牵绊，积极过好每一个时刻。如果我能再活一次，我会轻装上阵。如果我能再活一次，我会在早春时节赤脚走路，我会跳更多的舞蹈，会更欢乐地骑旋转木马，会采摘这世间更多的雏菊。

——纳丁·斯特尔

　　人生苦短，不能将时间浪费在让自己缺乏激情的事情上。

——乔治·马特连

　　指出强者所犯的错误，并不能说明批判者是对的。真正的荣耀属于那些敢于真正走上人生战场，脸上沾满灰尘、汗水与鲜血的人。这些人勇敢向前，可能会不断犯错，但他们始终充满热情并忠于目标，为实现有价值的事业而努力。他们深知，等待自己最好的情形就是取得胜利，最糟糕的结果就是面对失败。即便面对失败，他们也无所畏惧。所以，他们的地位是那些既没尝过胜利也不懂失败的冷漠之人永远无法超越的。

——西奥多·罗斯福

第三章
保持正直

没 有 任 何 借 口

_ 你的成功基石

任何一个对自我负责与目标明确的人都会问："成功对我而言意味着什么呢？"是的，成功的内涵不只是认清目标。

当你遵循"没有任何借口"的理念，就能理解成功与目标之间的差别。你是在对活着的意义进行认真评估之后再去定义自己的目标。要想成功实现目标，你需要去努力追求并取得一系列阶段性的成果。对不同的人来说，成功所代表的意义也不一样。

事实上，成功源于我们始终坚持梦想与目标，并采取切实的行动去实现它。

对于践行"没有任何借口"原则的人来说，成功并不在彩虹的尽头，而在于追求路上的所作所为。成功是在为了实现更加美好的明天而努力时，从内到外满溢出来的爱、自尊与尊重。

一些人说，成功的人就是那些实现梦想的人。这个观点是片面的。成功的内涵要宽泛得多。我们当下的工作就决定着未来的成就。所以，在我们努力找寻答案时，请卷起你的袖子吧！

_ 胜者为王?

当一部战争机器轧压过它的敌人时，在胜利带来的诸多喜悦里，其中一种喜悦就是享有书写胜利篇章的特权，告诉世人他们所取得的丰功伟绩。当后人重新审视胜利者的时候，失败者的鬼魂重新从过去的迷雾中升腾起来。他们像阴影那样围聚在凯旋门下，要求世人再次聆听他们的声音。我们第二次书写的历史才能流传下来。

荷马讲述过希腊人对特洛伊人取得战争胜利的故事。但是，世人依旧尊重那些失败的特洛伊人。为什么呢？荷马在讲述故事的时候展现了他们的正直感。也许，《伊利亚特》一书传递出来的最重要的信息就是：**胜利并不等于成功**。

对我们来说，在找寻真正成功的道路上无论胜利还是失败，正直感必不可少，它恰恰是很多成功人士所缺失的品质。

_ 将军的信念

诺曼·施瓦茨科普夫将军非凡的道德勇气，让每个接受他指挥的士兵都能感受到。他率领部队解放科威特，受命摧毁中东地区的威胁——伊拉克的独裁者萨达姆·侯赛因。

施瓦茨科普夫是那种新派的领袖。他为人务实、果敢，富于理想主义，行动高效迅速。他是一位坚守自身信念的将领，不受传统标准的束缚。部下很尊敬他，他奖励部下的方式，是对部下所犯的错误提出改进，再用温暖的话语鼓励他们，以让他们承担起真正的责任。

施瓦茨科普夫的行动完全出于内心深处的信仰。因此，他在摧毁了伊拉克部队的海湾战争中取得了辉煌的胜利。他是美国历史上最受人尊重的将军之一。他尽最大的努力去效仿自己的父亲——一位美国陆军退役少将。他与父亲都是从西点军校毕业的，都展现出了坚定不移、奋斗到底、追求理想以及为人正直等品质。

当年轻的施瓦茨科普夫经历了越战的失败之后，他需要做出一个重要的决定。他在军队第一次服役，就获得了少校军衔。当他在1969年第二次服役时，已经升为了陆军中校。他继续着自己的军事生涯。有一个教训是他永远都不会忘记的：一名士气低落的将军必然会令士兵们士气低落，最终导致战争的失败。因此，他开始培养自己独特的领导哲学。

施瓦茨科普夫深谙艾森豪威尔这句话的意思：有一个跟你一道工作的人，要比有三个为你服务的人更好一些。他成了一位杰出的领袖，丝毫不像那些传统意义上的将军。他准备带领美国军队改变以往的作战模式，与数十个国家组成联军，最终取得了海湾战争辉煌的胜利。

_ 正直是高效领导的秘密

"没有任何借口"会将正直品质编织在自我责任感与目标之上，从而为你绣出一张美丽与真实的人生挂毯。

正直品质可以通过承担责任去培养。当你努力成为一个以目标为导向的果敢之人时，正直品质会让你的目标充满生命力。一个正直的人，不大可能去指责、埋怨或抱怨什么。

当你对自我负责，过上了有目标的生活，就会变得更加睿智。你会选择从为之工作、服务或自己尊重的人身上找寻正直的品质。正是尊重与正直的品质融合在一起，才形成了你在个人与职场中信任关系的基石。

正直的定义为：品格健全端正，不容分割或无法打碎。**你在多大程度上坚定信念与信仰及对自身言行承担责任，决定了你的正直程度。**你的正直品质最终会决定你作为父母、销售员、经理、领袖、企业家、员工、配偶、老师或其他身份的工作能否取得高效的结果。你的正直品质是衡量你所取得真正成功的标准。

无论在任何社会，出现动荡的一个重要原因就是，政治领袖与经济领袖不够正直。我们需要具有正直感的领袖！让对自我负责的人处在权力顶端至关重要。拥有这些品质的领袖是政府、企业、家庭以及其他组织都需要的。

到底是什么妨碍了高效的领导？低效的领导面对的困难，高效的领导同样也遇到过，但是后者知道如何通过坚持不懈地提升自己，发挥自身创造性去解决难题。低效的领导需要为自身的行为承担起个人责任，才能变得高效。他们通常担心自己无法达到社会对成功的空泛标准，如拥有豪宅或名车才是成功的标志。他们可能会牺牲别人的利益成就自己的梦想，或通过不正当的交易去实现目标。恐惧感会让他们拒绝为自身的行为承担责任。他们明知自己的所作所为不正确，却希望能够逃过惩罚，或不要因此失去工作。

遗憾的是，一些人抛弃了正直的品质，因为他们觉得这是成为领导者的最快方式。但是，这让他们时刻活在害怕被揭穿的恐惧当中。除此之外，当他们由于恐惧或为逃避责任而行动时，就无法得到理想的结果。从长远来看，他们是不会对打了折扣的结果感到满意的。

父母可能更专注于得到孩子们的喜欢，而不是专注于通过持续高效的教育方式培养孩子们的自律性。要是孩子们缺乏自律，他们怎么可能去培养承担自我责任的习惯，成为一个具有正直感的人呢？作为父母，如果你言行不一，又怎能赢得孩子们的尊重呢？

同样的道理也适用于企业的经理与领导。那些想办法取悦别人的人，通常都是软弱、低效或表里不一的人。作为一名经理或领导，如果你们不能做到表里如一，又怎能期望员工尊重你呢？

正直感是实现高效领导的关键。展现出正直感的人能够赢得别人的信任，一个具有正直感的人最终会因别人的尊重与信任当上领导，罗莎·帕克斯的故事就是最好的例证。她向世人展现出勇敢坚持自身信念的强大力量，因为她是一位具有正直感与忠于原则的女性，所以她敢于去违背当时的法律。

罗莎·帕克斯是一位非裔美国女性，生活在当时还执行种族隔离制度的亚拉巴马州蒙哥马利市。1955年12月，她认为自己作为一名付了钱的乘客，有权利坐在公交车的空位上。按照当时的法律，黑人是不能坐在前排的，只能坐在后面的座位。她出于自身的信念，不管别人是否同意，坐在了前排的座位上，她甚至遭遇了许多愤怒的白人的威胁。她通过自身勇敢的行为无所畏惧地面对着那些歧视者，这引起了整个国家的关注。她展现出来的正直感让整个国家意识到种族不平等的存在。最后，她发起了追求种族平等与权利平等的运动。后来，她在密歇根州底特律市成立了罗莎·雷蒙德·帕克斯自我发展协会。她生前最后创作的一本书名为《沉默的力量》。

_ 你能坚持信念吗

你对自身信念的坚持程度到底有多强？当你需要做出一些与自身价值观或信念相悖的决定时，会如何抉择呢？你是否会动摇自己之前的信念，按照别人的意志去做一些自己不情愿做的事情呢？

当一个人或组织做了不正直的决定，那么想逃避责任的诱惑就会不断增强。每个人都不愿意为不道德的决定或行为负责，这是人的天性。因为这些决定与我们真实的信仰不符，我们就很容易将这些责任推卸到别人身上。如果我们逃避责任，个人的成长将受到严重的影响。

从另一方面看，当你做出了符合自身价值观与信念的决定，就会更乐意负责。除此之外，你将会对自身行为所带来的结果有正确的判断，知道如何处理这些事情。你的正直表明你有足够的智慧去展现自身的价值观与信念，有足够的能力去为自身的行为负责。因此，你就更可能获得内心的平静。

_ 我的个人信念

我的军旅生涯曾发生过这样一件事，有人要求我牺牲正直，去满足一位高级军官的虚荣心。这位军官公开贬低我的上级军官，我与当地组织的负责人都感到非常震惊。我知道自己接下来的行为可能会冒犯他，但如果我选择沉默，就没资格成为一位真正意义上的将领。最终，我的个人信念说服了自己。

我知道这样做会遭到一些报复。但是，我将自己所有的勇气都聚集起来，对这位军官的丑陋谎言进行回应。我觉得自己有义务这样做，哪怕会影响到个人的提拔。

在上级军官对我的评估报告里，可以看出我是一名多么追求卓越、进步与荣誉感的军人。下面是六份褒扬我的报告中的节选：

这是我所见到的一位最忠诚的初级军官，他对自己的下属与上级同样忠诚……他是那种指挥官想要找寻的军官——他能以极高的要求完成每一个任务……在六年的服役期间，我从未遇到一个像他这样始终充满斗志的人。他受到下属与上级军官的尊敬，与士兵关系非常融洽——士兵们都知道他关心他们以及他们的使命。

我引述这一段评估报告并不是为了吹嘘自己，而是向你们展现在与人打交道时，保持正直以及建立良好关系的重要性。为了保持正直，除了对那位信口雌黄地侮辱我的上级军官的人进行反驳，我没有别的选择。

我做出了忠于自身价值观的决定，这把我与那位感觉遭到冒犯的军官的关系搞得很僵。但是，我与自己的关系才是我首先考虑的。我知道如果自己不听从内心更高使命的召唤，那么我就无法成为想成为的人与军官。**如果你做出的决定与基于正直感的价值观相悖，就很难成为自己想成为的人。**记住，正直感是取得真正成功的驱动力与本质。

_ 成功是可以学习的

取得成功的催化剂是不断学习。学习带来知识，进而让你更好地认知，最终收获智慧。

"没有任何借口"是我们取得成功的方式。当你将它变成自己人生的一部分，这将会引领你做出高尚的行为，获得符合自身利益的结果。"成功法宝"所提出的步骤将每个人的不道德思想与行动都排除在外了。当你不知该接受还是拒绝一些违背自身价值观的行为时，"没有任何借口"会帮助你做出一个更好的选择，让你没有任何遗憾，保持内心的安宁，并更加快乐。

每一个成功之人都体验过做出艰难决定的时刻。通向成功的道路是由一个个决定铺成的，其中一些决定会无比艰难。当你将"成功法宝"里的各个步骤融入日常生活当中，就可以将它们当作做决定的标准。我相信，当你们想要过上一种充满正直感、幸福以及成就感的生活时，就会发现"成功法宝"为你们提供了宝贵的资源。

"成功法宝"已经指引出一条通向幸福的道路。它可以帮助你保持正直感，以高效的状态去工作，最终实现目标。如果你之前没有机会成为一个成熟、果敢的成功者，若你遵从"没有任何借口"的原则，就将获得全新的机会。你能够从之前指责、抱怨的坏习惯中解脱出来，不再为自己找借口，它能指引你过上诚实与正直的生活，远离放纵的贪念所带来的诱惑。你将知道如何培养尊重自己与他人的习惯，这反过来会帮助你更好地实现梦想与目标。

_ 你是自己人生的最高指挥官

将军一般都会制订一个作战计划，"没有任何借口"将教你成为自己人生的最高指挥官。在你接受了"没有任何借口"的基本训练后，你就能像那些最伟大的将军一样，高效地制定策略目标。你能够谨慎地选择自己的人生榜样、导师或朋友。当然，为自己负责是"没有任何借口"式人生的一部分。

"没有任何借口"的人生会鼓励你发挥创造性思维，专注于打造自己的人生。你可以运用"成功阶梯"来审视自己的各种行为，更好地设定自己的人生，远离陷阱，不让自己像是一只没有桨橹的船，只能受制于风浪的摆布。当你发挥更好的判断力，就可以克服不良的习惯与欲望。当你践行"没有任何借口"的理念时，就会更清楚人生到底发生了什么。你将发现自己正在做的一些事可能并不符合自身的最佳利益，比方说即时满足的欲望等，然后你会采取行动去改正。

我每天都会遇到真正快乐的人，我知道他们快乐的秘密。快乐源于"没有任何借口"的生活。这些人都会做下面三件事：

- 他们为自己的人生负责。

- 他们为自己设定一个人生目标。
- 他们为自己设定一些不能违背的人生标准，保持正直。

听起来很简单吧？但愿如此。这就好像你刚刚坐在自行车上，既要脚踩在踏板上，同时还要顾及自行车前进的方向。与培养任何全新的习惯或能力一样，在你多加训练后，就会变得更容易。

_ 如何让人生更有意义

正如罗伯特·路易斯·史蒂文森所说的："做真正的自己，成为我们有能力成为的人，是人生的唯一目标。"他的这句简单而又充满力量的话，给"没有任何借口"作了最好的注解。**只有真正地了解自己，你才能让自己的人生变得有意义。只有正直地挖掘自身的潜能，人生才会有价值。真正的成功就在于这两者的融合。**

了解与认知自身的唯一方法，就是进行自省。一些人总是专注于其他的人和事，而没有进行自我审视，看不到自身行动的能量。他们总是感到恐惧，不愿意深入自己的内心。如果事情出错了，他们总想指责别人，试图保护自己。他们的一生都忙于向世人展现自己正确与美好的一面，惯于自我掩饰。但是，请记住：

当事情出差错时，只有软弱之人才会责怪别人。

如果你的人生只是以往成功的重复，就很难充分挖掘自身的潜能。当你沉湎的成功变成了怀旧的记忆，就意味着你已经进入了死胡同。当然，沉浸在过去成功的回忆里，会让你觉得安全，但终将后悔自己为何止步不前。

我们在每个社区都能发现一些高中阶段表现优异的学生，其中一些拥有潜质的人一直活在他们青年时期的辉煌记忆里。遗憾的是，他们通常都对失败产生了恐惧感，习惯了在自己的安全区域内活动，每天过着按部就班的生活。他们似乎不敢在之前成功的基础上继续努力，创造出全新的成功。他们不懂得利用过去的成功所带来的自信，更好地追求下一次成功。要知道，既然你过去能成功，那么你在现在与未来同样也能取得成功。

"没有任何借口"可以帮助人们从错误的思维模式中挣脱出来。我们多次看到，"没有任何借口"可以帮助人们消除指责别人的习惯，之前用来逃避责任的能量现在投入了实现目标的努力中。看到人们实现自我设定的目标，是一种神奇的感觉。

当一个人摆脱了指责别人的恶习后，成为一个对自我负责的人，就会越来越有目标。他们一开始可能没有取得多大的成就，但每次都会为实现的目标而感到高兴。他们能够继续向前去实现目标。拥有目标的人都不会说一些大言不惭的话，他们对自己取得的成就感到高兴，能够更好地感受生命赐给他们的美好。

"没有任何借口"的人生理念就像是酵母，能给你的人生带来无限的奇迹。你的人生有许多像做面包的"碗"，塑造并束缚着你的个人发展。你可以改变这些模子，为自己创造一个更大的"碗"。同时，生命每天都会给你提供全新的原材料，让你有机会体验整个过程，不断获得发展。你对生活的态度就像是酵母，随着时间的推移，能够让放入碗里的东西不断发酵。

只要你全身心地遵循"没有任何借口"的原则，使之成为每天的行为习惯，这一原则必然会给你带来无尽的好处。在你研究成功人士的人生时，就会发现他们是如何利用"没有任何借口"的原则去实现他们的目标的。

_给予与成功的关系

当然，成功会让你的给予能力变得更强，这是一种无上的荣耀。给予是一种非常棒的感觉，无论你是投身于慈善事业，还是以其他方式帮助别人。真正的成功始终都与给予存在关联。当然，你可以给予别人自己继承下来的金钱。但是，这只能代表别人的成功，而不能代表你的成功。

在你选择给任何一项事业捐钱之前，你首先应该"给予"自身才华、技能、知识以及你对事业和工作的认真态度。在我运用"没有任何借口"的原则后，它给我带来了很多收获。我觉得自己必须与别人分享这样的人生原则，让他们的人生也因此受益。这是我所能给予别人的最好礼物，也是我利用自身时间与才华的最佳方式。

当我回望自己的人生，我意识到在给予别人的时候感到最幸福，我最大的欢乐就在于能够帮助朋友和客户，并利用自身独特的才华，为实现一个共同的目标而努力。这就是所谓的团队合作。

乍一看，这可能是一项孤独的工作，而不是团队合作。但是，如果你认真观察的话，就会发现给予别人激励，是一个相互依存的过程。对我来说，成功就是知道"没有任何借口"的原则在帮助着别人与自己，让我们都过上"奉献他人"的有目标的人生。

每个人在践行"没有任何借口"原则的时候，会因为个人或环境因素的不同而出现差异。人生会为你提供容器与原料，你需要构想如何烹饪出一道符合自身成功理念的菜式。

"没有任何借口"非常有效，因为你必须为自己的决定负责。你深知自身决定所带来的结果，让你从对自我负责、目标以及正直感等方面获得全新的认知。你能够评判自己是否在人生各个方面达到了自身的成功标准。

真正的成功与付出不求回报有着紧密联系。

倘若你是一名怀着"索取"态度的员工，只专注于自己能够得到什么，最终也只能通过工作勉强维持生计而已。要想设计出一个伟大的人生，你需要在关注自身利益的同时，也关注如何给予别人。这是一个因果循环的世界。你可能无法从自己给予的对象那里得到好处，但有可能会在他处获得。你要大度地给予，同时满怀感恩之心去接受别人的给予。

你的人生在索取与给予这两方面是否平衡呢？你同意真正具有价值的人生是两者兼具的吗？你能够诚实愉悦地回答下面这些问题吗：

"我今天给予了吗？"

"我今天索取了吗？"

当你践行"没有任何借口"的原则，就能怀着愉悦的心情做出诚实的回答。

"没有任何借口"要求你对生活中的一些人给予关注。当你为自身的决定与行为负责，就更有可能得到别人的给予。人们也更愿意给予你时间、金钱、物质、赞美、友情、知识以及建议，等等。当你不再指责与抱怨任何人，也不再因为失败而哀叹感伤，你就能真正享受给予与得到带来的喜乐。当你开始懂得向别人表达你对他们给予行为的感谢时，其实也是在培养别人身上良好的品质。你可能发现，他们给予的能力与意愿都会变得更加强大。你因此能拥有更多的力量，去面对那些对人生持消极态度的人。除此之外，你还能够找到一些支持你实现梦想与目标的真正的朋友。

"没有任何借口"适合那些想要追求人生进步、愿意拥有正直价值观的人。无论你是持索取还是持给予的态度，诚实地说出自己的想法都需要勇气。怀着谦卑的心接受自己对别人很重要这一事实，也需要很大的力量。没有比你在日常生活中与家人或朋友的相处，更能发现这个事实了。学会重视自身的重要性，才能更好地对他人负责。

_打造支持自己的"联军"

一个"没有任何借口"的人，能够通过培养正直品质拥有成功的生活。一个"没有任何借口"的人，也能够与别人形成良好牢固的关系。

军队系统等级森严，需要每一名士兵绝对服从命令。但是，每一位优秀的将军都知道，单纯的命令并不能让下属变得忠诚、高效地行动。这取决于将领与士兵们之间的关系纽带是否牢靠。一段强大坚固的关系能够激发士兵们做到最好。激励并不是线性的，你只要再努力一把，就能取得更大的成功。

你与家人、朋友间却是线性的关系，它跟投入其中的时间是成正比的。那些不善于教育孩子的父母，其实就是放弃了自身的责任。朋友与认识的人都需要领袖式的人物。家人与朋友对于"没有任何借口"的人生意义重大，本书在第二部分会用一个章节进行阐述。归根到底，你与家人以及朋友的关系质量，决定你能否获得真正的成功。

在现实社会，我们对家庭的定义有时也会发生变化。一般来说，孩子们最好是在一个传统的家庭里成长。但是，对很多孩子而言，传统意义上的家庭已经不存在。为了做出弥补，他们需要更加勤奋更加努力，让彼此的关系变得更加有爱。

同样的原则也适用于友情。多少人能经常与老友会面？我们生活在一个动态的社会里，我们生活的环境可能与散落各处的朋友相隔甚远。但是，我们能够通过移动电子设备进行交流，消除时空的距离。我们有必要去结交更多的新朋友，这是对自己负责。

你在选择与追求（或培养关系）朋友时表现如何呢？你怎样对待曾是你生活中的一部分的人呢？"没有任何借口"可以帮助你在这些方面取得成功。通过在工作中践行"没有任何借口"的原则，你能够与更多的人成为朋友，消除生活中存在的各种借口。你能够在通向成功的路上与你珍视的人成为朋友。

_ 你害怕成功吗

很多人发现，一旦他们学会不再为自身的失败与错误找借口，就会面临一个新的挑战——为他们的成功找借口！在你摆脱了自我强加的失败阴影之后，就要好好地享受成功的喜悦。你值得拥有这样的成功。

一开始，成功可能会让你感到不适应，甚至会让你感到恐惧。因为成功会让你背负更多的责任。因此，你需要更加强烈的正直感。总有些人为自己一事无成找借口。当他们最终取得一些成就之后，积习难改，他们开始为自己取得的成功找借口了。例如，他们可能会说，自己成功只是运气好而已。当人们为自身的成功找借口的时候，虽然表现出胜利者的姿态，但还是会觉得自己受之有愧。

当你消除了任何借口之后，你将会为自己的成功感到愉悦。为取得的成就好好犒劳自己吧！同时，你还要感谢一路上帮助过你的人，大方地接受认可你的成就的人的赞美。你的积极心态会让你成为更好的家人、朋友与商人。为自己设定目标，通过正直的努力去实现它们，你与别人都将从中受益。享受成功的喜悦，邀请家人与朋友一起庆祝。你将能全身心地享受成功带来的美好感觉。

_ 你要为自己的事业负责

你要为自己的事业负责，过好自己的生活是你的责任！你如何对待自己，会影响到你的经济状况。所以，善待自己至关重要。

当你说出"我欣赏你"这句让朋友感到惊讶的话；当一个年轻人并未奢望关注，而你却肯定他所取得的成就；当你公开赞美一个高尔夫球搭档"你会成为出色的职业球手"；当你对别人说"感谢你们的到来！"时，你其实就是在经营自己的人生。你付出越多，取得的成就也会越大。你将会发现身边的人都专注于过上有目标、对自己负责的正直的生活。

慷慨大度的精神与个人的蓬勃发展是同步的。

为自己的事业负责意味着这一切都取决于你！没有人能为你想要过的人生定下基调。如果你认为自己的人生受制于别人，就要自问"为什么"以及"我能做些什么"。如果你想重新掌控自己的人生，却没有采取任何行动，那不过是在找借口，是你对自己不负责。

你可以在一张白纸上列举出三个控制着你的人生的名字。在每个名字旁边，你至少要说出一个他们对你产生的不良影响。现在，你要制订一个计划，你可以与他们进行对话，从而解决或改变当前让你苦恼的处境。然后，你要消除任何借口，努力去做。

当你正视过去，改变或消除环境所带来的不良影响，就能感觉自己正过着一种更具力量的生活。你开始为自己的人生负责了！

_培养成功的关系

"没有任何借口"有助于培养更高层次的关系。随着这样的关系不断提升与变化，人们有时会变得疏远。比方说，父母对孩子的放手，这是教育孩子过程中最为合理的做法。

希望所有分手的恋人都能从这段关系中得到收获，这对他们各自开始下一段恋情都非常有帮助。但是，如果他们没有从之前的恋情中得到启发，就很有可能在与别人交往时再次犯错。对恋爱中的男女而言，为之前的恋情心存感恩，然后再开始一段新恋情，这是很重要的。过往的经历可视为一种训练，为每一个选择打造持久婚姻关系的人提供坚实的基础。

过上正直的生活，感谢一路上支持你的人，这是需要勇气的。"没有任何借口"并不意味着"没有任何感谢"。"没有任何借口"可以帮助你成为一个感恩之人，感谢现在以及未来，让感恩的光芒照亮你前行的路。

放下过去痛苦的记忆，这会让你在追寻未来的过程中，没有心灵的负担。要想攀登"没有任何借口"的阶梯，你首先要将过去沉重的包袱卸下来。

在过去你可能允许别人对你造成伤害。我之所以说"允许"，是因为如果你不允许的话，任何人都不可能伤害你！要是你从负面的角度去看待事情，就会给你带来消极的影响。这纯粹是你个人的选择。虽然一个人不可能一辈子都没经历过痛苦，但有些人可能要比其他人遭受更多的伤害。别人展现出来的外在形象可能会让你觉得他们一切完好，但他们内心可能已伤痕累累。

当你找寻借口让过去的伤口破裂，那么你就变成了自己最大的敌人，"触碰"旧伤只会伤得更深。**记住，没有你的允许，任何人都不可能伤害你！**认真审视自己的伤口与感染情况，开始愈合的过程吧！

_ "月度英雄"俱乐部

现在是你为自己成立一个"月度英雄"俱乐部的时候了。你可以向英雄们学习，以他们为榜样，给你的心灵填满他们那些胜利的思想。当我要求听众说出一些英雄的名字时，我总能听到很多正直的、鼎鼎大名的人，这些人影响了我们的社会以及我们看待自己的方式。比方说：

- 查尔斯·林德伯格——他拥有无限的勇气，让各国人民变得更加团结。
- 温斯顿·丘吉尔——即便面临失败，依然正直、有勇气及坚韧不拔的斗志。
- 罗杰斯——他关爱与帮助我们的未来领袖（孩子）。
- 阿米莉亚·埃尔哈特——她拥有无限的勇气与决心去探索新领域，打破之前古老的界限。
- 马丁·路德·金——他倡导以非暴力活动进行社会改革，让每个人都能获得自由。
- 特雷莎修女——她对那些不幸之人表现出了无私、爱与奉献的精神。

无论听众们说出哪些英雄的名字，我都能够从这些人的例子里得出一个结论，即遵循"没有任何借口"的原则取得成功，需要我们尊重自身的意愿。你可以像他们一样。绝大多数人对成功的理解是：拥有金钱、汽车、房子或其他物质上的东西。我衷心希望，你对成功的定义还包括个人的成长、帮助别人、拥护某项具有意义的事业，以及努力实现一个有价值的梦想与目标。你可能意识到，这些都是你成功的第一步。记住，"成功是一趟旅程，而不是终点"。

尤利塞斯·格兰特将军知道，只有当李将军无条件投降的时候，他才能取得圆满的胜利。他深知只有经历了大大小小的战役，经历了无数次的输赢之后，胜利才会出现。正是这样的认知让格兰特与麦克莱伦之间存在着区别：麦克莱伦因为不愿意正面迎击南方的军队，最后迫使林肯总统让格兰特将军取代了他的位置，成为政府军的最高指挥官。格兰特作为将领取得的成功并非始于李将军的投降，而是始于他认真评估自己与敌军第一次交战的计划。

当你能掌控自己的命运时，成功始于你制定了一个能够帮你克服重重困难的策略。

要是麦克莱伦意识到不愿意出战只是一个借口，可能就不会蒙受羞辱了。但是，格兰特懂得在军事生涯里运用"没有任何借口"，要是他能在总统任职期间同样运用，就不会饱受非议了。

_ 如何适应新环境

格兰特怀念军事制度，却不知道如何在政治领域内学会新的规则。一些人在进入一个全新的环境时，往往会烦躁不安。小孩子第一次上学，其实就是离开他之前熟悉的舒适环境，进入一个未知的领域。小孩子需要逐渐掌握各种必要的技能，在过渡到另一种环境的时候，才能更好地与之互动。这段过渡期需要他们保持专注，直到熟悉了全新的环境。

当我们的人生处于任何过渡期，这道理同样都适用。我们可能在某个环境——比如学校——体验过成功。当我们离开了这样的环境，就发现内心依然想赖在原先的环境中。所以，我们需要内化成功的原则，这对我们的未来至关重要。成功的原则融入我们的内心之后，就能在任何环境下指引我们。

在日常生活中，当我们从一种环境转移到另一种环境时，"没有任何借口"能为我们提供许多帮助。成功阶梯能指引我们超越这些环境，并取得成功。这最终将指引我们通向真正的成功——过上自己所定义的美满生活。只有当你的心智成熟到不再被别人或社会所定义的成功左右时，只有你愿意发挥自身的潜能，了解真实的自己以及你所能够成为的人时，这样的情况才会发生。当你坚持过上"没有任何借口"的生活时，幸福才会到来。

_ "没有任何借口"的人生带来的奖赏

"没有任何借口"的人生可以给你立即带来巨大的奖赏。它们能帮助你领悟历史上那些先哲提出的智慧定义：了解你自己。

了解你喜欢做的事情，知道你的才华在哪里，明白你想要实现的愿望。给予自己足够的空间，成为一个真正意义上的人。你喜欢自己哪些方面的表现呢？别人喜欢你身上的哪些优点呢？你想怎样面对自己的人生呢？你需要足够正直，才能坦诚地面对自己。

人们经常不喜欢自己目前的工作，或觉得处在无法发挥自身才华的岗位上。他们每天辛辛苦苦日复一日地重复同样的工作，最终收获甚微，只能勉强维持生计。这样的人生仅仅只是生存，而非真正意义上的生活。"没有任何借口"可以助你超越当下的环境，体验更多的成功。

你的人生使命就是要不断成长，成为最好的自己，同时努力去改变这个世界。这不仅对你的个人生活有好处，对你的事业和未来也大有帮助。"没有任何借口"非常实用，对创造一个平衡且高效的人生至关重要。**当工作变成一种负累，就意味着你要去迎接全新的挑战了。**

如果你无法从工作中感到快乐，一定要坦诚地面对自己。你可能想要重新找寻其他机会，但这并不意味着你可以把不满发泄到他人身上。内心缺乏满足感意味着你需要从现在开始，找寻全新的方法，忠于自己内心的愿望，与身边的人协调一致。这意味着你需要为自己以及身边的每个人都带来积极的影响。从某种意义上来说，当你做到了这点，就已经取得成功了。当你不断成长，努力成为最好的自己，接下来的一切都将水到渠成。

_ 不入虎穴焉得虎子

爱默生说："生活中最伟大的补偿，就是每一个帮助别人的人，最终都是在帮助自己。"**我们每个人能够提供给别人的最好的礼物，就是我们愿意帮助别人去成为一个对自己负责的人。**当你怀着真诚的态度去帮助别人，这是一种快乐，而非负担。

人们在培养了自我责任感之后，就会远离日常的舒适区。这意味着他们愿意冒一定的风险，抛弃一些不负责任的冲动与懦弱的想法。

真正成功的人在时机适合的时候都会选择冒险。他们知道，即便最后失败了，也能从失败中吸取教训，使之变成下一次追求成功的优势。在你每天所做的各种决定里，你是如何权衡它们所带来的结果的呢？你可以选择为成功付出代价，你也可以选择为因无所作为而导致的失败付出代价。

许多人都不愿奋勇向前，因为他们害怕得不到想要的结果，担心自己会为冒险付出代价。这样的想法让他们错过了一个丰富多彩的人生。如果你想要真正地生活，就要去过"没有任何借口"的人生，时刻准备去冒风险。

现在，你已经决定敞开心扉去迎接"没有任何借口"的生活了，一定要努力坚持。你要一步步踏上"成功法宝"的阶梯，相信努力一定会有所回报。与很多过分自满的人一样，你可能很擅长找借口，从而让自己留在安全区里。记住本杰明·富兰克林的这句话："擅长找借口的人，一般都一无所长。"

_ 逃离跳蚤综合征

你不要为你的人生没有获得成功而寻找借口。没错，我的确是指你的人生。我希望自己能站在你面前，如有必要的话会将手放在你的肩膀上，直视你的眼睛，对你说："是的，就是你！"

我会告诉你，美好的人生就在前方等待着你。当你愿意为自己的人生承担更多的责任，你将会收获更多的快乐。你将会好好利用之前浪费在找寻借口上所消耗的能量，不再为逃避别人的评论或自身的失败而绞尽脑汁。你会将这些能量转移到提升个人成长与实现梦想上。

若是将跳蚤放在一个开放的容器里，然后对它们进行训练，就会发现它们远距离弹跳的能力非常惊人。不过如果将它们长时间关在一个带盖子的容器里，之后再将盖子拿开，你会发现跳蚤根本就跳不出来了！因为之前撞盖子的次数太多，形成的条件反射让跳蚤觉得只能跳到盖子以下的高度。

人类同样会受到这样的限制。我们经常画地为牢。你是否曾经愚蠢到相信这些错误的自我限制呢？现在是抛弃它们的时候了！你是否像被关在带盖子的容器里的跳蚤呢？还是你愿意冒一次风险，努力跳出那个容器呢？

大象在它还是幼象的时候，就被一根绳索拴在大树上，以防止它到处乱跑。小象多次尝试挣脱，最终都失败了。之后，小象就会认为自己永远都无法挣脱绳索。当小象变成大象之后，它虽然只是被一根很细的绳索拴住，完全有能力挣脱出来，但也不会去尝试，因为它条件反射地习惯了绳索的束缚。

你是想要挣脱，还是继续留在原处呢？改变自己的唯一方式，就是勇敢地冒险。你可能会在冒险中失败，但同样可能获得成功！

绝大多数人根本不需要看心理医生或学习任何理论，就可以打破之前的坏习惯，过上幸福快乐的日子。他们只需意识到前因后果，然后努力去改变即可。

你可以通过阅读自助书籍与听相关的音频，学到很多知识。你可以通过阅读，将闲散的时间变成个人成长的时间。你在开车的时候，可以聆听具有教育意义的广播，让这段路程变成"车轮上的大学"。这些成功的习惯能帮助你处于更好的状态，做出你想要的改变。

在本书的第二部分，你将会了解到能够激发个人潜能的"成功法宝"以及"没有任何借口"的生活方式，这将让你跳出那个限制自我的"容器"，帮助你挣脱枷锁，继续前进。

_"没有任何借口"行动计划：培养正直感

1. 始终言行正直。得到你想要的东西只是成功的一部分，在你找寻真正成功的时候，不管结果如何，正直是必不可少的。

2. 永远不要指责、抱怨或哀叹。如果你这样做，就永远无法保持正直。你要为任何出现的结果负责，因为这些决定都是你做出来的。

3. 永远不要将正直丢在一边，只顾上路。你要始终坚持自己的价值观、良好的道德感与原则。如果你做出了与自身价值观相悖的决定，是不可能取得成功的。

4. 正直是实现高效领导的关键因素。当你展现出正直感，别人就会信任你。你要有自己的立场，要全身心地去追求自己坚信的东西，不要有任何动摇。

5. 正直地挖掘自身的潜能，让你的人生变得更有价值。你要去做适合自己的事情，以及最能发挥自身才能的工作。

第二部分
掌握成功的法宝

没 有 任 何 借 口

大师的弹奏

没 有 任 何 借 口

　　这是一把有点破烂的小提琴，拍卖师觉得没必要将太多时间浪费在它身上，但他还是挤出微笑，大声说："诸位，拍卖现在开始，谁要报价？一美元、一美元、两美元！只有两美元吗？谁愿意出三美元？三美元一次，三美元两次，三美元三……"但是，拍卖没有成功，坐在后面的一个白发男人走上前，握住小提琴的琴颈，吹去小提琴上的灰尘，将松散的琴弦拉紧，演奏出悠扬的旋律，宛若天籁。一曲终了，拍卖师用低沉的声音说："现在继续小提琴的拍卖。"他举起小提琴，说："一千美元，谁愿意出两千美元？两千美元！谁愿意出三千美元？三千美元，一次，三千美元，两次，三千美元，成交！"拍卖场上响起一片欢呼声，其中一些人低声说："是什么改变了这把小提琴的价值？"立即有人回答："大师的手触碰过了。"很多人的人生都是"五音不全"的，因为过往的许多行为变得残旧破碎，被廉价地卖给了那些根本不识货的人，就像上面提到的那把老旧的小提琴的命运。他们过着早上一碗浓汤、晚上一杯浊酒、游戏人生的日子。他们一次贱卖自己，两次贱卖自己，最终真的将自己贱卖出去了。但是大师出现了，愚蠢的众人从来都不知道灵魂的价值以及大师之手所带来的改变。

——米拉·韦尔奇

第四章
你的成功阶梯

　　想象一下我们已经走过了漫长的旅程，正站在富丽堂皇的豪宅门口，为眼前的宏伟景象所震撼。延绵不绝的上升阶梯让我们震撼，美丽宽敞的房间让我们头晕目眩。这一切似乎都预示着我们实现了内心的愿望。

　　我们怀着愉悦的心情欢迎你进来。在短暂相聚的时间里，你将有机会了解这个成功殿堂的秘密。

　　在你看来，成功的阶梯可能看上去让人生畏——你觉得无法逾越。你要对自己有信心。相信你能最终爬到顶端，只要你愿意，随时都可以欣赏沿路的风景。

　　"没有任何借口"的人生所带来的欢乐，并不是只为那些攀登到顶峰的人预留的。绝不是！成功与快乐在此刻的旅途中就能感觉得到。对那些每天都过得无比充实的人而言，人生无比美好。抓住当下，好好地前进吧！

_ 一步一个脚印地前进

成功的阶梯是无比壮观的。事实上，每一级阶梯都代表着一个阶段：一个活出最精彩人生的阶段，一个随着人生音乐起舞的阶段。这就像一场盛大的秀，如同彗星划过天际般美丽。或者说这是一种重生，让你能够以全新的视野去面对人生。

在攀登成功阶梯的道路上，"成功法宝"的每一步都应该按照当时的情况去调整。当你通过阶梯进入宫殿之后，你所走的每一步都至关重要。

当你攀登上成功的阶梯，开始践行这些原则，就会变得更具责任感，内心也更平和。你将会享受一段孤独或安静的时光，这是一个成熟之人追求圆满人生过程中的一个显著标志。

你所走的每一步都包含人生的智慧，一切取决于你是否愿意保持开放的态度。一旦你以开放的态度去面对，全新的"舞蹈"就开始出现。你的"舞蹈"是独一无二的，取决于自身的需求。

在每一步的过程中，尽可能放松心情。不要在时机尚未成熟时，就强迫自己进入下一个阶段。在你攀登成功阶梯的时候，要控制好自己的步伐节奏。有时你需要为公共事业去努力，有时你需要选择一个舞伴在夜空下舞蹈，有时你需要临时跳过其中一级阶梯。当你过上"没有任何借口"的生活，就要知道什么时候该做什么，你要认真聆听内心的呼唤。

你已经走在了通向成功的路上，每一步都是一个成长的过程，而且每一步都是与其他步骤相互独立的。你所处的阶段取决于你的需求、想要了解的知识以及培养的技能，这一切都要与你想要实现的目标相符。

你在成功阶梯上的表现有点像木琴演奏者，他会用小槌触碰琴弦，从低音调弹到高音调，然后重复这样的过程。他的创造力与经验指引着他弹出最佳的音调，他能按照自己脑海里的旋律弹奏出来。他完全为自己弹奏的音调负责，从而创造出一首和谐的曲子。

与所有的音乐人一样，你在成功的阶梯上同样需要为自己的"音乐"负责，才有可能获得最大的满足感。你拥有足够的智慧与能力，去创造人生的全新乐曲，你若是不小心犯错弹出了杂音，要友善地对待自己。你要慢慢地爬起来，掸去身上的灰尘，继续前进！若你不断训练，必然会更加熟练。

_ 拥有一种属于你的精神

人们对攀登成功阶梯并不总是要以积极的方式去看待，你对此有何想法呢？这些想法是消极抑或是积极的呢？

让我们想象一名攀登者的形象。《韦伯斯特词典》对"攀登者"的定义是"一个持续向上走的人"。在"没有任何借口"的人生哲学的支撑下，一名攀登者是某个想要从个人生活或事业等方面寻求发展的人。当然，他最后的目标就是过上自己想要的人生。

为什么一些人会觉得追求更好的生活是错误的呢？为什么一些人会指责或远离那些想要实现他们无法实现的目标的人呢？在很多情况下，正是自私的情感造成了这种消极的反应。那些人觉得别人没有梦想的权利，这真是太可悲了！

一些人不希望别人拥有他们无法拥有的东西。他们经常觉得自己没有能力去改变所处的环境，然后就将自身的不幸归结为环境的限制。他们会选择藐视那些想要攀登高峰的人。他们喜欢指责、抱怨、哀叹，还有许多惰性思维，常常嫉妒他人的成功。

这些自私的人认为，只有那些天生幸运的人才能获得成功。他们认为，只有那些天生含着金钥匙出生的人，才能过上富足的生活。他们会用卑鄙的言论去讽刺那些想进取的人。

在攀登成功的阶梯时，我们最好能慷慨待人，相信每个人都有释放自身潜能的权利，每个人都可以因自身的努力获得奖赏。

当我们勇敢地面对现实，充分发挥自身的技能与才华，就能在不断发展的同时推动社会的发展！在军事领域，成功取决于每名士兵做出符合军队最佳利益的行为。这与"没有任何借口"的原则是相似的。

"没有任何借口"能引领你走向成功的一部分原因，就是它可以帮助你消除心中对其他幸运之人产生的不安与焦虑。这些情绪会消耗你的宝贵能量，让你对生活产生不满。当你为其他攀登者的成功感到高兴时，你会更加认同一起进步要比把别人踩下去更好这个道理。焦虑不安的人往往缺乏安全感，因为他们通过把别人踩下去等消极方式释放自己的能量。

要想取得更大的成功，就要消除内在的成见，特别是在面对自己的时候。只有认识到自身存在的一些消极态度，你才能更好地实现个人的愿望，成为一个更成功、快乐与具有成就感的人。有时，我们会因为对成功的消极态度而损害自身的努力。我们可能甚至都没有意识到，这样的消极态度正在拖我们的后腿，请像消除借口那样消除消极的态度。

认真审视你在这个问题上所站的立场。如果你过去曾用怀疑的眼光看待有抱负的人，现在是否已经准备接受自己是他们中的一员的事实了呢？请准备好攀登成功的阶梯，怀着愉悦的心情支持自己以及那些具有冒险精神的成功追求者。这是一趟激动人心的旅程，你将会不断成长。我希望你们在给予别人巨大影响的同时，取得属于自己的成就。你能做到的！你再也不需要任何借口了！

第五章
彻底宽恕——第一步

　　学会宽恕吧，因为怨恨是消极的，怨恨是毒药，会贬低与吞噬自我。成为第一个学会宽恕、微笑与踏上第一级阶梯的人，你将会看到快乐洋溢在你的兄弟姐妹的脸上。你要先这样做，不要等待别人去宽恕。因为宽恕会让你成为命运的主人、人生的塑造者、奇迹的创造者。宽恕代表着爱的最高层次与最美形态。反过来，你能收获内心无尽的平和与欢乐。下面的做法可以帮助你永葆一颗真诚宽恕的心。

　　周日：宽恕自己。

　　周一：宽恕你的家人。

　　周二：宽恕你的朋友与伙伴。

　　周三：宽恕在你的国家里从事底层工作的人。

　　周四：宽恕在你的国家里有着不同文化背景的人。

　　周五：宽恕在你的国家从政的人。

　　周六：宽恕其他国家的人。

　　只有勇敢之人才懂得如何宽恕。懦夫永远都无法体会，因为他的本性里根本没有宽恕。

——罗伯特·穆勒

宽恕是紫罗兰在被鞋跟踩碎之后散发出来的芳香。

——乔治·罗梅什

你认为有什么强大的药剂，能助你摆脱过去所犯的错误吗？如果有一种强大的思想帮助你不断前进，感觉又如何呢？

它是什么样的良药？——宽恕。宽恕与成功之间有什么关系？关系很惊人。宽恕与你所拥有的能量相关。它能帮你摆脱过去的负面影响，将内心的怨恨与愤怒全部赶走。这其实很简单。如果你不能宽恕，就会将很多时间与精力浪费在过去的事情上。

宽恕是能量的源泉。它把我们从过去的消极能量中解放出来，释放出正面能量，让我们更好地面向未来。当你学会了宽恕，就能拥有更多的能量去释放生命的活力。这也是终极智慧的一部分。

宽恕就是爱。

"种瓜得瓜，种豆得豆。"无论是在两千多年前还是现在，这个道理恒久不变。宽恕别人，你就更有可能得到别人的宽恕。

一场战争结束后，就需要宽恕。胜利者需要宽恕战败者，战败者需要宽恕胜利者。和平的时间长短，很大程度上取决于交战双方的宽恕程度。

我们都会遇到一些必须宽恕的情景，无论是我们宽恕别人还是别人宽恕我们。**你是否意识到，当你以平和的心态面对过去，真正的富足就更容易到来**。当你知道这个真理，就会意识到宽恕具有巨大的能量。只有你的心胸足够开阔，才能与别人合作，一起为走向成功而努力。

_ 如何面对失败？

宽恕能让你的身心充满能量，将失望、报复心理以及失败的情感全部赶走。如果你觉得别人看不起自己，只需要宽恕自己，放下任何的不良情感。同时，你只有心怀宽恕，才能消除伴随着失败而来的不安情感。

如果人们对贫困或不公无法宽恕，就可能不断抱怨，任由环境毁掉他们的生活。成功者会坦然面对各种遭遇，努力克服挑战。千万不要让你的人生被过往的失败或遗憾控制。当事情不能如你所愿，记得要宽恕自己与别人。

我们都曾遭遇失败，这是生活的一部分。宽恕自己，才能继续前进。**成功之人会将失败视为一次学习的经历**，进而获得成长，这就好比一记警钟，告知我们需要做出改变。

正如厄尔·南丁格尔所说的："当充分的准备遇上了机会，运气才会出现。"

运气同样可以被定义为"运用正确的知识去不断努力"。当你第一次尝试追寻更大的成功时，一些人可能会说你失去了理智。在你取得成功之后，他们又会说你的运气实在是太好了。

不要相信运气。你可以努力攀登成功的阶梯，但如果你总是坐着不动，无所事事，那么任何好的结果都不会出现。你为自己想要的结果付出的努力越多，那么你就会越"幸运"。你要时刻做好准备，机会到来时，方能抓住它更好地行动。

有时，接受失败是一件很困难的事情，但如果你想要继续前进，这是必须经历的。如果你在一些事情上失败了，千万不能放弃。要学会爱自己。失败只不过是一次人生经历，是你学习一些全新知识的机会而已。失败能够让你以更加强大的姿态去面对下一次挑战。你要勇敢地面对失败，努力去处理失败的结果，从中有所学习，然后继续前进。

柏拉图说："衡量一个人是否坚强，就看他在遭遇不幸时的表现。"例如，现在百万富翁的平均年龄是五十七岁，其中绝大多数人在成为百万富翁之前都失败过五次以上！这是一个让人难以置信的事实。你克服的困难越多，就越能取得辉煌的胜利。很多人能在顺境下取得不错的成绩，但只有在逆境下坚持努力，才能做更好的自己。

_ 老兵永不老去，只是渐渐被遗忘

道格拉斯·麦克阿瑟将军是美国历史上屈指可数的五星上将之一。他接受的奖章比美国其他任何将领都要多，其中就包括荣誉勋章——代表着最高的荣誉。

麦克阿瑟将军有着非凡的军事人生，因为他是一位愿意采取行动的将领。他之所以能够取得最辉煌的胜利，是因为他原谅了战争对手与自己。他的宽恕态度为战争双方带来了和平与发展的机会。

麦克阿瑟在为他刚出生的儿子写的一封祷告信里，充分说明了正是他的宽恕之心，率领着美军在第二次世界大战的太平洋战场上击败了日本。正是他的宽恕之心，最终引领着战败的日本成了一个繁荣的国家。

_ 打造一个真正的男儿

哦，主，给我一个真正的男儿吧！让他强大到能够知道自身的软弱，让他勇敢到能够面对自己的恐惧，让他为光明磊落的失败感到骄傲与自豪，让他在胜利的时候心怀谦卑与善意。

给我一个真正的男儿吧！不要让他的懒惰代替行动，不要将他引领到一条安逸舒适的道路上，要让他经受困难与挑战带来的磨炼。让他学会如何勇敢地面对人生的风暴，让他学会对那些失败者心怀怜悯。

给我一个真正的男儿吧！让他拥有善良的心，拥有崇高的目标，让他做到律人先律己，让他敢于追求未来，同时永远不要忘记过去。我祈祷，在他拥有了这些品质之后，让他能够拥有强烈的幽默感，不要过分严肃地看待自己。赐给他谦卑之心，让他永远记住真正的伟大是简朴的，让他能够敞开心扉接受真正的智慧，感受真正力量的纯粹。到那时，我——作为他的父亲，就会低声说："我这一生没有白活。"

——《将军之王：道格拉斯·麦克阿瑟自传》 诺曼·芬克尔斯坦著

美国在1941年加入了第二次世界大战，麦克阿瑟将军在太平洋战场与日军作战。这场战争异常血腥，双方都损失惨重。但是，麦克阿瑟能够宽恕战争带来的惨痛伤亡。他知道，盟军要想取得胜利，就必须占领菲律宾，他们最终也做到了。

为了结束与日本的战争，1945年8月6日，美国在日本的广岛投下了第一颗原子弹，造成了45000名日本平民死亡，但是日本拒绝投降。三天后，美国在日本的长崎投下了第二颗原子弹，造成了19000人死亡。日本最终宣布无条件投降。

杜鲁门总统委派麦克阿瑟将军接管日本，帮助日本过渡到和平社会。麦克阿瑟来到日本，发现日本人对战争的失败表现出足够的大度，他们给予他的尊重与给予天皇的相差无几！在对日本人民发表的演说里，他再一次谈到了宽恕：

"我们聚在这里，代表着战争双方的力量，是为了达成一个庄严的协定，重新恢复和平。我衷心希望，在经历了血腥与残忍的战争后，我们能够在相互理解的基础上建立一个更加美好的世界——在这个世界里，每个人都有自己的尊严。能够获得自己所珍视的自由、容忍与公正，是全人类的共同愿望。"

之后，麦克阿瑟将军在向美国人民发表的一次演说里说到，虽然他是一名训练有素的军人，但也是一个爱好和平的人。"今天，所有的枪支都缄默了，一场惨痛的悲剧结束了。我们要努力保护来之不易的和平果实。"

在1945年到1951年间，麦克阿瑟将军实际上是日本的"将军天皇"。按照杜鲁门的命令，"从日本投降之日起，日本天皇与日本政府的统治权将移交到你手上"。

随着盟军占领日本，美国人与日本人都不知道未来会发生什么。日本人觉得美军会放纵士兵野蛮地报复。他们没有料到的是，占领日本的美军在麦克阿瑟将军的指挥下，学会抛开过去。美国人并没有对日本人心怀仇恨，而在合作时表现出谦和冷静的态度。当时的日本急需重建，所以美日双方必须团结起来。

要是没有麦克阿瑟将军的授权，日本将难有大的成就。麦克阿瑟将军下达的第一号将军令，就是允许日本投降士兵主动放下武器。他知道，如果美军用武力手段强迫日本投降士兵缴械，会让日本方面产生强烈的羞耻感，进而引发血战。

美军方面的参谋建议麦克阿瑟将军下令让裕仁天皇前来觐见。当时，很多美国人都希望废除日本的天皇制度，其中一些美国人甚至希望将裕仁天皇作为战犯进行审判。但是，麦克阿瑟将军没有同意这些建议。他深知天皇在日本国民心中的地位，天皇就是日本这个国家的象征与民族精神的代表。羞辱裕仁天皇只会激发日本国民因战败而带来的耻辱感。同时他意识到，要想在日本进行成功的管理，必须与日本天皇合作。

麦克阿瑟将军接手管理日本期间，一方面努力将日本过去的社会制度转变成现代民主制度，同时还关注日本国民的日常生活。比如，他发现日本的食物出现短缺，就命令驻日美军只能吃定量的罐头食物，并迅速安排从美国进口粮食帮助饥饿的日本国民。

麦克阿瑟同时还促进了日本教育制度的现代化发展，采取许多措施重新分配日本的国家财富。他甚至还为日本制定了全新的宪法，该宪法于1947年执行，永远地改变了日本的社会与政治生态。

日本在接受了新宪法之后，表现出了宽恕美国以及从失败中吸取教训的意愿，很快就发展成了一个强大的民主国家。

在麦克阿瑟将军的正确领导下，美国人也明白了，宽恕能够让他们与曾经的敌人结成盟友。

_ 父亲第一次看他打球

曾经，有一个男孩非常喜欢橄榄球，一心想要成为一名橄榄球运动员。母亲在他很小的时候就去世了。他个子不高，身形瘦削，但他希望加入橄榄球队。后来他如愿以偿，但始终没有上场比赛的机会。他从没错过一次训练的机会。他的父亲始终鼓励着他，分享着儿子对比赛的热情。

球队的教练也非常喜欢他，队友也很喜欢他，因为他有着乐于助人的态度，总是为其他队员加油打气。他始终都没有放弃自己的梦想，虽然他从来没有上过赛场。

读完高中，他上了大学。没人觉得他能成为学校球队的第一替补，但他做到了。对此他非常兴奋，立即给父亲打电话，告诉他这个好消息。他甚至送给父亲一个赛季的门票。在整个赛季的比赛里，父亲始终在场边支持着他，从来没有错他的任何一场球。对儿子而言，父亲始终是一位充满爱意的导师。

大四的时候，当他还在球场上训练的时候，教练找到了他，递给他一份电报。电报上写着他的父亲突然离世。他伤心地请求教练缺席下一场训练课。教练安慰他："没事，季后赛你也不用担心了。"

周六，重要的季后赛开始了。在比赛进行到第三节的时候，这个年轻人来到了场边。他的出现让队员们都感到惊讶，更别说他准备好要上场比赛了。

这个年轻人走到教练身旁，说："如果有什么比赛是我最想要参加的，就是现在这场。教练，让我上场吧！"当然，教练在犹豫："我怎么能让最差的球员上场呢？"然而这个年轻人一再坚持，不断恳求："教练，请给我一次机会吧！"

最后，当他们的球队落后十分的时候，教练说："你上吧！"让观众、教练与其他队员感到吃惊的是，他竟然没有犯任何错误。他迅速跑位、穿插、踢悬空球，像一位职业选手那样死死地抱住橄榄球。在比赛的最后一分钟，他还截断了对方的球，一直跑到场边实现了达阵。在场的观众都为之疯狂。

他走到场边，教练与队员们都围在他身边，说他们从未见到他有如此精彩的表现。教练问："到底发生了什么？"

年轻人回答说："教练，父亲与我感情很深厚，但你们不知道的是，我的父亲其实是一个盲人。我知道他能在天国里看到我的比赛，我不想让他失望。"

_ 我们都需要一两位导师

当你面对人生的逆境时，你可以将一些年轻人视为榜样，对自己说："无论发生什么事，总有人能激励我成为更好的人。"这就是导师带给我们的积极影响。难道你不想找一位能够无条件支持你、激励你实现理想的导师吗？绝大多数人都希望有这样的导师。你是否也有这样的想法呢？如果你愿意去找寻，并且怀着谦卑的心认识到自身的需求，就能找到一些成为你的导师的人。

从他人身上寻求激励，对我们很有帮助，可以让我们走出舒适的区域。有一些人可以成为我们的榜样，告诉我们该怎样去努力实现目标。当我们不断提升个人品质，更好地了解自己之后，就能成为我们想要成为的人。虽然宽恕能够帮助你更好地面对失败，但这也与导师存在着间接的关系。我们可能需要别人教会我们如何去宽恕。导师可以是你的父母、老师或者你尊敬与崇拜的人。一位优秀的导师拥有你所需的知识，并且对你以及你的成功充满兴趣。

_ "宽恕自己"的重要性

宽恕自己是非常重要的。每个人都失败过，这没什么，真正重要的是我们如何去面对失败。如果你想不断前进，就要学会宽恕自己。要是你不断对自己说，"要是我更瘦一些，更聪明一些，接受的教育更多一些，那就好了""如果我之前做过这些事情或那些事情，那就好了"，这只能徒增伤悲。你只需要接受目前所处的环境，抛弃那些自我毁灭的思想，否则，你会背负着沉重的包袱。你是否有这样的经历？拖着沉重的包袱去机场，却找不到行李搬运工？不用多久，你的手臂就会感到酸痛，你身体的能量就会消耗在拖这些沉重的包袱上。因此，不懂得宽恕自己，只会带给你更多的伤害。

如果你不将过去抛在脑后，是无法前行的。要是你一只脚还留在一垒上，又怎么可能跑到二垒呢？

宽恕与遗忘存在着不小的差别。你可以选择宽恕，但可能永远都不会遗忘。这没关系，因为宽恕会让你对过往的记忆毫无留恋。虽然你会记住所宽恕的人或事，但它们不会再给你带来消极的影响。虽然你会记住过去遭受的伤害与痛苦，但这些痛苦会在你选择放手之后消失殆尽。

如果你不选择宽恕自己，就会消耗你的能量。你原本可以将这些能量用于更好地前进。

放下过去，采取行动，这才是成长与成功的关键。

我们知道自身做出一些行为的原因，知道是什么始终阻挡着我们前进，以及该怎样改变自身的行为。这样的了解可以让我们产生宽恕的态度。如果你想要深入了解，有很多这方面的优秀书籍以及组织可以帮助你。

迈出第一步吧。走出安全区域，勇于挑战自己，改变自身的行为，迎接个人的成长。当你最终面对这样一个事实，安全区域（有时我们称之为按部就班的生活方式）可能只不过是你比较熟悉的区域罢了。

宽恕自己曾经对他人所做的一些不公的事情，这些事情已经结束了。在当时的情境下，你无力做到更好。事实上，你可以将想要宽恕自己的事全部写在一张白纸上，然后把纸撕碎扔掉。一旦你宽恕了自己，就没有任何理由自怨自艾。你已经成为一个具有自我责任感的人，可以自由地学习与成长。

_ 为何要宽恕别人

宽恕别人是一种挑战。你觉得有多少人伤害了你？你有多少次感觉自己遭受了不公？你需要继续前进，宽恕这些人——这样做不是为了他们，而是为了自己！

我父亲的去世就是这方面很好的例子，父亲的去世原本可以成为我不去奋斗的一个很好的借口。当事情出现差错的时候，我可以以此搪塞。我可以说："要是父亲还活着，我肯定比现在过得更好，我会接受更好的教育，成为一个更好的人。"事实上，即便父亲在世时，他也是尽最大的努力帮助我。对我来说，给自己找借口，只能限制我释放自身的能量，使我无法勇敢向前。

如果你把别人如何对待你作为不继续前进的借口，你永远都无法取得成功。如果你把焦点放在伤害过你的人身上，就很难专注于自己的未来。

很多受伤者往往习惯于自我怜悯。记住，除非你允许，否则任何人都无法伤害你！除非你愿意，否则任何人都无法支配你。

责备就像流沙，你指责越多，就会陷得越深，无法自拔。

当被问及谁伤害他们最深的时候，大多数人都会说是他们的父母，排在第二的是他们的兄弟姐妹，排在第三的则是他们的孩子。

宽恕别人对于你的健康成长是非常重要的。我们都有过情感受伤的经历，但是，如果我们说"要是我有更好的父母就好了""要是我的老板更好一些就好了""要是在我小的时候，拥有这些东西就好了"，这些都是赤裸裸的借口。

宽恕别人并非易事。它极具挑战，同时也需要时间。你要对自己充满耐心。**你要为自己去宽恕，而不是为了别人**。它能帮助你更好地愈合受伤的情感，请认真思考这点。

不必对别人所做的事耿耿于怀，这个过程会消耗过多宝贵的能量，而这些能量原本应该用于实现你的梦想与目标。向前看，勇敢地采取行动，而不是放任自己处于停滞不前的状态。别让任何人控制你的思想——只有这样，你才能继续前进。

＿两个和尚的故事

关于两个佛教和尚的故事，可以让你明白宽恕别人的真正意义。

一天，两个和尚走在前往寺庙的路上，他们需要跨过一条没有桥的小河。他们来到岸边的时候，注意到一个年轻女人也在那里。她对两个和尚说："我很害怕，不敢过河。"其中一个性格随和的和尚回答说："没问题。"于是，他将这个年轻女子背到了河对岸。

到了河对岸，年轻女子说："谢谢。"然后就走了。另外一个和尚对此感到不解与愤怒。他说："你刚才做了什么？我们不允许与女人交谈，不能触碰女人，更别说背她们过河了。"他就这样说了一个小时！他不断地数落那个背女人过河的和尚，说："你简直是佛教的耻辱！"

被骂的和尚始终彬彬有礼，看着对方喋喋不休，直到他最后停下来，他才说："师弟，我一个小时前就已经放下那个女人了，为什么你现在还背着她呢？"

你是否也像那个抱怨的和尚一样，依然背负着那些压得你喘不过气来的思想或情感呢？你是否依然对他人心怀怨恨与埋怨呢？这会消耗你的能量。过去发生的事情已经无法改变，但你可以选择宽恕。选择宽恕，最终是为了自己。宽恕是一种自我解放与自我愈合的体验。别人是否接受你的宽恕，则无关紧要。如果你在宽恕别人之前，那个人去世了，你对此做何感想呢？即便他们没有去世，你依然可以在心底宽恕他们，将过去放下。

回想一下在你选择宽恕之前内心所忍受的痛苦吧。当你卸下了消耗生命能量的负担，会如释重负吗？无论是你先宽恕别人还是别人先宽恕你，都不重要，重要的是宽恕本身。

要是选择不宽恕呢？当我们需要宽恕别人或得到别人的宽恕，却没有这样做时，就是试图在心理、情感以及身体上逃避那个人。我们的选择限制了个人的自由，切断了自身的多元选项，阻碍了自身的成长。

我们凭什么去评判别人呢？正如戴尔·卡耐基在《如何赢得朋友及影响他人》一书里所写的："永远不要批评、指责或老抱怨。"我们可以加上一句：永远不要与别人进行比较。比较是一个陷阱。在这个世界上，总会有一些人比你做得好，也总会有人做得比你差。

我们凭什么觉得自己就了解别人，有权决定他们的行为是否恰当呢？我们首先要做的，就是深入自己的心灵，了解真正的自己，然后改正自身的行为。当你不断修正自己的行为，而不是踩在别人头上的时候，就能实现真正的成长。

要遵循黄金法则。如有必要，可以更进一步，遵循白金法则："己之所欲，施之于人。"去爱那些讨厌你的人吧！当你这样对待别人，展现出你对他们的关心，会给你带来意想不到的好处！这样的好处可能不是源于对方，也不是在明天或下周就出现。它可能在未来三年、五年或十年才会出现。但是，你要施恩勿忘报。走出自己的安全区域，最终才能收获属于自己的奖赏。

拉尔夫·沃尔多·爱默生说："当你大声说话的时候，我听不清你在说什么。"我们的行为决定了我们是谁。认识到我们能够通过自身的态度与行为去展现真实的不完美的自我，是很重要的。因此，在日常生活中，宽恕自己与别人就显得尤为重要。培养随和的态度，才能更好地放下过去。

本杰明·富兰克林说："做事的人是肯定会犯错的，但他们没有犯'什么事都不做'这个最大的错误。"

我们从自身的错误中学到了什么呢？这才是最重要的。我们该怎样汲取过去的经验教训，更好地了解自己与别人呢？我们该怎样避免犯同样的错误呢？我们是否宽恕自己，然后继续前进呢？

宽恕代表着一种强大的姿态。下面这个小男孩的故事，能让你明白拥有直面人生挑战的正确态度是多么重要。

_ 宽恕是通向成功的关键

邻家夫妇与他们的三个儿子突然迎来了"三世同堂"的机会。因为丈夫的母亲身体患病，于是就将其接过来一起住。这位奶奶很难适应她那几个孙子整天发出的噪声，所以经常很恼怒，对他们进行了多次批评。

总的来说，大家相处得还不错。直到一天，母亲发现自己七岁的儿子正偷偷摸摸地溜上楼梯。他歪着头，观察上面的动静，伺机前进。

母亲意识到这是怎么一回事。原来若是奶奶坐在卧室的椅子上，就能看到楼梯发生的一切，而她每天大部分时间都是坐在那张椅子上的。自己的儿子要想出去玩耍，必然会被奶奶发现，然后遭受奶奶的一番"盘问"。

七岁的儿子当然也知道这些。他只是想悄悄回到自己的房间，不被奶奶发现。之后，在厨房的角落里，他对母亲说自己并不喜欢奶奶。

她知道，婆婆坐在卧室的某个特定的位置，是为了方便相互照应。同时，她的儿子想在家里感到安全与自由也是很重要的。她知道了儿子面临的困境：自由感与隐私都因为奶奶对他的坏态度而受到了消极影响。

母亲觉得，儿子要与奶奶进行认真的沟通，才能解决这个矛盾。她建议儿子在经过奶奶的房间时，停下来过去看一下老人家。

"妈妈，我做不到。"儿子冷静地说，"我不想见到她。"

"你不想见到她，为什么？"母亲不解地问。

"奶奶总是对我说些让我抓狂的话，所以我不想见她。"儿子回答说。

"嗯，这个问题很严重。"母亲心想。同时，她为年幼的儿子愿意说出实话感到高兴。她想要帮助他。

"你可以试试看，"她说，"下次当奶奶阻止你出去玩耍，让你感到愤怒的时候，你就直接看着她的双眼，温柔地说：'我原谅你。因为你现在生病，所以我原谅你。我们都会特别照顾你的。'

"看看说这些话，是否会让你有勇气看见她。"

一两天后，儿子报告说："妈妈，真的很管用！"

男孩展现出的宽恕能力，让他有足够的力量去面对愤怒的情绪。如果这些怒火不加控制的话，就会影响到他的健康生活。宽恕的能力为他提供了许多选择。若是继续选择逃避，会让他一直停滞不前。

之后，男孩的母亲鼓励他与奶奶谈话，跟奶奶说，他了解奶奶的身体状况不是很好，但他同时也因为失去了个人隐私而感到不愉快。也许，奶奶可以坐在房间靠窗边的位置，那里的风景更好一些。

男孩能体谅奶奶的孤独。奶奶也向孙子道歉，同意将椅子搬到窗边。男孩还表示愿意以后多进奶奶的房间，与她交流，即便只是问候一声或给她一个拥抱。最终，大家都成了赢家。在很多情况下，在讨论敏感的话题之前，宽恕的态度对于消除我们的负面情感很有必要。

无论你多么有才华，宽恕都能帮你避免一些不愉快的遭遇，以免对自己的事业造成致命的打击。才华本身是不够的。成功之人都会认识到与上司、同事、客户、顾客、家人、朋友以及其他一些难以相处的人进行友好交流的必要性。他们培养了与这些人进行高效对话的卓越技能。

然而，在一个难缠的人做出的行为特别让你厌烦，你又拿他没办法的时候，唯一能做的就是在心底宽恕他，而不是对这位麻烦制造者进行言语上的攻击。宽恕是通向成功的关键因素。

_ 向遗憾与相互指责说再见

我们不宽恕别人，就会让别人有能力控制我们，让别人拥有给我们带来消极影响的能量，虽然这些事情早已结束了。讽刺的是，对方可能根本不知道自己在以消极的方式影响着我们。绝大多数人在行动时意图并不坏，只是为了避免痛苦或取乐。要是我们拒绝宽恕他们，表面达到了"报复"的目的，其实是剥夺了自己的自由！我们用消极的情感去打压自己，只有当我们选择原谅别人，驱散负面情绪，才能感受到真正的自由。

宽恕自己曾经没有做出最符合自身利益的行为，或宽恕一些让自己感到后悔的言行，这与宽恕别人是一样的！你可以对自己说："我宽恕你_____（在这里加入名字）做了_____（在这里加入事情）。我选择把它们遗忘。"这就是一种自爱的行为。当你这样做的时候，就要意识到自己在未来绝不能犯类似的错误。

想了解一些事情首先要承认它们的存在，将伪装和借口统统抛弃，你才能看到问题的真实面目，知道如何去找寻解决的办法。毕竟，遇到的任何问题都为我们寻求解决之道提供了一个机会。

失败只是你所做的事情而已，而不是你自己。你能够宽恕自己以及别人的一些失败行为，继续为成功去努力吗？认真进行反思，从过去的经验里吸取教训。要知道，只有你才能控制自己的未来，保持活力。

为什么不现在就去宽恕别人呢？回想曾经伤害过你的人，选择宽恕他们吧。想象自己能直视他们的眼睛，说："我宽恕你＿＿＿＿＿（加入名字）所做的＿＿＿＿＿（加入事情）。"你会感到如释重负，脸上洋溢着快乐。你可以不断地这样做。

写下一个宽恕清单，对你很有帮助。你可以这样写："我宽恕你＿＿＿＿＿（加入对方的名字）所做的＿＿＿＿＿（加入事情）。"你可以这样去对待宽恕清单上的每一个人。一个接着一个。当你下决心选择宽恕、继续向前的时候，就要放弃过去的伤痛，重新感受内心的平和。

你可以选择去告诉他们，也可以拒绝。无论对方是否知道你已经宽恕他们，你心中的感受最重要。即便你不告诉他们，他们也能感受到你对他们的态度已经有所不同。记住，宽恕是一个过程，就像实现任何具有价值的结果一样，都需要时间。当你成功地宽恕了某人，记得要祝贺一下自己。

现在，你能够宽恕自己吗？为自己制作一个宽恕清单。回头看看，你是否曾有过违背内心的行为呢？也许你曾经没有坚守原则或自己的价值观，也许你面对一个无助的人时表现得盛气凌人。宽恕自己，你才能将身上背负的重担全部卸下。诚心诚意的宽恕，能够让你从遗憾与相互指责中脱身，重获自由。

＿宽恕能够愈合所有伤口

一旦你明白了"没有任何借口"的原则，这些原则就会变得浅显易懂，不是吗？如果我们践行宽恕的时候，知道能获得想要的结果，那为什么不这样做呢？

为什么那么多人竟不知道宽恕有如此强大的力量呢？首先，我们接受的关于宽恕的概念通常都是错误的。

宽恕具有强大的愈合能力，可以帮助我们解决难以处理、耗人心神以及复杂的人际交流的问题。它是人们想要找寻的那种了结事情的方式。

你体验过没有圆满完成一些事情所带来的心灵负担吗？你是否希望自己能够忘记没有完成的事情呢？每当你想起这些未完成的事情时，是否会有深深的挫败感呢？

无论你是否有意识地想到那些需要宽恕的事情，它们都在给你带来消极的影响。你需要将这些事情揪出来。你可以对自己说，"你再也无法回到大学完成学业""你没学会骑驴找马""你做出了一个无法兑现的承诺"，你可以看着当年那个缺乏经验与智慧的你，友善地这样说。

宽恕的力量源于何处呢？主要是两个方面：1. 让我们不再沉溺于内疚的情感，这可能是我们继续去做引以为耻的事情的一个借口。2. 能让我们最终看清人类错误的本来面目，即只要你不选择让过去的事扰乱心神，它们就无法控制你的未来。这两方面需要我们直面事实，勇敢地去面对，抛下过去，继续前进。

当你选择宽恕别人时，这种感觉是自由自在的。通过宽恕别人，你再也不会将自己视为一名受害者。你可能受过伤，但你可以通过宽恕的行为，终止这种受害者的心态。

_定期向情感账户存钱

史蒂芬·柯维，《高效能人士的七个习惯》一书的作者，就谈到了我们每个人都有一个情感账户。这个情感账户与银行账户是差不多的，我们可以存钱，也可以取钱。有时，我们取的钱可能要多于存的钱。

在你的人生里，是否每天都在往个人或他人的情感账户里存钱呢？还是只是不断索取呢？你是在慢慢建立一个属于自己的情感账户，还是将其透支掉呢？当你以友善、尊重、礼貌、恰当的方式去对待别人的时候，你就是在增加自己情感账户里的金钱，为自己的未来进行投资，让你拥有一些自己能够依赖的东西。你所付出的，会从相同或不同的渠道得到回报。

你是如何透支情感账户的呢？你如果以粗暴、缺乏尊重以及不礼貌的态度去对待别人，就是在透支。你会因此失去他们的支持。要是没有钱，你就无法支付账单。当你的情感账户里没有了别人的爱，就很难指望别人支持你的梦想。

_ 无法宽恕的心是不完整的

你是否在做一些事情时半途而废？你是否因为其他阻碍而改变初心？这些未完成的事会让你感到烦恼吗？未竟的工作会控制着你吗？你辗转反侧，这会消耗你的能量。当你终于完成了这些事情，消极负面的情感也随之消失，你就会感到如释重负。

宽恕也是以相同的方式给我们带来影响。如果你选择不宽恕，就是让一件没完成的事影响自己的进步。了解这一点，能帮助你拥有宽恕的力量与决心。

如果你有一份文件要交给某人，却没有准时送到，你可能会为此唠叨一天。这会消耗你的许多能量，因为你一整天都在想着这件事。你可能会沉浸在为什么不早点送到这件事上。无法宽恕，也以相同的方式给我们带来消极的影响。

在现实生活里，宽恕别人可能会成为你面对的一个真正挑战。宽恕的基本元素就是"恕"自己，然后将"恕"自己推广到"恕"别人。

"种瓜得瓜，种豆得豆。"你所面临的世界就是你内在的真实反映。在绝大多数情况下，你怎样待别人，别人就会怎样待你。友善待人，你也将收获别人的友善。传播爱意，你也将收获爱意。当你明白了"己所不欲，勿施于人"的道理后，通常都能从别人那里得到你想要的回馈。

为今天没有取得原本可以实现的成就宽恕自己吧，但绝对不要将之视为明天不去努力的借口。学会宽恕别人，否则你将很难大步前进。

与其他事情一样，你可以通过不断训练与践行，在宽恕方面做得更好。当你懂得宽恕，就会感觉更良好，拥有更多的能量。当你抛开所有的恶意、怨恨与仇恨之后，就能为自己节省许多宝贵的能量。而在这之前，你的这些宝贵能量都浪费在指责或抱怨上了。通过宽恕，你能成为一个更具责任感的人，因为你是为自己而改变的！你这样做是为了使自己变得更加优秀，取得你想要的结果。最后，你也将有能力帮助更多的人。

_ 宽恕你所处的环境

一旦你学会了宽恕自己与别人，就要开始专注于你所处的环境。总有一些环境方面的因素，是你与任何人都无法控制的。如果你想要更好地生活，就得学着谅解。

你是否遭遇过交通堵塞？今天的堵塞情况与昨天没有任何区别，但你用一种不同的眼光去看待，就能避免它们给你带来不良的影响。你是否因为自己走错路而抱怨呢？宽恕自己，继续前进吧！

你的汽车是否出现过故障？你是否为此咒骂过呢？你是否在心底埋怨过自己呢？宽恕这辆汽车吧，不要指责它。考虑到你平时对汽车的养护，它其实已经做到最好了。如果你之前没好好养护，那就宽恕自己吧！

你是否意识到，很多人都因为个人或事业上遇到的不顺，去埋怨经济不景气或政府官员的官僚主义？我们很容易将社会或其他人的种种行为视为借口。我们理直气壮地说："这一切都是他们的错。"

你是否利用天气作为不去做某件事的借口呢？天气状况会影响绝大多数事情吗？当然不会！但是，你经常会听到很多人以天气为借口，抱怨影响了既定的计划。你是否落入过这样的陷阱呢？

你是否会让天气、国家或社会状况作为自己无法取得成功的理由呢？指责经济不景气是很容易的，指责政府治理不善也是很容易的，抱怨别人或其他事阻碍了你也是很容易的。

要想掌控命运，宽恕自己所处的环境是极为重要的。你要以宽恕的态度去面对环境，而不是指责环境。埋怨环境总是很容易的，虽然你心里知道，真正起作用的还是你内在的毅力与勇气。这是一项需要消耗内在能量的工作。你要对自己的人生负责，你是拒绝还是接受现实、挑战、与你共事的人，在很大程度上会决定你的成功程度。

当我们选择宽恕，就能以全新的眼光看待我们所遇到的每个人以及所处的每个环境。你能够抖擞精神，重新上路。沉迷于整理过去的点点滴滴，只会让我们没有机会去面对与解决这些挑战。你生命中的阳光从何时开始洒下来呢？从你成为一个具有强大力量的宽恕者开始！

_恳求宽恕的教授

很多年前，爱丁堡大学的一位教授正在聆听学生们朗读，当其中一个年轻人站起身时，这位教授粗鲁地打断了他。"你不该用那只手去拿书。"他用批评的口气说，"换你的右手，坐下来吧。"

面对教授的批评，这个年轻人伸出了他的右臂。他没有右手！教室里鸦雀无声，其他学生开始在自己的座椅上扭动着身体。教授震惊地站在那里。接着，他走到了那名学生面前，伸出手，眼里含着泪水说："我很后悔刚才那样说。我不知道这个事实，请你宽恕我！"

就像这位教授一样，恳求别人的宽恕有时需要谦卑之心。任何人都不可能永远正确。宽恕自己与恳求他人的宽恕，你才能更好地前进。否则，你就会在脑海里不断重复过去那些让自己羞愧的画面，长时间为自己的行为感到后悔，这将会对你的人生态度带来消极的影响，也会极大地消耗你的能量。

_ 你是否感觉自己受过伤

如果你感觉自己的情感被某人或某些事伤害了，这意味着你急需宽恕。绝大多数人都会在某些时候感觉自己很受伤。在绝大多数情况下，除非一个人不作为、不担当，允许负面情绪控制自己，否则他不会成为受伤者。

在你运用自身能量的时候，一定要记住这点。你要将自己的思想指引到何处？你要将自己的情感指引到何方？你是专注于过去还是未来？

了解过去很重要，否则你会重复过去的错误，这也是宽恕的一部分。首先，你要认清哪些人或思想会给你带来消极的影响。只有这样，愈合才会慢慢开始。在愈合的初始阶段，你通常会觉得自己很受伤，会感到痛苦。这是整个愈合过程中必然的经历。当你选择宽恕，就会承担起责任，抛弃自己是受害者的思想。

_ 当我们不宽恕时会发生什么

不宽恕往往会伴随着三种行为方式。你可能在与别人甚至是与自己打交

道时，就已经见过这样的行为方式了，它们是：自我怜悯、不负责任地为自
己正名、言语辱骂。

_ 自我怜悯

当某人习惯性地假定自己是一名受害者，他就会经常处于一种自我怜悯
的状态。你是否遇到过总是垂头丧气的人？你是否也曾如此？你是否遇到过
始终"不敢相信"自己能成功的人呢？他们把自己无法前进归咎于之前发生
的所有事情！

这是我们在面对一个具有挑战性的局面时做出的第一反应。绝大多
数人在某些时候都会感到很无力——内心充满着自我怜悯的情感。你可
以从这些人的行为看出来，那些自我怜悯的人基本上都停滞不前。他们
没有从这种情感中超脱出来，勇敢地掌控自己的人生，迎接所面临的
挑战。

你如何向别人展现自己呢？你是否经常感到自卑呢？你是否认真了解
过去，不断努力地成长与前进了呢？了解我们自身的行为，这是很容易做
到的。

_ 不负责任地为自己正名

一个不负责任地为自己正名的人，通常都会做出不负责任的行为，然后
找一大堆借口。他们就是在油标已经显示没油的时候，依然不去加油的人，
对此还会有一大堆借口。他们会将垃圾扔在人行道上，当车辆碾过这些垃圾
的时候，他们又开始抱怨，虽然一开始就是他们自己的过错。

那些为自己不负责任的行为正名的人，觉得这样做是合理的，因为他们
觉得别人伤害了自己，或者他们失败了，但不愿意去承认这些事实。因为发

生的事情让他们觉得自己受到了伤害，为了进行报复，他们先找好了各种理由。他们认为自己无须顾及别人的感受，觉得别人不会遇到像自己这样的问题。事实上，别人遭遇的情况或许比他们更糟糕。

不负责任为自己正名的人，认为自己不需要关心他人，因为他们觉得自己是受害者，所以内心充满了恶意、怨恨与自我怜悯。他们认为自己对别人做出的行为是合理的，因为他们认为别人有错在先。你是否认识这样的人？他们总是在伤害别人，因为他们不愿意宽恕自认为受到的伤害。他们没有将这些所谓的伤害视为成长的机会，而是沉浸在受害者的心理泥潭里无法自拔。

请记住：发生在你身上的任何事情，都是有其道理的！

_ 言语辱骂

你还会遇到那些喜欢用言语辱骂别人的人。他们觉得自己是受害者，认为以刻薄、卑鄙或恐吓的态度对待别人，能够换来想要的东西。他们可以将这种辱骂行为归咎于自己从小生活的家庭环境。

即便一些朋友与同事拒绝改正，我们也要转变思想，为自己的行为负责。请认真观察自己所交往的人，要与那些支持、鼓励别人的人为伍，远离攻击者。

_ 你是如何做出决定的

敢于决定，这是成功的基石，犹豫不决会对你的成功造成毁灭性的打击。你是否为自己的决定负责呢？如果事情的结果没有如你所愿，你会推卸责任吗？你是会说"哦，这不是我的错"，还是像强者那样勇敢面对呢?

当你在宽恕这个问题上做了一个决定,就要采取相应的行动。当你下定决心要成为一个对自己负责的人,就要执行到底。当你确立了自己的目标并想要取得成功,就要为之努力。勇敢地做出决定,采取相应的行动。不断地在自己以及别人的情感账户上存款——做出一些能够帮助你不断前进的决定。当你就每个决定采取行动时,会感觉自尊在不断提升,成功也比想象的要更容易。

_ 我为何会宽恕我的父亲

父亲去世之后,我成了一个更加坚强的人。虽然当时身边很多人说出的怜悯与同情的话语让我感到担心与恐惧,但我向自己发誓,一定成为一个更加坚强的人。我也做到了!

在过去的许多年里,我一直承受着无法宽恕父亲去世所带来的沉重心理负担。这听上去不大理智?是的,当然很不理智。但是,对这无法控制的事情,我一直非常心痛,这与其他时候的心痛一样真实。即便我们试图掩盖这种痛苦,但它们还会继续存在。只有我们接受了这些事实,宽恕相关各方,包括我们自己,这样的痛苦情感才有可能消失。我们可以抛下过去的悲伤情感,过上快乐的人生。

当我终于意识到自己内在的损耗时,我内心的宽恕才出现。我终于觉得自己可以在记忆里看着父亲的双眼,他就是我想要追寻的榜样。虽然他去世了,但我依然想要与他分享每一个时刻。

最后,我发自内心地说:"我宽恕你。我宽恕你不在这里。我宽恕你的逝去。"我这样做,是为了自己。我这样做,是为了抛下过去,享受现在,迈向未来。

_ 是什么阻挡着你前进

你曾放任过去的遗憾阻挡你找寻通往宽恕的道路吗？某些人（无论是有意还是无意）或某些事曾影响你做出正确的决定吗？不管怎样，你必须充满尊严地为这些决定负责。

你是否陷入过企业、组织或政治纠缠当中，无法抽身呢？你是否从未获得去承担责任或是改正错误的机会呢？你是否从未意识到自己能取得的胜利与成就呢？

你是否对上面这些问题都给予肯定的回答呢？谁不曾失去过一些机会呢？谁不曾受过别人或环境带来的伤害呢？绝大多数人都有过这样的经历。

既然这样，为什么一些人总对此耿耿于怀，沉浸在悔恨、指责与自我怜悯的"汪洋大海"里呢？你越是如此，背负的包袱就越发沉重。**没有比负面的情感更能影响你前进了**。若是你始终背负着沉重的包袱，将无法沿着成功的阶梯攀登，无法过上自己想要的生活。

想象一下你穿着沉重的军靴步行五公里，每走一步，都要将另一只脚从悔恨、抱怨与自我怜悯的泥潭里拔出来的情景。想象一下，你不停地拔脚落脚，每次只能走一寸路，仿佛要在沼泽地里永远地走下去。

如果你养成了心怀悔恨、抱怨或自我怜悯的习惯，就会发现，每当出现了一些让你觉得受伤的事情，你就会越发沮丧，这就像一个恶性循环。最终，你的悔恨、抱怨与自我怜悯会将你逼到绝望的境地。

走出绝望的沼泽地的方法就在你面前。它很简单，就是选择宽恕。

如果内心的悔恨让你无法前行，就学会宽恕自己吧。勇敢地面对你过去对自己以及别人所做的不公行为，勇敢地将这些行为写在白纸上。你可能会希望与自己的一位导师或亲密的朋友分享这些事情，前提是你们形成了非常牢靠的关系，他们能够无条件地接受你。

几乎每个人都会遇到这些问题。任何一个心怀悔恨的人只有将它们赶走，宽恕自己与别人，才能感受到人生的快乐与圆满。

_ 为何反思如此重要

每当你觉得自己想要翻阅下一页的内容，在内心里抱怨"这些都不是什么新颖的观点，也不是我想阅读的内容"时，请自问："为何我如此着急呢？"是因为书中的内容击中了你的要害吗？是它们让你的内心感到刺痛吗？认真地思考，给自己去深入了解与接受这些事实的时间。

你是否有足够的勇气，为曾让你后悔的行为承担责任？你是否向某人坦承错误？你是否选择宽恕自己，接受已经不可改变的事实，继续向前？

承担你的悔恨情感，并不意味着它们不复存在，只表明你再也不会允许这些情感给你的人生带来负面影响。努力向前，立即采取行动吧。

你最近为这方面的成长做出了什么努力呢？悔恨的情感是否悄无声息地进入你的心灵，让你产生了生命如此沉重的感觉呢？在你察觉到这些情感之前，是否开始觉得事情越来越难做了呢？你是否感觉身背重负，似乎整个世界都压在你的肩膀上呢？也许，现在是时候去找寻"不满的蠕虫"了，然后将这条"蠕虫"送到宽恕的大道上。

_ "既往不咎"与"不必在意"的区别

人们经常会说"既往不咎"或"不必在意"。问题就在于，当我们需要真正的宽恕时，"忘记"并不能给我们带来多大的帮助。忘记这种行为通常是我们避免选择宽恕，而让怨恨心态占据主导的一种方式。

宽恕意味着你记得过去！这也是宽恕如此具有挑战性的原因之一。值得我们宽恕的一些记忆包括：痛苦、悲伤、悔恨、恶意以及其他负面的情感。当你选择宽恕，就能从这些痛苦的情感中解脱出来。你可以轻易地将这些记忆放在脑后，但这样做只能给你带来暂时的解脱。如果你想真正地解决这个问题，那么就得直面这些记忆时不时会冒出丑陋的头颅，不停地骚扰你这一境况。如果我们想避免重蹈之前给别人带来伤害的覆辙，就有责任记住这些不当的行为。

也许，你已经体验过宽恕所带来的心灵自由。也许，因为你宽恕了自己与别人，所以你内心遭受的折磨已经结束了，重新拥有了平和的心灵。

当真正的宽容在你的心底扎根，你就会像扔掉一件破旧的衣服那样，将过去的相关记忆全部抛在脑后。当你做完这一切、努力向前的时候，那些消极的情感再也不会给你的人生带来任何影响了。你可能依然会记住那些事情，但它们已经不会给你带来刺痛了。如果你仍感到刺痛，说明你还没有彻底地宽恕。

_团队合作能让梦想成真

你很少会听到宽恕是取得成功的重要前提这种说法，然而，宽恕的确是推动我们人生向前的第一步。为什么施与别人如此重要呢？难道社会不是经常将成功定义为尽快爬上高位吗？为什么还要顾及其他人的情感呢？为什么要考虑团队合作，通过通力合作去取得成功呢？

原因很简单。你不能单凭自己取得成功！将你的成功建立在宽恕的基础上，就能吸引更多人的帮助。当你拥有宽恕他人的品质，别人与你合作时会更有安全感，也更愿意接受你。这并不意味着你就要像和事佬那样，你可以同时保持果敢。但是，无论你多么果敢，都要记住宽恕别人做出的一些不当行为。

你在宽恕方面做出的决定非常重要，但绝大多数人根本没有意识到这与成功之间的关系。当你不断践行宽恕的时候，能够给你的人生带来巨大的改变。

你能够实现自己的梦想。将能量全身心地投入你想要实现的目标上，你就能达成愿望。即便你不能得到想要的结果，也会在追求的过程中变得更好。至少，你能在这个过程中获得成长。

宽恕对你实现梦想与目标具有重要的意义。你可以通过宽恕给自己带来平和。一些人可能选择不去原谅，因为他们觉得这样做会让自己很受伤。没错，宽恕会让你面对一些受伤的情感，但你还是要选择宽恕。这对你取得成功、获得快乐与人生的成就感都至关重要。

当你将宽恕融入生活当中去，会发生什么呢？你学会了承担责任。当你不再指责或抱怨的时候，你就开始为自己的人生负责，不断增强做正确事情的能力。

在与别人建立真正持久的关系时，无助的情感是很重要的一部分，因为这能够显现出真实的你。这也是宽恕带来的良好结果。

当你开始意识到自己在哪些方面需要不断成长，就会为实现这些成长做出努力，你因而走在了正确的道路上，一些让人兴奋的事情随之发生。与别人一起合作，共同成长，帮助对方成为最好的自己，这是一个很有趣的过程。记住，在实现成长的过程中犯一些错误在所难免。毕竟，你不是神。每个人都会在某个阶段、某个时刻犯下一些错误。宽恕自己吧！

当你践行宽恕的时候，就能更好地控制自己的人生。你的身心将不会承受那么多的压力，对未来也会抱有更加乐观积极的态度。

_ "没有任何借口" 行动计划：完全宽恕

1. 原谅自己的失败。将失败视为一次学习的经历。失败的只是你所做的事情，而不是你本身。你完全可以在不断失败中取得最后的成功。

2. 抛开过去。过去已经成为历史，谁都无法改变。放下过于沉重的包袱。宽恕是你取得成功的前提。

3. 宽恕自己曾对他人所犯的过错。将你要宽恕自己的事情写在白纸上，将这张纸撕碎，然后扔掉。你能为自己节省许多宝贵的能量。

4. 宽恕别人曾对自己所犯的过错。将他们的名字以及所做的一些事情写在白纸上，将白纸撕碎，然后扔掉。宽恕他们。没有你的允许，任何人都不可能伤害你。不要再以受害者的形象示人了。

5. 永远不要批判、谴责、抱怨或者进行比较。遵循黄金法则与白金法则吧。你怎么对待别人，别人也会怎么对待你。

6. 不要将别人的拒绝放在心上。你可以对自己说："他们就是这样的人。"这样的话，你就可以在心里消除他人发动的这些个人攻击。他们可能在那天面对着严重的挑战，或者他们本就与你有着不同的想法。

7. 每天都要往自己的情感账户里存钱。尊重别人，支持别人。你付出什么，就能得到什么。

8. 抛开内心所有的恶意、怨恨与仇恨吧。你能够为自己节省许多宝贵的能量。学会去爱那些你已经宽恕的人吧。

9. 宽恕你所处的环境与经历的各种事情。不要去埋怨什么。尽最大努力为自己负责，你将不会感觉自己是一个受害者。

10. 当你犯了错误，要有足够的责任心向相关人员或组织承认错误，然后宽恕自己。只有这样，这些错误才不会给你的人生带来持续的消极影响。

第六章

学会自我尊重——第二步

_ 这是做不到的

一些人说，这是做不到的。而他只是咯咯地笑着回答说：也许，事情是做不到的，但我一定要在努力尝试后才这样说。所以，他脸上始终保持微笑，尽最大的努力。如果他感到忧虑，就会将忧虑隐藏起来。一些人嘲笑他说："你永远都做不到，至少之前从未有人做到。"但他脱下外套，摘下帽子，我们知道他又开始去做这件事情了。他抬起下巴，露齿笑着，脸上没有任何疑惑。他一边唱歌，一边做着别人认为无法做到的事。最后，他成功了。在这个世界上，成千上万的人会对你说，这是做不到的，有成千上万的人提前宣告你的失败，有成千上万的人向你指出，这样做需要面对各种危险。而你只是微微一笑，脱下外套，直接实践。你一边唱着歌，一边做着那些别人认为做不到的事。最后，你终获自由。

——埃德加·A.格斯特

_ 我的自尊宣言

　　我就是我。在这个世界上，没有人跟我完全一样。一些人在某些方面跟我很像，但所有人都无法拼凑出一个真正的我。因此，我所说所做的一切都源于真实的我，因为这些都是我个人的选择。我拥有关于我的一切——我的身体，包括身体所做出的一切行为；我的心智，包括我的所有思想与想法；我的双眼，包括我所看到的一切景象；我的情感，包括我所感受到的一切——愤怒、快乐、沮丧、爱意、失望、兴奋，等等；我的嘴巴，包括它所说出的一切话语——无论是礼貌的、甜蜜的或粗野的，还是正确的或错误的；我的声音，无论是大声吼叫还是低声絮语；我所做出来的一切行为，无论是对别人还是对自己。我拥有自己的幻想、梦想、希望与恐惧，我拥有我的胜利与成功，拥有所有的失败与错误。通过这样做，我更热爱自己，与自身的每个部分都友好相处。无论我有着怎样的容貌、怎样的声音，无论我说了或者做了什么，无论我在某个时刻有怎样的想法，这都属于独一无二的我。当我回头审视自己的容貌与声音、所说所做、所想所思，我会知道哪些是不适合自己的。我会抛弃那些不合时宜的部分，找寻全新的东西去替代被抛弃的东西。我能观察这个世界，聆听别人的话语，感受自己的思绪，思考自己的人生，说自己想说的话，做自己想做的事情。在面对身外的其他人或事物时，我可以找到许多方法，帮助自己生存，与别人成为朋友，让自己变得更加高效，做出符合常识的行为。我拥有自己的一切。因此，我能不断激励自己。我就是我，一切都刚刚好！

——维琴尼亚·萨提亚

　　我将麦格恩全球研究中心对自尊的定义融入"没有任何借口"的原则

里。"自尊就是你对自己的尊重。"自尊对你的成功至关重要。如果你不尊重自己，就根本无法尊重别人。"你只能给予别人你所拥有的东西，而无法给予你没有的东西。"

"自尊是你所想、所做与所感的一切的核心。"自尊会影响到人生的七个关键方面：精神、心灵、身体、家庭、社会、经济与事业。你的自尊始终都在变化，它是无形的，但可以通过你的行为去进行认知。因此，你可能会在某个时刻感觉自己充满自尊，却在下一个时刻感觉颜面扫地。

自尊并不取决于你的收入、名声、职位、种族、穿的衣服、信仰、教育程度、财富、性别、房子、汽车。自尊并不依赖于你所拥有的东西或你的净资产。著名精神病学家兼作家卡尔·荣格就曾说："简单的事情总是最困难的。在现实生活中，要想做到简单，需要最为强大的自律性。要想生命拥有崭新的面貌，对自我的接受是第一位的。"

自尊是我们追求精神卓越的核心。当你尊重自己的时候，才能去尊重别人。你将会不断学习、成长，拥有平和的心灵，成为一个慷慨大度的人，学会自我管控与自我指引，包容不同的事物，承担责任，无条件地接受自己需要承担的一切。当你拥有自尊之后，才能更好地爱别人，教育别人，成为优秀的父母，做出善意的行为。在这里，我要再说一遍，你只能给予别人你所拥有的东西。

你是否相信自己所拥有的东西能给你带来幸福呢？记住，没有人能够做出始终完美的行为。所有人都在不断学习。每个人都会犯一些错误，但我们都有属于自己的才华与技能。我们都需要其他人的帮助，任何人都不可能将自己完全孤立。自尊能够让我们更好地与别人进行沟通、合作，取得自己想要的成就。拥有自尊的人通常都会更加快乐。

价值评判是唯一会伤害或摧毁你自尊的做法。当你进行价值评判的时候，就是拿自身的价值与别人的价值进行比较。大约90%的价值评判都是在潜意识层面进行的，你甚至都没有意识到自己正在这样做：贴标签、指名道姓、讽刺、控制、操控、贬低别人。

我们天生都有自尊，这是我们与生俱来的权利！

_ 自尊到底有多重要

如果你不尊重自己，怎么能取得成功呢？如果你不尊重自己，就会对自己能够取得成功感到怀疑。既然这样，为什么一些人就是缺乏自尊呢？

当你对成功进行定义、制定目标并开始践行宽恕的时候，就会对真正的自己有更好的感受。**成功源于将最好的自己展现出来，其本质就在于你的内心。你的自尊会影响到你的所有思想与行为**。要是缺乏自尊，你就会迷失自己，永远都无法取得真正意义上的成功。事实上，自尊是关乎生死的大问题。

你对自己的感受会帮助你决定前进的方向。你对自己有怎样的评价，会在很大程度上决定你将成为怎样的人。虽然我们谈论了许多重要的原则，但成功的秘密就在于你的个人想法与感受。运用正确的原则，尊重自己以及你的一切，你将会取得成功。

詹姆斯·艾伦在他的经典著作《做你想做的人》里，这样写道：

人心好比一座花园。正如园丁精心打理花园，除去杂草，培育花朵与果树一样，一个人也需要修理自己心灵的花园，除掉所有错误、毫无意义或不纯洁的思想，培养出正确、有用且纯洁的思想，不断追求完美。在这个追寻的过程中，他迟早会发现，自己是心灵花园的主人，得靠自己摸索人生的方向。他将会发现内在的思想法则。他会愈发清楚地懂得，思想的能量与心智因素是如何塑造他的品格、所处的环境以及个人的命运的。

_ 你在培养什么呢

与打理花园一样，"没有任何借口"的人生也需要你在多个方面不断成长。你将学会挖掘深层次的根源，知道更好地从别人或发生的事情中得到激励，提高你的目标与勇气。

成长取决于你是否抓住机会，以及你对全新挑战与体验全新阅历的渴望程度。即便是在充满挑战的时期，你也能更好地处理自己遇到的任何事情。自尊是取得这些成功的关键。

你是否想获得更多的自尊，想更尊重自己呢？你的言行与思想支持你的自尊吗？**你该如何创造一种确切的自尊生活的方式？**

摆脱自我贬低的心理之后，你会成为怎样的人呢？你是否想过，真正享受自己、与他人的关系以及日常生活是怎样的一种情形？人类自出现以来，就一直在探究这些问题。

很多人会说："赐给我成功之后，我才会去想如何生活。"拥有一种充满自尊的生活，始于你知道自己的感受以及想要的结果。

如果你始终重复相同的事，你将得到与过去一样的东西。

大多数成年人都会在没有了解自身的生理或情感方面的感受之前，单凭智力的因素去决定自己的需求。即便你得到别人的拥抱、爱意，获得良好的教育，周游过世界，拥有财富与权力，也并不能保证你能有良好的自我感觉。你要有意识地选择自尊，然后你才能清楚自己真正想要的结果。

_ 语言的能量

语言会创造感觉！自尊就是一种感觉！你在自我对话中使用了什么语

言？请认真审视这点，因为你对自己所说的话语会创造不同的感觉！

当你聆听演说、阅读书籍、收听广播或观看视频的时候，可能会看到一些饱含自尊的文字或话语。让我们研究一下这些话语及其含义吧：

思考——这是利用左脑逻辑区域的一个思想过程。

情感——这是利用右脑区域的有意识的情感状态。

自负——以自我为中心，是指过分关注自我。自负的定义是："对自尊有着永不满足的渴望。"（罗伯特·舒勒）

自我概念——你对自己已经挖掘或尚未挖掘的潜力的看法。

自信——对自己的信任。能做到这一点需要时间。

自我形象——这是一个人的某种模仿或代表行为，这是一个人愿意向世人展现出来的形象。你可能会觉得形象是"衡量与评价每个人"的同义词！（换言之，这种形象是基于价值评判与比较之上的）

自尊——你对自己所持的尊重情感。自尊代表着一种感觉。你要留意你对自己所说的话，观察自尊对你做出的行为产生的影响。研究表明，瞬间产生的负面思想会影响你十秒钟，然后你才有能力去重新思考。

_ 自尊涉及什么呢

无论是人类还是植物，在培养忍受能力方面都需要养分。但与植物不同的是，我们能够意识到自己是谁，想象我们能够成为的人，并且努力使之变成现实。

你认为你是谁呢？现在，很多人都会带着严厉的口吻提出这个问题。通常情况下，人们都是在对别人毫无根据的假定感到震惊之后，才会提出这个问题。

麦格恩全球研究中心的创始人比尔·麦格恩，是《用自尊点亮人生》一书的作者，他曾说过：

自尊是一个人身体、心灵与精神健康的核心。你可以通过别人对待你的方式，看出他们的自尊。很多人难以做到的一点就是：爱。首先，你要爱自己；然后，你要去爱其他人。换言之，你只能给予别人自己所拥有的东西，此外别无他物。自尊就是你对自己表现出来的尊重。

婴儿在成长的过程中，会慢慢发现真实的自我，知道自己在这个世界上的地位。有时，他们会对这一发现感到无比惊恐，通常会哇哇大哭起来。婴儿需要安全感与大人们的呵护。

随着时间的流逝，生活的经验会告诉孩子们，他们可以在地上爬行、走路、跑步或者打滚。在绝大多数情况下，经验会让他们意识到，自己可以独立地探寻能力范围内的世界。

有多少次当你想要抱住一个孩子，他却扭动着身体想挣脱你的臂弯呢？当孩子看到了吸引他目光的有趣事物时，头部与身体就会扭动起来。他们会想象着看到的事物能满足自己的心愿。每当孩子的心愿得到理解与尊重而不仅仅是满足时，他们就朝着自尊的道路迈出了一大步。

每个人从出生的时候就拥有自尊。我们天生就拥有属于自己的纯粹潜能。小的时候，我们不会对任何事物感到恐惧或拘束，只有在大人教育我们之后，才会懂得。我们想要成为的各种人物或想做的各种事情，是不可能在短短的一辈子都实现的。因此，做出选择是生活中必不可少的一部分。

是什么影响着孩子的自尊呢？

当你来到这个世界的时候，所拥有的只是你自己！婴儿就像是一张白纸。父母（或其他承担父母角色的监护人）教育孩子的方式，会对孩子的自我感觉产生重要的影响。父母有机会将孩子培养成为一个具有自尊心的成年人。要想做到这点，父母们首先要有属于自己的自尊。

诚然，还有其他方面的因素影响着孩子的自尊心——老师、朋友、认识的人以及社会上的其他方面（比如电视节目）。不过，父母在很大程度上扮演着榜样的角色，他们对待孩子的方式会影响其自尊心的养成。教育的最终目标，就是让孩子们学会尊重自己，也就是拥有自尊心。

_ 恐惧失败会阻碍前进

对失败的恐惧就是对自己（把事情搞砸）的恐惧，而对拒绝的恐惧代表着对他人（不接受你）的恐惧。体验到一些恐惧情感是很正常的，但因为你拥有了全新的认知，恐惧感再也不会成为成功道路上的一个障碍。无论发生什么事情，如果你始终保持诚实与真诚，就不会对失败感到恐惧。如果你能够以符合个人价值与信念的方式去生活，你就不会对遭受拒绝感到恐惧。当你的自尊没受伤害，就有可能消除这些恐惧。

尊重自己，才有可能去冒更大的风险。当你拥有了自尊，就不大可能对失败与遭受拒绝感到恐惧。

当你了解真正的自我，尊重自己，知道前进的方向，就不会关注别人对你的看法，不会在意别人对你的言行有怎样的评价。

成功很重要的一个组成部分，就是克服阻力。飞机需要克服空气阻力才能飞行，一艘船需要克服水与风的阻力，才能逆流而上。胜利者需要克服重重阻力，才能取得最后的成功。

想要成为成功的领袖，就需要克服源于自己与别人的阻力。除非销售员掌握了克服害怕被拒绝这一阻力的方法，否则他们无法成功。当你有了自尊，就不会让别人的拒绝阻挡你前进的脚步，因为你意识到别人做出的行为，只关乎他们自己以及所处的环境。自我尊重以及对自身的信念能让你勇往直前并深知遭遇拒绝会将你引领到一个更好的新方向。

你如何看待自己、能否多相信自己，决定了你最终能取得多大的成就，这一切与你的自尊息息相关。

一旦你认识了自己，了解了真实的自我，就能更轻易地敞开心扉，让别人感受真实的你。我们从别人那里得到的拒绝，通常都始于我们自身，而这些所谓的拒绝都是我们强加给自己的。当我们拒绝自己的时候，会给自身带来许多痛苦。但是，一旦你接受了自己，就能向别人敞开心扉。

很多人对失败与遭受别人拒绝充满了恐惧。在你认识的人当中，有多少人是按照别人的期望去生活的呢？你认识多少一心只想取悦别人的人呢？你是他们中的一员吗？你是否想过也这样做呢？你是否停下来想过，你对取悦别人的看法有可能是错误的呢？

（以不恰当的方式）取悦别人毫无用处。当你去做一些自认为正确的事情，并在不伤害别人的前提下保持正直，最终对别人来说也有很大的益处。他们可能一开始不这样认为，但最后会同意你的选择。坚持自己的信念。你是这个世界上唯一知道自己真正感受的人。

如果你基于别人对你的期望过活，又怎么可能收获属于自己的成功呢？"什么时候才能轮到我？"保持你的自尊，你将永远不会产生类似的态度。当你拥有了自尊，即便你选择取悦别人，这也是因为你在这个过程中感受到了快乐，并非因为害怕遭拒绝而被迫如此。

问题的关键就在于，不要让外部世界或社会操控你去做你不想做的事。如果你曾经这样做，可能会感觉自己被别人利用或伤害。这是你的人生。当你为自己的人生负起责任，在必要的时候对别人说"不"，你将会赢得自己与别人更多的尊重。

_ 你怎样评价自身的价值

用正确的眼光看待事情。你是一个具有价值的优秀人才。你生而如此。如果你没有某些方面的特长、技能或天赋，根本就不会处在现在这个位置上。你要再次反问自己："我喜欢自己的哪些方面？""是什么让我成为现在的自己？"对自己有深刻的认知，同时向孩子灌输自我欣赏与肯定的观念，这是非常重要的。

我们的孩子每天都被社会灌输他们应该成为怎样的人、穿什么衣服或做什么事情等观念。如果他们没有如此行事，难道就会被视为毫无价值吗？如果他们不喜欢听某一种音乐，难道就无法被人们接受吗？盲从别人的想法是缺乏自尊的表现。

思考一下自我价值这个概念。如果社会上的人认为你有钱才具有价值，倘若你无法做到，是否就意味着你一无是处呢？**你对自己的真正看法以及你认为自己有多重要，决定了别人对你的影响程度。**当你知道自己是有价值的，当你面对社会的错误评价系统时，你的自信依然不会有任何动摇。毕竟，在上帝的眼中，我们每个人都是平等的。

自尊如此重要，如果你缺乏对自己的尊重，就不可能取得真正意义上的成功。**记住，成功与幸福是携手并进的，它们不是只在这趟旅程的终点相遇。**因为在那时，这趟人生的旅程已经结束了。

幸福是为今天准备的，而不是为明天预留的！每天都要活在当下，因为你所真正拥有的只是现在，而现在也在渐渐地消失。谁也不敢保证明天会发生什么事情。坎特伯雷的埃德蒙爵士这样说："努力工作，就好像你能永远活着一样；好好生活，就好像你明天要死去一样。"

_ 对孩子的批评与爱意

纠正性管教与批评通常会用在对孩子的教育中。孩子们天生就拥有纯粹的天赋，但是，他们所接受的教育（自律教育是其中的关键）决定了他们对风险、失败以及遭受拒绝的承受能力。

当孩子一直遭受批评，他们通常会对失败产生恐惧。你也可以回想自己小时候的相关感受，这是一种对自我的恐惧。他们害怕去尝试新事物，害怕自己没有能力将其做好。因此，他们经常会感到失望或愤怒，害怕遭到长辈的批评。因而他们很难健康成长，很难培养起自尊。

要是没有被父母对孩子设定的完美期望击败的话，不知有多少原本在体育、艺术、音乐或学术方面有着天赋的年轻人可以取得成功？不知有多少孩子因为父母嘲笑他们不切实际而感到沮丧？当孩子试图去实现一些对他们来说很重要的事情时，不知有多少父母用言语打击他们的自信心？这样的行为是因为父母对自身的人生视野与孩子的成功缺乏基本的常识造成的吗？或者说，难道这些父母试图让孩子替代自己的人生，希望孩子实现一些他们无法实现的理想与目标吗？

"小心"，这是父母与其他成年人经常说的一句话。但是，这两个字给孩子造成了比想象中更多的伤害。虽然大人们的本意不坏，却让孩子们变得过分小心谨慎。当某人面对一个障碍、挑战或者挫折的时候，我们最好说"放手一搏吧"！毕竟，人生有无数的机会。要是我们不敢冒险，就很难有所成就。

一般情况下，父母都是孩子最有影响力的榜样。因此，他们应该成为孩子的最重要的导师。相比其他人，孩子们更愿意以父母的言行为榜样。你希望自己的孩子充满自信吗？

当你对孩子大声吼叫，愤怒地批评他们，或者用言语攻击他们的人格时，他们还会想着尝试新鲜事物吗？还想着去冒险吗？

假设你的孩子进入一个房间，不小心碰倒了一个灯具，你说："你这个愚蠢的傻瓜，你怎么这么笨手笨脚的？快回你的房间去，我再也不想见到你了。"这样的话语就变成了人身攻击。我们很多人在小时候都体验过类似的情形。

使用纠正性管教的手段，而不是攻击孩子的人格，可以帮助孩子改变他们的行为。

无论是在与自己还是与别人的交往中，我们要懂得：**一个人的行为并不能代表他的全部**。你与别人都始终需要改正错误。任何人都不应因为一些错误而否定人生。

纠正性管教手段可以这样执行。首先，认清内心真实的想法。你的真实感受是什么？你是否还记得小时候发生的事情？你是否能够站在客观的立场上对待孩子呢？

第二，你可以用"我"加上要说的话作为陈述的方式，从而控制自己的情感。比方说，"杰米，你打碎了灯具，我感到很不高兴（悲伤、愤怒或不愉快）"，然后，你要如实说出自己为什么会有这样的感受。"这个灯具是你祖父留下来的，对我很有意义。我知道这个灯具可以修好，但你要体谅我的感受，因为如果一辆车撞坏了你的自行车，你也会如此。"

第三，给予孩子正面的肯定，让他有机会讲述自己的感受。"杰米，我知道你并不是有意打碎灯具的。你对这一切有什么想法吗？"你要让孩子表现自己内心的情感，不管是否得当。在这样的时刻，你要尽最大的努力表现出对孩子的爱意，不要对他个人有任何批评。一旦孩子说完了自己的感受，你就可以进入最后一个步骤。

最后一步就是找寻解决之道。发生的事情不可能改变。这次行为带来了什么结果，要承担怎样的责任呢？你可以这样问孩子："杰米，你觉得接下来怎么办呢？"你要聆听孩子的回答，因为这能让你知道孩子具有做出反馈的能力。也就是说，你将了解孩子在那个时候担责的决心。

你可以说："杰米，我建议你想办法修好它，我们也可以到商店重新买一个，但你要用自己的零花钱或做家务赚的钱去买。学会为自己的行为承担责任，对你来说很重要。每个人都会犯错，是否愿意改正，完全取决于我们自己。"

虽然这种描述很理想主义，但尊重了孩子的情感，维护了他的自尊。这样做让他们认识到自身的错误，同时将自己与这些错误分离开来。纠正性的自律手段可能需要父母付出更多的思考与时间。表达情感、提出问题与聆听自己以及孩子的想法，这都需要时间。从长远来看，你与孩子的自尊心都会不断增强。

在一些时候，不管大多数人有着怎样的童年经历，他们都会对失败感到恐惧。这只是基本的人性而已。因此，你的自尊可能需要从批评中修复过来。无论是对事业还是个人生活而言，皆是如此。

其次要探讨的是，有条件的爱与无条件的爱。有条件的爱是只有孩子达到了父母的期许，才能得到的爱意。无条件的爱是一种纯粹的给予，不期望任何回报。

当孩子从小接受的是有条件的爱，他们就会在遭受拒绝后产生恐惧心理。他们觉得如果自己的表现没有达到父母的期望，就得不到父母的爱。他们觉得如果自己不能有所表现，父母就不会爱自己。这些孩子会有一种挫败感，自尊心也会受到伤害。

每个人都想要得到爱与别人的认可，一些人几乎愿意为此做任何事。他们没有意识到，如果他们必须做某一件事才能得到别人的爱与认可，那么得到的只不过是肤浅的有条件的爱。要想得到这种爱，就需要我们不断努力。他们会陷入每天单调工作的陷阱当中，只是为了赢得短暂且不完整的爱，最后陷入取悦别人的恶性循环里。

但是，如果我们拥有自尊，就能很好地处理其他人的拒绝。当我们充满自信地面对拒绝时，就能够赢得那些原本不喜欢我们的人的尊重。我们还会发现，通过了解别人展现出来的爱意，可以找寻真正的朋友。顺境时的朋友只是有条件地爱我们，真正的朋友都会给予无条件的爱。当你践行"没有任何借口"的人生原则之后，就能与更多人建立真正的友情。

下面这个小故事可以说明无条件的爱。

一天早上，我洗完澡后，发现一张字条贴在全是蒸汽的镜子上，字条上写着："爸爸，我爱你。"在我没有察觉的时候，我的女儿妮科尔悄悄地在我的洗浴房里贴上了这张字条。

这就是无条件的爱的例子。妮科尔并不希望我给予她任何回报。她表达出来的爱让我这一天充满了意义！无论工作上遇到什么问题或阻碍，都已经没有关系了。那天早上，我得到了女儿无条件的爱，这正是我所需要的。

无论是对孩子、军人还是想要获得影响的人来说，他们想要过上"没有任何借口"的人生的意愿，取决于他们的自尊以及对别人表现出来的尊重。

若是士兵知道他们的指挥官对他们非常真诚，就更有可能受到激励，从而获得胜利。组织内部的成员要是知道领导关心着他们，他们的表现肯定要比没有得到任何关心时更好。

孩子们需要知道他们得到了父母无条件的爱与接受，不管他们是有所成就还是遭遇了失败。无论我们岁数多大，得到别人无条件的爱都能改变我们的人生。

年幼的孩子会给予我们无条件的爱意。为什么我们就不能给予他们无条件的爱意呢？如果你对培养孩子健全的自尊（这包括对自身无条件的爱意）的价值有任何疑问的话，就要努力地保持你的自尊。记住，你不能给予别人自己没有的东西。你的自尊以及对自身无条件的爱，是你能有所给予的前提。

要更多地微笑待人——要无条件地这样做，这能让别人的一天充满阳光，也能让自己的每一天充满意义！微笑待人的同时，不期望回报，通常却能收获更多的回馈。微笑是最简单的交流方式，让别人知道你是一个友好的人。

当你给予别人无条件的爱时，他们很有可能会感觉更好一些，你也如此。记住，你给予别人的，最终会返给你，即便不是源于被施与的一方，也会来自其他人。有句话说得好："善有善报。"

_ 自尊是你与生俱来的权利

父母在培养孩子时所能给予的最好礼物，就是鼓励孩子要拥有自尊与信念。父母要言传身教，教给孩子一些技能，让他们更好地认知自身的独特性与个人能力。

当然，不是所有的父母都能意识到自身的能力与潜能。在很多时候，我们的父母其实根本没有做好准备。虽然父母赐给我们许多天赋，特别是我们的生命，但他们可能也会给我们带来一些消极的东西。

每个想要追求心智成熟的人，都需要认真整理他们在家里学到的各种教训与知识。这并不是对自己父母做出的一些不完美行为的"控告"，而是因为没有人是完美的。你要对父母教给你的宝贵经验心怀感激。你不能无视它们，而是要将那些曾经阻挡你前进的教导与经验放在一边，去接受更好的。

我们在之前的章节谈到了宽恕的重要性，这是你践行宽恕的一个真正机会。你可以在记忆里搜寻自己在小时候受到伤害的时刻（可以是心理、情感或身体层面上），同时不要有以牙还牙的想法（即报复心理）。接受你必须经历一些痛苦的愤怒情感的过程，努力去宽恕。如果你的目光专注于过去的收获，就能做到宽恕。通过宽恕，你能够重获出生时就拥有的自尊。

当你遵循黄金法则时，就能更好地为伤人自尊或其他做好宽恕自己的准备。你也因此会抵制那些攻击别人的做法，将其视为一种毫无价值且丢脸的行为。

父母有责任指引他们的孩子，帮他们取得成绩。一些父母从来就没有这样做过，这就是所谓的"养而不教"。他们自己可能在心理层面上还是孩子，对教育孩子的方式了解不多，只知道用充满恶意的方式去沟通。要是没有人意识到这些教育方式带来的伤害，就会一代一代地传递下去。当你拥有了全新的教育思想与方式，就会更富于技巧，不会再妨害孩子的成长。

无论糟糕的育儿方法源于何处，这种教育带来的结果都惊人的相像。在这种环境下成长起来的孩子，会对失败与遭受拒绝充满了恐惧。**在一定程度上，当孩子得到了爱意与呵护，再加上父母的纠正性自律方法，孩子的恐惧心理就会降到最低，不会影响到他们的个人成长与发展。**一个孩子越是得不到无条件的爱与尊重，那么他的自尊就会受到越大的伤害。

_ 镜子里的那个人是谁

一般而言，75%~80%的自我对话都是负面的！幸运的是，我们可以通过训练去改变这种情况。在你每天早上醒来的时候，是否对自己以及未来的日子有所憧憬呢？你是否会对着镜子说"我充满激情，感到无比快乐，活着真是太好了"？你明天早上就可以这样做，看看自己会有怎样的感受。如有必要，可以多次重复这个过程。

你对别人的看法其实是自身的一种投射。你只能从别人身上看到你所拥有或正在培养的品质。你的这种反思无疑会成为你前进的动力。你对自己有怎样的看法与感受，在很多情况下决定了你要走的道路。

自尊是极为重要的。要想取得成功，就要给予自己充分的尊重，相信自己能够做到，相信自己值得拥有成功。

　　明天不会给任何人打包票。要快乐，就要趁现在。林肯说过："一个人只要想快乐，他就能快乐起来。"

　　当你拥有了自尊，就更可能过上快乐的每一天。这是属于你的人生，而不是一场带妆彩排。你的人生就像一场电影，有开头，肯定也有结尾。要是你只剩一年的寿命，你会做什么呢？你现在正在做着最想完成的事吗？如果不是的话，为何不赶紧着手呢？到底是什么阻挡着你？是因为缺乏自尊吗？

　　我们对周遭世界的态度，取决于我们的经历、品质、信念以及对自身的看法。如果我们自私自利，就可能会对别人不断猜疑；如果我们慷慨大度，就可能对别人抱以信任；如果我们举止得当，就不会总觉得别人故意冒犯。

　　从某种意义来说，观察你身边最为亲近的人，其实就是在观看镜子里的自己。你可能会发现，当你获得了个人成长，就会吸引更多追求自我成长的人进入你的生活。此外，你可能会与那些理念不和的朋友分道扬镳。当我们选择继续前进，自尊会让我们无所畏惧，好事也会随之发生。

一位领袖的成长

　　奥马尔·布拉德利将军的故事演绎了一位领袖的成长过程。在指挥了一连串成功的战役之后，他成了美军参谋长联席会议主席。在克服重重困难升任这个职位的过程中，他所展现出的技能与品质让人敬慕。

　　布拉德利出生在密苏里州一个普通的农民家庭，他们过着"骄傲、诚实、勤劳却又极端贫穷的生活"。他们凭借内在的坚毅克服困难。布拉德利与父亲的关系特别亲密，他的父亲在一所边境学校里担任老师。下面是布拉德利对早年生活的一段描述：

我们买不起马匹和马车。于是，父亲与我就每天背着午餐的饭盒往返于学校与家之间。天气时好时坏，那条路经常尘土飞扬、泥泞或结冰打滑。父亲为我们设定的是：十七分钟走一英里路。这对当时年幼的我来说是个不小的挑战，特别是在寒冷的大冬天里。但是，每天一同与父亲走路上学，让我在精神上很受鼓舞。

布拉德利在父亲的教导下，培养了对书籍、打猎与体育运动的兴趣。这些兴趣爱好提升了他的心智，增强了他的体魄，让他拥有了强大的内在力量与无所畏惧的精神，这些都使他受益匪浅。父亲从小就教他要不断拓展自己，挖掘自身的全部潜能。一旦他实现了一个目标，就会想办法迎接下一个挑战。

可惜的是，父亲在他十五岁生日那天去世了。在此之前，父亲已经帮助他培养起了足够强大的自尊心。父亲生前的鼓励与支持，锻炼了他基本的人生技能与品格，让他能在日后成为最好的自己。他从当年那名坐在教室里摇晃的椅子上学习的学生，成长为美国陆军将军。他父亲留给他无价的遗产，布拉德利是这样描述的：

感谢我的父亲。无论我们过着多贫穷的生活，我都下决心要念完大学，发挥自身的潜能，不浪费时间与天赋。父亲还在其他方面给了我许多帮助。他培养了我对户外运动、打猎以及体育运动的激情与爱好，培养了我对同胞与别人财产的尊重与内心的正义感，特别是要尊重那些比自己不幸的人。他培养了我正直、认真、爱国、虔诚等品质。没有谁比我从父亲身上收获的更多，也没有谁比我更感激他。

_用"不想"代替"做不到"

早年的经历让我知道，要对自己与这个世界有所期望。就以奥马尔·布拉德利为例，他的童年经历帮助他锤炼了自尊，对他日后的人生产生了重要影响。

我们若在幼时没受过良好的教育，成年之后可能对很多事情都带着先入为主的偏见，但总有办法从这些偏见中解脱出来。你可以自问："我该怎么做呢？"阅读关于个人与事业成长的优秀书籍，可以给你带来极大的帮助。与那些忠于目标、愿意不断成长与服务别人的人交往，同样能给你带来帮助。

每当你想说"做不到"的时候，一定要控制这样的思想。"做不到"意味着这是不可能的。当你这样说的时候，就放弃了自身的能量，抛弃了自己应该承担的责任。你应该说"不想"，然后再看看会取得什么效果。"做不到"通常意味着你害怕面对别人，说出自己无能的事实。

例如，当你说"我不会滑雪"这句话时，有很多种可能。也许，你之前从未见过雪，从未滑过雪，或者从未有人教过你滑雪。又或许，你滑过几次雪，但滑得不是很好。在你成功之前就感到沮丧，进而选择了放弃。

当你说"我不想滑雪"（或"我选择不去滑雪"），就能展现出你的自尊与对事情的认知。你不想到寒冷下雪的地方度假，或者你没有为滑雪课程预留资金。你可能之前尝试过滑雪这种休闲活动，但做得不是很好，所以不愿意投入更多的时间与金钱；或者，你觉得自己还有其他更想做的事。

当你说"我不想"或"我选择不去做"的时候，是在用清晰诚实的语言面对自己以及正与你交谈的人。你向别人展现出你尊重自己，别人怎么想，这并不重要。当你说自己"做不到"的时候，其实是在弱化自己的能量，而说你"不想"则会给你带来正面的能量。

抛弃以不恰当行为取悦别人的习惯，这是一条死胡同！当你为了让别人喜欢你而说"好的"的时候，其实就是放弃了自己真正想要的东西。这可能会奏效一时，但不用多久，你就会为此感到遗憾或产生怨恨了。你要有勇气说"不"，这会让你感觉良好，提升你的自尊心。

当我们改变表述的方式，个人的成长也就开始了。相较于告诉别人自己"做不到"，选择不去做某事要显得更明智一些。这会让我们感觉一切都在掌控之中，同时也保存了我们的自尊。

当彼得·潘在百老汇的舞台上大声宣布"我在飞翔"的时候，后背上吊着一根钢索，你认为台下的观众不知道吗？观众与彼得·潘一起欢呼，是因为他正在"飞翔"。忘记"不能"吧，这只是一个借口而已！这样的"飞翔"是需要借助很多道具的。绝大多数具有价值的事情，都需要类似的帮助才能完成。

当我们勇敢地用"不想"或"我选择不去做"来替代"做不到"时，诚实与正直就能发挥它们的作用了。这能让我们培养诚实待己、待人的习惯。

你可能不愿意抛弃"做不到"这种思想，因为它给你的童年带来了极大的安全感。另一方面，"做不到"似乎隐含着一定的风险。当父母或成年人对孩子说"你不能那样做！"时，传递出来的信息通常都与安全相关。例如，"你不能单独一人过马路"，这句话就带有警告的意味。另一方面，当一个孩子运用"我不想"这样的思想时，通常会招致大人的责备。因此，孩子们可能内心要说"我不想"时，却选择了"我做不到"的表达方式。因为，他们觉得"我做不到"会带来更多的安全感。

他们经常听到大人们这样说："不要那样做！""你不能那样做！""你简直是个废物！""乖乖坐下来，给我闭嘴！""你永远都成不了才！"一般而言，在孩子十八岁成年之前，他听到这些消极的话语已多达十几万次了！难怪他们的自尊心会受到严重伤害！

当我们用"做不到"的观念填充我们的思想与语言，自尊心就会受到严重打击。你的感受会在很大程度上影响你的努力，更别说有所成就了！所有著名的励志演说家都会对我们说，如果你相信自己能成功，就有为此努力的理由。如果你不相信自己能做到，说明还需要不断成长，努力修复受损的自尊心。当你完成这些工作后，会发现自己拥有更多的能量、热情与愿望去实现自己的目标。

_ 放慢脚步，嗅一下玫瑰的香气

要经常对自己说"谢谢你"，你要欣赏真实的自我以及所做的工作。你要欣赏美好的事物——生活中的点滴欢乐。

你是否经历过你的孩子从幼儿园毕业的那一天？这一天可能没什么特殊的，但这是绝大多数孩子都为自己感到高兴的一天！这是极大提升孩子自尊心的一天！这件事可能在你所有的事情安排中根本不起眼，但无论对孩子还是对父母来说，与孩子一起分享成长路上的点滴成功带来的喜悦，都是很重要的。

暂时将工作放在一边，忘记正在发生的所有事情。好好审视一下自己的内心，感受人生的点滴快乐，这比你每天按部就班地工作更重要。我们需要放慢脚步，嗅一下玫瑰的芳香，为自己的人生增添更多的欢乐。

在这里，我只希望能让你对生活有一种全新的感受，并能重新振奋精神。它是激励与帮助你唤醒内在、体验人生圆满的一种方式。它可以让你以正确的眼光看待一切。无论你每天做了什么事情，都可以说："是的，我很高兴自己还活着。"

宽恕是重要的，相信真实的自我是重要的，自尊是重要的。将这些思想与观点灌输给自己的配偶、孩子，或其他任何你所爱的人，也同等重要。

在高压的工作环境中，我们通常感到这些事情无关紧要。相反，你经常会听到这样的提醒："你必须去写季度工作报告；你必须完成最重要的工作；你必须要确保这项任务或那项任务。"你可能将这些事情都做得很完美，但如果你在这个过程中损耗完所有精力，身体健康状况越来越差，家庭因为你的忽视与冷漠而变得支离破碎，那么，你还剩下什么呢？

如果你按照别人对你的期望去生活，会发现自己最后身形瘦削，精神萎靡，内心深处为自己没有做一直渴盼的事而感到无比沮丧。这就是中年危机的一部分。你可能在事业上取得了许多成就，却没有花时间去享受这一切。如果你不能在实现成功的过程中感受到快乐，那活着的意义又何在呢？

你该怎样更好地处理身边出现的消极因素呢？你该怎样去增强自尊呢？最好的解决方法就是花时间"放慢脚步，嗅一下玫瑰的花香"。花时间参加体育活动、培养兴趣爱好或与朋友多沟通。在追求成功的路上，不断给予自己一些奖赏。记住，"只工作，不玩耍，聪明孩子也变傻"。

_ 正确做事的原则

卢·霍兹教练在他的著作《战斗精神》里阐述了一个增强自尊的好方法：正确做事原则。这能够帮助你保持内心的正直感。

首先，做正确的事情。这意味着什么呢？无论你做任何事情，都要保持诚实与真诚。如果事情一切顺利，你会自我感觉良好。当你做事不诚实的时候，才敞开了找寻借口的大门，放弃自己要承担的责任，失去对生活的掌控。

在面对选择的时候，你是表现出当机立断还是犹豫不决呢？罗莎·帕克斯就是这方面完美的例子。她说："我决定了，再也不坐公交车的后排了！"她认可自我价值，表现出了自尊并勇敢践行。她坚持自己的信念，无论最后面对怎样的结果。

无论在个人生活还是在职场里，你是否为了满足别人一时的愿望，甚至为了保住工作（至少你是这样想的）或得到一些金钱的回报，而偏离自己的价值观与道德准则呢？这对你来说是一种挑战，因为这通常需要你做出一个不受欢迎的决定。你是想保持现状，还是想保持诚实呢？你是否在自己的良心与错事之间的"拔河"里妥协了呢？还是你为了做正确的事情，愿意付出任何代价呢？

父母教育子女的方式基本也与此类似。很多父母过分关心孩子是否喜欢自己，而不是把重心放在如何教育孩子上。请认真思考，如果你反复无常，又怎么可能成为高效的父母呢？

正直意味着当机立断与保持强大，正直意味着你坚持自己的信念。当你这样做的时候，就能与自己以及自身的价值观保持一致。你再也不会感到内心的挣扎，会更加尊重自己。任何人都不能对你拥有怎样的价值观而指指点点了，只有你以及你的内心才能决定。

第二，下决心追求卓越。无论你做什么事情，都要做到最好。当你全力以赴地追求一个目标，不管最后得到了什么结果，都会无愧于心。

当你做到最好的自己，你就会对真实的自我感到满意，也能增强自尊心。

第三，遵循黄金法则："己所不欲，勿施于人。"绝大多数人都希望得到真诚、友善、爱意与他人的尊重。当你以希望别人如何待己的方式去待人，就能得到正面的回馈。当你这样做时，又怎能不感觉良好呢？

如果你在与某人或某个组织打交道时，发现黄金法则并不能取得很好的效果，就可以运用白金法则。也许，只是他们对友好行为的定义与你的定义并不相符而已。

比方说，我的一位朋友之前的行政助手生病了，这让她在早上感觉很糟糕。所以，我的朋友每天愉悦地对她说"早上好"只会让她感到烦恼，因为她始终感觉自己早上的状态很糟糕。她宁愿说"嘿"，也不愿意说"早上好"。这个例子就充分说明了，单纯按照自己良好的本意去对待别人，有时也达不到良好的效果。换言之，我们应该想办法满足他们的特定需求。如果你习惯了自己的行为方式，忘记了别人的需求，就很容易产生指责与抱怨的行为。

你有怎样的想法与行为，决定了你是怎样的人。了解这一点是非常重要的。为什么这样的观点会产生影响呢？在我们一路探寻的过程中，你就会明白其中的含义。

按照霍兹的观点，要想正确做事，必须思考三个重要的问题：

第一个是："我能相信你吗？"你可能向自己的老板提出过这个问题。虽然你没有当着他的面说出来，但你会在心中这样发问。你可能觉得，如果老板不能持续地证明自己的信用，你有提出这个问题的权利。

当你去买一辆车，你会想自己能相信这位汽车销售员吗？在很多时候，我们都喜欢向别人提出这样的问题。客户向咨询师提出："我能相信你吗？"顾客向商人提出这个问题；父母向孩子提出这个问题，孩子也向父母提出这个问题；经理向销售员提出这个问题，销售员也向经理提出这个问题。这样的名单还很长。以怀疑的态度去接触别人，必然是低效的。但是，我们最好有真正的辨识能力。

这就是保持正直感如此重要的原因。当某人打破了这样的信任之后，会发生什么事情呢？你还会对那人抱有之前的看法吗？不可能！那么你能做些什么呢？你可以在成功阶梯上退后一步，选择**彻底宽恕**！这就是诚实与正直感如此重要的原因。别人相信你吗？始终要记住，诚实、高效的领袖会努力为相互信任铺平道路。

第二个问题是："你是否下定决心追求卓越？"难道你不会向汽车制造商提出这个问题吗？他们是否制造出了符合广告宣传标准的汽车呢？当然，你希望他们能够做到，你所服务的客户与消费者也都希望你能符合他们的期望。在很多情况下，当我们在家庭或者学校里给孩子灌输要追求卓越的思想时，孩子们也会希望他们的父母与老师都能做到。可见，这是一个相互期望的过程。

_ 生命的秘密在于给予

卢·霍兹提出的**最后一个问题是：**"**你关心我吗？**"你关心我这个人吗？

只有当别人知道你多么关心他们，他们才会关心你。

你是否全身心地帮助与支持别人呢？你给予了别人什么，这才是重要的。真正的成功都伴随着给予，这能让我们过上幸福且富于成就感的生活。如果你想要取得成功，就要努力帮别人取得成功。下定决心，无论做任何事情，都要准备好帮助别人。这会让你感觉良好，你也将更成功。

你关心别人吗？

比如你到一家电脑专卖店，想要购买一台新电脑。假设你对电脑不是很了解，店里有两位销售员。

第一位销售员走过来对你说："你好！我们这里有英特尔核心处理器i7-4700HQ，2.4GHz配上12GB的DDR3记忆芯片，还配有1TB7200RPM硬盘驱动，双层DVD/RW与NVIDIA GTX，760M GDDr5.2GB的显示器……"你可能呆呆地站在那里，挠着头心想："我不知道你在说什么"，销售员接着问："你想要这台电脑吗？"

第二位销售员走过来对你说："在跟你谈论有关电脑产品的数据之前，让我首先问你几个问题。什么电脑配置可以满足你的要求呢？你想用电脑去做什么工作呢？"

你可能说："我只是想通过电脑在家里检查一下支票账户，让孩子玩一下游戏。我觉得自己并不需要很高的配置。"

你想跟谁打交道呢？是第一位"什么都知道的"还是第二位关心你需求的销售员呢？他们的目标都是销售电脑。我相信，你想与那位关注你以及满足你个人需求的人打交道，虽然他可能对电脑的所有参数不是很了解。

"你关心我吗？"这句话有很强的威力！如果你想销售成功，就要向客户表现出你的关心。如果你想要成为更优秀的父母，就要向孩子表现出你对他们的关心。如果你想要建立起更好的工作关系，就要向同事与老板表现出你的关心。我相信你会发现，如果你想成为一个卓越的管理者，就要给予团队成员足够的关心。这个原则在家庭中也同样适用。

做正确的事情，下定决心追求卓越。己所不欲，勿施于人。记住人们经常会向你提出的三个问题：1.我能相信你吗？2.你是否下定决心追求卓越？3.你关心我吗？这些问题听起来很简单，但实践之后，可以极大地提升你的自尊。

_ 做好你自己

休·普拉瑟说："有些人会喜欢我，有些人则不。所以，我还是要做回自己，因为这样，我才能知道那些喜欢我的人欣赏我的原因。"为什么不做回自己呢？只有当你做回自己，才能真正知道别人会给你怎样的反馈。

任何人都不可能完美地做好所有的事，所以我们都需要不断成长。我们天生就拥有自尊，但在成长的路上，自尊有可能会受到不同程度的伤害。阅读关于个人成长的书籍，聆听能帮你成长的演说，为自己制订一个不断学习的计划，让别人能够了解真实的自己——只有这样，别人才会喜欢真实的你。

过去，你可能在别人面前隐藏真实的自我，甚至连自己都不敢面对真实的自我。这是一种徒劳的伪装。在你离开这个世界之前，要确保别人知道真实的你。让你的独特才华、天赋与技能绽放光芒。

最大限度地释放自己，因为这就是你拥有的一切。抛开自我形象所带来的束缚，让别人知道真实的你。若你与别人的关系是建立在真诚的基础之上，这给你带来无限的满足。当你知道别人喜欢真实的你时，感觉将会非常美妙。所以，做回自己，会让你更快乐。

除非你对自己有所了解，否则你很难向别人敞开心扉，去展现真实的自我。当你让别人感受真实的你，他们将知道你是怎样的人，你也因而学会接受自己。如果你拒绝这样做，就会迷失在伪装的表象之下。一旦你无条件地接受了自己，让别人去了解你，那么你就在实现目标的道路上迈出了一大步。

你可以通过书籍、电影与演说等去更好地了解自己。你正在执行自我发现的使命！在你对自己足够了解之后，才能真诚地给予别人。当你成长为更好的自己时，你的自我发现过程依然在持续。无论是在家庭、职场还是社会上，你都要与别人分享自身的才华、天赋与技能。猜猜谁会从你的成长与分享中收获最多？是你自己！

自尊是成功阶梯上最基础的一步，宽恕与自尊能让你开启这趟成功的旅程。当你以目标、对自己负责以及正直为基础，那么你的成功基础就会相当稳固。

相信真实的自己，挖掘自己的才华，尊重自己，这些都是极为重要的。要想过上快乐且富于成就感的生活，就要追随自己的内心，绝不能让满足别人期望的恐惧感控制你，因为这不符合你的最佳利益。

_ 自尊能让你愉悦

一旦你拥有了自尊，美好的事情就会慢慢出现。你会想要与别人分享，你就会想成为一个更有责任感的人。记住，你需要抛开全部借口。你的态度就是一句简单的："没有任何借口！"你在本周与本月的目标，就是渐渐地消除生活中的各种借口。就这么做吧！

我从西点军校毕业回来后，决定抛弃过去的所有借口。因为我已习惯了说："长官，没有任何借口！"所以当母亲指责我为什么做这件事或没做某件事时，我回答说："没有任何借口！"她很讶异："你说什么？"这样的回答不仅让我变得更加高效，而且还增添了许多乐趣。

当你回答同事的问题时，大声地说："没有任何借口！"他们可能会感到很惊讶，然后思考："你的意思是不会指责任何人？你不会抱怨任何事？你不会为自己没做而找借口？"他们嘴上不说，但很可能会这样想。

你将会发现这句话很上口。当你说出它之后，别人会对你刮目相看。改掉过去板着脸的习惯，多点微笑示人。当你充满自尊地投入工作，就能感染其他想改变自身的人。当你在工作中有所追求，就更有可能发现内在的价值。一旦你这样做了，就忍不住会想与人分享。你是怎样做到的？这些都会通过你的态度与热情——成功阶梯的第三步——反映出来。

当你学会宽容，放下过去，就没有理由对别人心怀恶意。当你开始过着充满自尊的生活，就能放下所有的自我怀疑。

_你是否擅长给予和接受赞赏

当别人赞美你的时候，你有什么样的感觉，会做出怎样的反馈呢？你是说"谢谢"，还是说"这不算什么"，抑或说"你没必要那样说"呢？你对别人给予的赞美做出的反馈，可以说明你是否拥有自尊。你是否给予自己足够的尊重，相信自己当得起别人慷慨的赞美呢？你是否意识到这是他们馈赠你的一份礼物呢？当你否定他们给予的礼物时，其实就是在质疑他们的判断，拒绝他们的赞美。事实上，你只需要说一声"谢谢"就可以了。

　　你是否拒绝过朋友请你吃一顿午餐的请求呢？你是否意识到他们内心的感受？最友善的做法就是说一声"谢谢"，做一个优雅的接受者！如果你愿意的话，也许可以过段时间回请他们。那时，你将意识到，别人对你说"谢谢"时，那种感觉是多么美妙，你内在有的东西才能显露出来。如果你没有慷慨的态度，可能就会在接受别人的施与时无所适从。你的表现足够坦然吗？你的自尊心足够强大吗？请积极一点，多些微笑！这不仅能够照亮别人，更能温暖自己的心房。

　　你明天上班的时候，向那些习惯板着脸的人展露微笑。他们可能无动于衷，但没关系。问题的关键是，你的微笑会让你自我感觉良好。当你微笑时，就是在给每个人一份礼物，给予他们一定程度的赞美。你的微笑仿佛在说"我很高兴见到你们"。记住，成功源于给予，无论你给予什么，最后这些东西都会回馈到你身上。当你充满自尊地做事时，就会对自己感觉良好，能更好地进行给予。你将会发现，给予充满乐趣，而且能带来奖赏。

　　当你向礼拜场所或自己拥护的慈善机构捐款时，是否会感觉好一些呢？当你帮助一位老人过马路，是否会感觉好一些呢？当你救助了一些比自己不幸的人时，是否会感觉好一些呢？给予是成功者的标志。给予是自尊的标志。

"没有任何借口"行动计划：拥抱自尊

　　1. 热爱与尊重自己，你才能热爱与尊重别人。你只能给予别人自己所拥有的东西。

　　2. 绝对不要对他人进行价值评判，这会伤害与摧毁你的自尊心。价值评判是一种贴标签与比较的行为，只能给你带来痛苦。

　　3. 找寻一位能够帮助你变得自尊而不是整天揣摩别人眼光的导师，这对你取得真正的成功至关重要。

4. 向内看，你将会发现自己真的需要什么。重大决定通常都是以情感为基础、以逻辑思维为辅助来完成的。

5. 当你与别人说话或进行自我对话时，要使用尊重自己的语言。语言能够创造出情感，进而影响你的行为。

6. 做出决定，然后努力执行。我们不可能完成所有事情，所以做出选择非常有必要。

7. 拯救你的自尊，你对失败与遭受拒绝的恐惧心理就会消减。这一切都可以归结为拥有自尊与相信自己。然后，你才能帮别人拥有自尊。

8. 去做符合内心意愿的事情，不取悦别人，而要追随自己的梦想。不要让任何人操控你去做一些你不想做或不符合你自身利益的事。

9. 工作时，要好像你能长生不老；生活时，要好像你只能活到明天。

10. 给予无条件的爱，多点微笑。

11. 用"不想"与"我选择不去"来替代"做不到"。"做不到"通常代表一种借口。这是一种不负责任的行为，意味着你害怕对某人说出事实真相。当你说"不想"的时候，意味着你已经做出了选择，愿意为面对的状况负责。

12. 放慢脚步，嗅一下玫瑰的芳香。欣赏真实的自我与自身的才华，感受生活中的点滴快乐。享受人生的旅程。

13. 做回你自己。让别人了解真实的你。不要试图去成为别人。你会知道喜欢你的人喜欢的是真实的你，而不是单纯欣赏你所做的事情。

14. 大度地接受别人的赞美，简单地回答"谢谢"，感谢别人给予你的礼物。

15. 无条件地给予，不期望任何回报，你将会感觉很好。

第七章

提升态度与热情——第三步

_ 态度

　　我活得越久，越认识到态度对人生的巨大影响。对我来说，态度比事实本身更重要。态度比过去的行为、所接受的教育、拥有的金钱、所处的环境、失败、成功、别人的想法与言行都更重要。态度比个人形象、天赋与技能更加重要。态度能够建立或摧毁一家企业、一座教堂或一个家。重要的是，我们每天都要就如何面对这一天的态度做出选择。我们不能改变过去，也无法改变别人的一些做事方式；我们不能改变无法避免的结果。我们唯一能做的就是，改变我们能改变的东西，这样东西就是我们的态度。我深信，人生是由10%发生在我们身上的事情加上90%我们对此做出的反应所组成的。

　　这一切都取决于你……现在就学着控制自身的态度！

——查尔斯·斯威道尔

　　威廉·詹姆斯说过："在面对一项充满挑战的工作时，一个人的态度要比其他任何品质更能决定最后的结果成功与否。"事实上，改变自身的态度，就能改变自己的人生，影响身边的人。所以，我建议你学着改变态度，提升热情。

提升你的态度与热情，这是成功阶梯上非常明确的一步。你表现自己的方式，决定了别人对你的看法与态度。同时还决定着你能否快速实现所期望的结果。学会正确表现自己，把它跟哗众取宠区分开来。

当你更加喜欢与尊重自己，懂得欣赏自身拥有的潜能，猜猜会发生什么？你的天赋会突然闪光，你将走在成为领袖的道路上。乐观积极、充满热情是所有杰出领袖的标志之一，他手下人的情绪也会因此被激发出来。

当然，傲慢（这里指的是自大、卑鄙或自恋等心理）则完全是另外一回事。一个傲慢的人会切断与别人的所有联系，最终成为孤家寡人。而真正的领袖不会傲慢，他在保持团队士气方面拥有娴熟的技能，并充满自信。

积极的态度始于你了解自己的需求，并着手去解决人生中的冲突。在这个快节奏的社会里，很多人的时间都碎片化了，无法专注于他们的思想与行为。他们可能处在某种生存模式中，无法以更长远的目光看到自己真正想要的东西。积极的态度可以帮助我们拥有强大的欲望与能量，专注于我们想要实现的目标。当我们持续地保持专注，采取行动，就能得到我们想要的，自然也会成为别人学习的对象。我们这种积极的态度与热情能够激励别人去采取行动。换言之，它们具有传染性。

_国王的态度

纵观人类历史，我们可以发现，著名的军事将领始终保持着积极的态度。无论是真正存在的还是虚构出来的将领与国王，拥有积极、热情的态度，是他们鼓舞士兵取得胜利最有效的方式。莎士比亚于1599年创作的著名历史剧《亨利五世》，就是以积极的态度与热情为剧本核心内容的。

亨利国王在完成了对法国的征战之后，他的人生处于巅峰状态。当他下定决心要专注于自身的使命时，便迸发出极大的热情。

当他将自身的热情传递给全身湿透的士兵时，他是行动的楷模和完美的领袖。他将自己的士兵训练成"无比英勇的生物"，说他们每天"像狼那样吞咽着牛肉与钢铁，像魔鬼那样与敌人作战"。亨利国王激励士兵勇敢作战，因为他始终保持着积极的态度与热情。

_态度决定人生的高度

当你敢于承担责任，认清人生的目标，不再去寻找借口，不再指责任何人与事，你的人生将会变得不同。当你采取了宽恕的态度，将之前消耗在怨恨与愤怒之中的能量，集中于能够做出改变的事情，你就会对自己感觉更好。当你与别人分享这些思想的时候，你的积极态度与热情就出现了。

厄尔·南丁格尔说过："'态度'是一个神奇的词语。"事实的确如此。态度能够给你的工作与家庭生活带来神奇的结果。**正是你的态度，而不是你的气度，决定了你的人生高度**。你的态度可以告诉你与别人你所在的位置。比方说，你的态度能够让别人知道，你是否拥有积极进取的心态，是否过着一种有目标与充满激情的生活；还是心灵贫瘠，每天都在平庸地活着。你的态度能够决定别人对你做出的反馈。

你有没有始终保持微笑呢？每天早上起来的时候，你感到开心吗？你会说"天哪！今天真不错"吗？你是否会对睡在身旁的配偶说"我爱你"？他或她有没有微笑着对你说"宝贝，我也爱你"？

面对半杯水，你是看到了一个半空杯还是一个半满杯呢？你的态度首先能让别人知道你是怎样的人。正如罗伯特·舒勒所说的："不断激励自己成为一个愉悦的人，这样的人是非常幸福的。"

为什么一些人不愿意绽放微笑呢？难道他们认为微笑示人是愚蠢或不懂世故的表现吗？难道他们害怕别人了解真实的自己吗？难道他们始终专注于消极负面的东西，因此总是喜欢皱着眉头吗？多点微笑吧！当你以微笑示人的时候，别人通常也会对你报以微笑。

在你早上上班时，可以看看有多少上班族在面对红绿灯时是露出微笑的。你会发现，可能一个都没有。事实上，你可能注意到很多人都是一脸无奈与不满。我们并不是说那些开车的司机在座位上上下弹跳，对着每个人挥手。我们要说的是，脸上愉悦的表情能让他们与别人的一天充满阳光。放松你的脸部表情，思考一些愉悦的事情。抛弃你脸上的皱纹吧！很多人都没有意识到因为他们看上去凶神恶煞，所以其他人都不敢接近。当你脸上挂着轻松愉悦的表情时，就能很快吸引身边的人。

几乎每个人都有感到沮丧的时候。态度可以帮助你克服沮丧。你的态度在很大程度上决定了你给别人留下的第一印象。当你让一个原本消沉的人绽放微笑，他们通常会变得积极起来。当我们选择微笑而不是皱眉时，可以看到我们待人处世的态度会发生惊人的变化。我们的积极态度会像野火那样蔓延开来。

"交流"一词源于拉丁词语，意思是分享。一个微笑就是分享一种欢乐，一个微笑代表的含义就是"我很高兴见到你"。这是一种交流的方式。本书的目的就是希望与你们分享相关的技能，帮助你们更好地发挥自身潜能，克服前进道路上的障碍，在个人成长、事业成功、幸福与圆满方面达到一个全新的高度。我相信，若是你们能将这些技能与原则运用到你们的生活中，与别人分享你的喜乐，你就会实现跨越式的成长。

用积极的态度面对自己与别人。如果你的自我对话是消极的，记得要学着改变。如果你想要获得更大的成功，就要积极地面对自己。如果我们对此缺乏洞察力，就可能陷入消极负面的陷阱中。除非我们允许，否则没有任何负面能量能影响自己。微笑着面对各种挑战，相信一切困难都会过去。

_ 洞察力的重要性

你的洞察力是影响个人态度的关键。你对所处的环境看法如何呢？五天或五个月后，你还会觉得这很重要吗？你对人生有着怎样的看法？你期望没有任何挑战的完美人生吗？如果是这样的话，你可能会经常感到失望。

你还记得上一次的度假旅行吗？在你出发之前，你所专注的事情是什么呢？是度假成本？还是你无法与孩子同游？抑或你要忙着找寻机场停车位、机票、包裹或其他东西？在你登机之前，已经处于一种抓狂的状态，好好的假期在出发之前就毁掉了。

你曾想象过到达旅行目的地、在海边沙滩漫步的愉悦吗？登机之前的琐事可能会让你无比沮丧，但如果你专注于想象即将到来的行程，你就能用一种更积极的态度去面对各种挑战。专注于你想要的结果，而不是其中的细节，当你这样做时，就能更轻松地处理这些细节了。

你是一个积极的人，还是一个消极的人呢？ 你会专注于工作中积极的一面吗？你对自己的家庭与家人是否抱有积极的情感？你是专注于人生的积极一面还是消极一面呢？要相信自己，有能力去改变所处的各种状况：你可以换一份工作，到一个不同的地方，开创自己的事业，或者去做想做的任何事情。总之，坚信自己不会处于停滞不前的状态！你有能力做出改变。

态度与能力，哪一个更加重要？ 你对人生持怎样的态度呢？这样的态度是在给你提供帮助还是阻挡着你前进呢？你在生活中面对的90%的结果都源于你的态度，而剩下的10%则源于你的能力。打个比方，假设你是一个面试官，对面的面试者低着头，不断地抱怨公司的福利，不管他能力有多强，你都不会聘用他。另一方面，当一位面试者充满热情，对真实的自己以及自身的能力信心满满，你很可能就会聘用他，并愿意花心力去培训他。

你是怎样衡量自己的态度的呢？ 你可以观察其他人对你做出的反馈。当你态度积极，别人很可能会对你做出同样积极的反应。如果你态度消极，别人很可能会避免与你交流。他们自己会面临很多挑战，所以也希望你能拉他们一把，而不是给他们更多"沉重的打击"。当然，你可能会吸引其他同样消极的人，然后一起深陷于消极的泥潭。他们的加入只会助长你的消极态度，让你无法获得成功，最后陷入一个恶性循环中。

当你将人生视为一个机会而不是一种负担时，你就会拥有更加积极的态度，对人生充满更多的热情。这是需要时间与努力的，但值得你去这样做。

_你的健康状况如何

你可能遇到了一些健康问题，这些问题影响了你的态度与热情。如果你每天拖着病躯度日，就没有足够的能量与热情去创造一个成功的人生了。下面这些简单的步骤，可以帮助你感觉良好。首先，你需要思考下面这些问题：

1. 你的饮食是否均衡？
2. 你服用维生素吗？
3. 你每天喝六到八杯水吗？
4. 你每晚睡六到八小时吗？
5. 如果你熬夜了，是否会花30~40分钟的时间打个盹儿呢？
6. 你是否遵照医嘱，定期去做调理运动呢？
7. 你是否定期去医院体检？

8. 你是否用正确的方式呼吸？

9. 你是否保持着正常的体重？

10. 你是否呼吸了足量的新鲜空气，抑或只是在睡觉时稍微打开一点窗户呢？

11. 你是否每隔半年去看一次牙医呢？

12. 你懂得自我调节吗？

13. 你是否留意自己的思想与情感，并观察它们对身体的影响呢？

14. 你抽烟吗？

15. 你是不是喝很多酒？

16. 你是否服用一些违禁药品？

17. 你是否每隔两年去检查一下眼睛？

18. 你是否会定期放松自己？

19. 你是否会定期去度假？

20. 你对上面这些问题持否定回答的越多，就越要关注自己的健康。

你可能会说，自己之前已听说这些内容超过一百万次了。你可能会惊讶地发现，有那么多人愿意花时间与金钱去装饰他们的房子、后院、汽车、宠物以及购买衣服，却没有几个人真正关心自己的健康。关注自己的健康是极为重要的。你的身体越健康，就越能更好地实现人生目标，过上你想要的生活。你要对维持健康充满热情，要是疾病缠身，人生也就没有多少欢乐了。

_ 卖热狗的人

过去，某人在一座大城市的路边摆了一个热狗摊。他的耳朵不是很好，几乎不听收音机。他的视力也不是很好，极少看电视与报纸。然而，他相信自己能够把生意做好！他总是热情地招揽顾客买他的热狗，还做了一块吸引人的广告牌，宣传自己的热狗多么好吃。他甚至还买了一个更大的烤炉，以便满足更多顾客的需求。

此时，发生了一件事。他的儿子从大学回家，对他说："爸爸，难道你没听广播吗？现在经济极速衰退。难道你没看报纸或电视吗？政治形势也非常动荡，这个世界糟透了。"

他认为"既然儿子上了大学，肯定比我更清楚社会环境啊"，于是，他决定减少热狗与肉类的订单，缩减广告的数量。当然，他的热狗摊的销售额也在一夜之间下滑了！现在，他快失业了。

他对儿子说："儿子，你说的对。现在处于严重的经济衰退中，不会有什么生意了。"

到底是什么让他的热狗摊的生意变差了呢？他的态度！在儿子跟他说了一大堆消极的话之前，摊子的销售额很好。此后他一直给自己催眠，让自己在内心相信销售额会严重下滑，进而采取了致命的举动。

_ 失败里存在机会吗

你如何看待所处的环境，社会与外部世界会给你的态度带来的影响呢？你是将经济衰退视为洪水猛兽，还是将之视为可以调整经营方式、获得成功的机会呢？任何一次失败都有潜在的机会。最惨痛的失败可以变成你人生中最大的教训，进而推动你获得更大的成功。

美国前总统伍德罗·威尔逊曾说："我宁愿在一个最终能够获得成功的事业上遭遇失败，也不愿意在一个最终会失败的事业中获得成功。"换言之，你宁愿在追求一些伟大事业的过程中遭遇失败，也不愿意去追求毫无价值的事业的成功。

态度对事业的影响至关重要。 当老板低着头走过来，一脸愤怒，用力关上办公室的门，会发生什么事情呢？他所持的态度可以从他的身体语言与情感状态上去分析。如果你的老板态度恶劣，你还能受到激励、变得更高效、合理管控时间以及与身边的人更好地交流吗？除非你心怀热情，否则很容易因此感到沮丧。是否让别人的态度影响自己，选择权在你手中。如果公司高层的人都不在乎，为什么你要在乎呢？难道你的态度不能保持不变吗？

当身居高位的人绽放微笑，那么工作的气氛一下子就会变得不一样。**热情会对别人产生一种强大的积极影响。** 微笑的作用是神奇的。看到你的表情对自己以及身边的人所带来的积极影响，你自己都会因此讶异不已。你可以用微笑、皱眉或不喜不悲的表情进行试验，看看别人对你做出的反应。当你首先微笑的时候，别人一般都会报以微笑；当你皱着眉头或做出无所谓的表情时，别人可能就会不理你，甚至会选择躲避你。

你在家里与其他地方持什么样的态度？ 无论在职场还是家里，都要态度积极，保持热情。当我们沿着成功的阶梯不断前进，就会发现家庭地位的重要性。"没有任何借口"的人生原则并不单纯适用于工作，这些步骤与整个行动计划同样适用于你的日常生活。无论是在家里、职场、商店、学校还是休闲场所，态度决定了一切。

适用于职场的原则，同样适用于家庭与你所在的任何地方。如果你抱着诚实与正直的态度去工作，那又是什么原因让你回家后转变态度了呢？如果你能在职场里礼貌待人，为何就不能在家里和颜悦色呢？一些人对待陌生人总是毕恭毕敬，对自己的家人却极为严苛，他们将家人给予的爱意视为理所当然，这是很不好的态度。成功是指在职场、家庭以及人生的各个方面的成功。热情地面对一切，才能构建起完美的人生。

_ 世界上最好的投手

有时候，孩子能够在态度与热情方面给予成年人一些启发。一天，一位先生走过一个操场，看到有个男孩站在垒球场上，手里拿着垒球棒。他走过去，听到男孩说："我要成为世界上最好的投手！"男孩将垒球抛在空中，挥棒，没有击中。他一次又一次地不断尝试。

男孩不停地训练着，没有放弃。那位先生看着男孩不断训练时脸上的表情，觉得非常有趣。此时，男孩注意到那位先生看着他，他转过身对他说："嘿，先生，你看到了吗？我抛了几次球，没有一次击中。但我知道，我会努力成为这个世界上最好的投手！"

一切取决于你怎样看待事情。如同这个永不放弃的男孩一样，我们要学会用积极的态度与更加饱满的热情去对待困境。每个逆境都蕴藏着希望。那位先生觉得男孩的努力没有得到回报，男孩则选择用更加积极的态度去对待。记住，这个世界上总有人处境比你更糟糕，**人生有太多的潜能有待挖掘，根本没必要把精力浪费在无谓的事情上**。当我们以积极的态度与饱满的热情去对待其他人时，收获就会源源不断。

_ 为自己鼓掌

成功的真正秘密就是热情。是的，我其实更愿意说是激情。我喜欢看到那些激情之人。当他们处于一种饱满的状态时，更容易获得成功。如果你拥有热情，可以去做任何事情。热情是你眼睛里闪耀出来的火花，能够让你的步伐更加轻盈，让你的双手更加有力，让你的意志更加坚忍。你拥有无限的

能量去执行自己的想法。

热情之人就是斗士。他们拥有坚毅的眼神与持久的耐力。热情是追求所有进步必不可少的品质。当你拥有了热情，就能有所成就。没有了热情，你就只剩下借口。

——沃尔特·克莱斯勒

热情要比智商更重要。

——阿尔伯特·爱因斯坦

_ 积极思想的能量

要想提升你的态度与热情，就需要将勇气与希望融合起来。正如埃莉诺·罗斯福——这位具有积极态度与热情的女性所说："没有你的允许，任何人都不能让你觉得卑微。"她认识到，当我们屈服于别人意志的时候，会给我们带来许多威胁。埃莉诺知道，要坚持自身的价值，采取行动发挥我们的潜能，需要很大的勇气。

想象一下在寒冷的冬天，乔治·华盛顿于福吉谷下入睡士兵的帐篷边独自走路的情景吧。他相信这个全新的国家有权利存在下去。正是华盛顿身上展现出来的积极态度与饱满的热情，让士兵对未来充满了希望。正是这股热情与期望，帮助他们熬过了最寒冷的冬天，坚持到了最后的胜利。

对一位军事将领的真正考验，就看他所带军队的士气。当士兵们士气高涨的时候，表现就会得到提升；当他们士气低落时，能量就可能被消耗在负面的思想中，降低他们取得胜利的可能性。这样的道理在日常生活中也同样适用。

　　无论任何时候，你都要与那些拥有积极态度与热情的人交往。

　　你是否知道态度与热情会遵循物理法则呢？牛顿的某个定律就是这样表述的：当一个物体处于静止状态时，除非有一种外力作用于它，否则会一直保持静止。同理，一个处于运动状态的物体若是没有受到外力的作用，就会一直处于运动状态。人们的态度同样符合这个定律。当他们态度消极时，除非受到积极态度的影响，否则会一直消极下去。积极的态度与热情能够帮助我们消除消极的心态，得到想要的结果。

_ 如何面对态度消极的人

　　虽然你可能不想与那些态度消极的人交往，但这些人真的需要你的鼓励。你该怎样与他们相处呢？关键是你要改变对他们以及他们的行为的看法。他们的本意可能是好的，也想找寻积极或美好的东西。你要意识到他们内心或许正遭受某些伤害，可能只需要别人多一些关注。当你从一个全新的角度去看待，就能以善意的姿态去接近他们。

　　你相信什么，就会得到什么。

　　下面这个例子就说明了改变看法的重要性。你看到某人在栅栏上贴着"小心狼狗"的标语，你认为里面可能住着一条狼狗。想象一下，要是你将这条标语拿走，贴在你老板办公室的大门上，你可能会对其寓意有了新的看法。你对此的看法，取决于你如何解读接收到的信息。

　　再假设你更换了一张照片的相框，新相框可能会增强照片的美感，让照片看起来更小或更大了。当你用不同的眼光去看待各种事物，就可能改变之前的一些看法。

　　当一个人在你面前把事情做砸了，你可以选择愤怒或原谅，质疑或给予鼓励，取舍的关键在于你。你如果能伸出援手，就可能拉回一个站立在悬崖边的人。当你从不同的角度去看待结果，或许会发现给你带来伤害的人，其实是无心的，他们出于善念却办了错事而已。

_ 意义感的神奇作用

态度的重要性，在维克多·弗兰克尔所著的《活出生命的意义》中也有所谈及。如果你还没有阅读过这本书，在你感觉失落与无奈时，或许可以翻翻看。他在书中讲到了自己在纳粹集中营里所看到的恐怖情景、心路历程以及最后的生存方法。

弗兰克尔说自己从未失去过自我的感觉。他在书中谈到他遭受了身体的摧残，忍受了许多折磨，人类生存最基本的一些东西都被剥夺了，但纳粹无法摧毁他内在的信念。无论他们如何折磨他，他依然坚毅地活着。

弗兰克尔说，那些能够在集中营里存活的人（大约只有5%）都有着一个存活的理由。弗兰克尔希望再次见到自己的妻子并出版第一本书。他有两个活下去的理由。那些放弃希望与失去活下去理由的人，基本都去世了。

对我们而言，人生也是如此。那些拥有目标、使命的人不甘于平庸（单纯的存在），往往能够过上成功、快乐与圆满的生活。

弗兰克尔的这本书给读者的心灵带来了极大的震撼。你能够想象自己身处那样的困境吗？你会将自己面对的挑战与他面对的困难相比吗？如果能做到的话，你就能获得全新的认知。因为你将意识到，自己也有改变这个世界的机会。

你要知道自己有机会利用生命赐予你的一切，发挥自身的技能与才华去帮助别人。这将让你感觉到自己是如此重要。

《活出生命的意义》，这个书名如此美妙！人生的意义是什么呢？很多人都在找寻。对我来说，人生就是一个通过传播"没有任何借口"的原则，不断实现自我成长与帮助他人成长的过程。

很多人认为人生的意义就是去爱别人。这能够通过关心别人去做他想做的事情，以及与别人分享你的才华与技能去达成。

威廉·詹姆斯说："人生最重要的事情，就是为一些比自我更重要的事情而活。"

你想怎样成为理想中的自己，怎样发挥自身的才华与技能呢？思考是成功的本质。你的态度与热情是你思考的核心部分，这能够影响你获得的成功、幸福与成就感。

_ 成功—幸福—成就感的关系

根据维克多·弗兰克尔博士的理论，成功、幸福与成就感的相互关系是这样的。

当我们获得成功并获得成就感时，就会感到幸福。当你认准了一个目标，为了成功去努力，意味着你发自内心地想去做这件事，不受外界的任何影响，也不会想要去取悦别人。你在这过程中充满成就感。当你实现目标，就会收获"幸福"的果实，这是成功的副产品。

当我们获得成功却感受不到成就感时，就无法幸福。假设你在事业上**获**得了成功，但对其并不认可。也许，你只是为了满足别人的期望，比如你的父母等。其实你并不想这样做，因为不符合自身的价值观，甚至产生了抵触的情绪。即便你实现了目标，也不会感到幸福。

当我们既不成功，又感受不到成就感时，便会感到沮丧。也许，你从未对成功进行定义，也不知道自己想要什么。如果你没有目标，就不知为何而奋斗。如果这样的情况持续下去，长时间的沮丧会让你感到绝望。

最后，我们还会迷失。当我们没有找到或认清真正的目标时，就会迷失。比如，你爱自己的工作，它却无法让你赚到足够的钱去养活家人。你在工作中获得了成就感，但你并不是一个成功之人，你让自己的家人失望了。你因此迷失了自我，紧接着会出现各种问题。

_ 你是乐观还是悲观

你是否听过双胞胎兄弟哈里与拉里的故事？哈里是一位悲观主义者，拉里则是一位乐观主义者。哈里总是抱怨，显得很消极；拉里则总是很乐观，每天嘻嘻哈哈的。在他们生日的那天，父亲决定测验一下他们的态度。他为哈里买了他想要的各种玩具：一辆全新的自行车、一个篮球、一支玩具来复枪，以及十几样其他的礼物，希望能让他开心。他只给了拉里一堆马粪。

当悲观的哈里看到父亲送给他的美丽礼物时，就开始抱怨："要是我在大街上骑自行车，可能会摔倒，伤到自己。如果我到外面打篮球，别人可能会偷走它。这支玩具来复枪太危险，我可能会击碎别人家的窗户。"哈里继续絮絮叨叨，他的生日似乎阴云密布。这位悲观主义者完全在用消极的眼光看待生活，不断地发现各种不好。

接着就轮到了乐观的拉里。当拉里看到那堆马粪上刻着自己的名字时，感到非常兴奋。他开始在每个房间、车库以及后院里找寻马匹的存在。当父亲抓住他的手臂，问道："儿子，你在找什么呢？"拉里回答说："爸爸，你给我这堆马粪，我就知道这附近可能会有一匹小马！"这位年纪小小的乐观主义者态度积极、充满热情，他总会找寻事情中美好的一面。

_ 什么才是现实

一些人认为，当他们用消极的眼光看事情，就能洞悉一切。然而，如果你永远消极悲观，那么你对现实的观感就会出现偏差。每一朵乌云背后都隐藏着太阳的光芒，要是没有倾盆大雨，你也不可能看到彩虹。

打个比方，在商业社会，裁员可能是企业重组、机构精简与提升效能的重要手段。因而遭到解雇，也有可能意味着新的开始。你或许可以做出自由的选择，有时间更好地了解自己，明白内心真正的需求。那些深思熟虑做出决定的人，能够在跨越逆境之后，在人生的下一个阶段收获更美好的结果。他们会发现，无论是给人打工还是自己创业，都可以实现自己的梦想。这些人拥有积极的态度与饱满的热情。他们敢于冒险，勇于面对各种挑战，将之视为一个个不断前进的机会。

_ 你能在下雨天发现阳光吗

以天气为例。你不知多少次听到人们说："我再也无法忍受这样的天气了！"无论晴雨，只要这样的天气持续一段时间，总有人会抱怨。当你听到这些抱怨，就要问自己："我的态度是怎样的呢？下雨的周末会影响我的心情吗？我该怎么做呢？啊哈！也许，我可以给草地施一点肥，这样的话泥土就能很好地吸收养分，草地将变得更加青绿。"

请自我提醒："一个下雨的周末，我应该找点有趣的事情玩玩！"为什么不预订一个有热水浴桶的套房，邀请一些朋友带着他们的泳衣过来呢？他们可能跟你一样，对这样的天气有所抱怨。你将会给他们提供所需的灵感火花。你能够让按摩浴缸变成一个智库，就面对的商业挑战进行一场头脑风暴。或者，你可以制订一个计划，支持一项具有意义的事业。也许，你可以放松身心，与别人分享一些有趣的故事与笑话。

问题的关键在于，突破传统的思维设定，刺激我们的创造性思维。当你保持积极的态度与热情，身边的人很可能也会这样做，那么创造性的想法就会不断冒出来。你可以帮助别人扭转他们对天气的消极看法，使之变得积极。

在这里，我要警告你一句。提升你的态度与热情，并不意味着要无止境地给自己加油呐喊。你要表现自己真诚的一面，对别人的人生表现出应有的尊重。给予别人一些空间，让他们更好地面对挑战，认清自己所处的局面，然后再用温柔的鼓励话语给予他们一些支持。

正如白天与黑夜始终交替存在，我们的人生也会有成果丰硕与"休耕还林"的时候，这样的情况在创造性的领域特别明显。在经历了一段迅速的发展之后，通常会出现一个自我反思的阶段。其实，这是重组、再次出发与变革的时候，也是在为迎接下一个挑战做好战略准备。在这段时间，期望的火焰不会那么闪亮，"壁炉"可能需要一番修理。但是，积极的态度与饱满的热情始终会让你发光发亮。这样的态度与热情能够保护你的希望与梦想。

_ 过度执着的危险

当你对一个人、一件事、一种思想或一个结果过度执着的时候，就会产生"事情应该这样发展"的想法。你可能没有意识到还有其他选择，对周遭缺乏洞察力。过度执着是不健康的，这说明你不够灵活，内心感到恐惧与不安。当事情没有朝你所想的方向发展，你就死死纠缠，陷入偏执中。过度执着是一种缺乏安全感与自信的表现。

过度执着通常出现在情侣关系上。例如，当你终于找到一个让你产生结婚念头的人时,你可能会死死地缠住他,希望他不会离你而去。你可能会认为自己这种过分关心的举动是一种爱的表现。但是,这种行为可能会让对方感到窒息。过度执着一开始可能看上去非常有爱,但它会渐渐僵化,最终扼杀这段恋情。

你不能通过过度执着去成功打造一段关系。你需要承担的责任,就是放下你的这些执着,让别人决定是否加入其中。如果他们乐意,那很好;如果他们不情愿,而你纠缠不放,其实就是将别人赶走。

如果你觉得执着于某人会让你感到幸福,你会在某个时刻幡然醒悟。你不可能在某个人身上得到各种情感需求的满足。想象一下,一个闷闷不乐、态度消极的人,总是想要从你身上不断索取的情形吧。这该多累人啊!无论你在任何地方,幸福都要靠自己创造。这源于你内在的自我满足。

另一种容易出现过度执着的情况,就是当你递交升职申请的时候。你可能认为自己必然能升职,当你有了这样的执念,就像在心上加了一把锁。你可能对此感到抓狂与不安。你该怎么做呢?当然,你希望得到这份全新的工作,因为新职位的薪水更高一些,拥有一间更加宽敞的办公室与其他额外收入。但是,谁不想被提拔呢?要想进行自我保护,你就需要采取这种态度:"我更想升到那个职位上。但是,我对此并不耿耿于怀,相信如果没有得到这次提拔,另一个同样的机会也会出现。"当你放下执念后,与之失之交臂时,也不会那么失望。

要想保持积极的态度与热情,就要学会放下。你可以将这种态度运用到生命中的任何方面,它可以助你更好地面对人生的起起伏伏。

记住,**一切都是最好的安排**。

_ 领袖的标志是什么

我经常会受到那些杰出领袖的激发与鼓励,我最早的人生领袖就是父母。他们都拥有鲜明的个性，为自己、家庭、事业以及社区制订目标，然后努力去实现。我的家庭之外的一些成年人、老师与朋友都有着相似的品质。

早在上军校的时候，我就很喜欢承担领袖的责任。在西点军校的大二暑期里，我首次意识到，自己有能力去激励与帮助别人。每一位新生都可以选择自己的暑期训练课程。我选择了去学员领袖训练营，然后被派到了德国的施韦因富特当一名坦克排排长。虽然我当时还是一名学生，却承担了作为少尉的职责。我想，这真是让人兴奋啊！

我准备发挥我在西点军校里学到的一些技能，并且立即运用起来。我对手下的士兵给予真诚的关怀，他们也能够感受得到。他们很配合我的领导，让我信心大增。我的领导力就是对手下不断鼓励，让他们相信能够实现设定好的目标。我有意识地向他们传递出我的信念，带领他们不断成长。我积极的态度与饱满的热情得到了良好的结果。

在那个暑期结束的时候，坦克排的士兵与我道别，我又回到西点军校继续接下来两年的学习。我很高兴：一位领导者就应该激励别人去勇敢地迎接挑战。在那个暑期和我一起合作的军官与士兵，都公开表达了对我的领导能力的赞美。直到今天，这段经历依然时常提醒着我领导力、态度与热情之间的关系。我相信，杰出的领导力必然要有积极的态度与饱满的热情做支撑。

当时作为年轻士兵的我，对于获得成为领导的机会感到非常高兴。我还记得许多积极正面的事情，当然也有消极负面的回忆。我不会将这些事情与华盛顿在福吉谷时面临的挑战相比。但我所经历的这些锻炼，考验了我的态度与热情，让我始终保持着昂扬的斗志。我身边的每个人并不是都有这样的态度。绝大多数人时常会产生消极的想法，而一些人则是习惯性地抱怨。我宁愿身边的人全是习惯性积极的人。鼓励身边的人，帮助他们改变之前的消极态度可能颇具挑战，但这是一位真正领袖的标志。在某种程度上，我也做到了。我在那个夏天让自己成了一位合格的领导者。

_改变态度，不断提升自己

态度与热情就像是静电，是可以传递然后附着在别人身上的。积极的态度是你成功的信号，而热情则能让这个信号不断增强。

如果你是一位销售员，在拜访客户的时候，是充满热情还是消极怠工呢？如果你态度消极，是不大可能与客户达成交易的。在回到家之后，你是温暖体贴还是麻木冷漠呢？如果你冷若冰霜，是不大可能感受到家的温暖的。这种情绪，反过来会带入你的工作中。

如果你感觉自己的态度与热情在慢慢消减，是时候重新唤醒内在的积极能量了。积极的态度与热情能够给你在家庭、工作、休闲或实现目标等方面，带来神奇的结果。

你要从自己的人生里感受这种神奇的力量。提升你的态度与热情，每天就能感受许多意想不到的惊喜。提升你的态度与热情，你将会成为一个更加快乐与成功的人，拥有更多的力量去改变这个世界。

_"没有任何借口"行动计划：提升你的态度与热情

1. 学会表达自己，避免态度强势！你的自我表达方式，在很大程度上决定了别人对你的看法与情感。

2. 多点微笑，热情待人。当你这样做时，别人通常也会报以微笑。你的微笑可以让自己与别人的一天变得更加温暖。微笑是会传染的。

3. 无论身边的人态度如何，你都要积极乐观。正是你的态度决定了你人生的高度。你从工作中体验到的是劳累还是愉悦，在很大程度上取决于你的态度，而不是所做的工作本身。

4. 要以积极的态度进行自我对话。外在的环境可能会影响你的态度，但这需要你的允许。人生就是由10%发生在我们身上的事情以及90%我们对比的态度所组成的。这完全是我们的个人选择。

5. 成为一名优秀的发现者。在每一个逆境背后，都存在与此相当或更美好的事物。要将人生视为一次机会，而不是一次挣扎，这会让你拥有更加积极的态度与饱满的热情。

6. 坚持自我价值，采取行动发挥自身的潜能。要是没有你的允许，任何人都没法看低你。

7. 改变你对那些持消极态度的人的看法。要努力找寻生命的欢乐、积极的因素与美好的事情。你要意识到沮丧之人可能受到了伤害，你要友善地对待他们。善于鼓励你身边的人，这是成为领导者的真正标志。

8. 面对改变时，要充满激情。记住，如果你始终做着过去一直做的事情，那么你也将始终得到与过去一样的结果。努力地接受改变，并为此感到兴奋。为了改变自己的人生，你需要在自己的人生里做出一些改变。

9. 给予别人感受挑战的空间，让他们认识到自己所处的状况，然后给予他们鼓励与支持。提升你的态度与热情，并不意味着无止境地加油呐喊。你要展现出个人的真诚，尊重别人的生活，努力满足别人的需求。

10. 不要过度执着，这是不安、死板与恐惧的标志，会赶走你身边的人。你要保持平常心，学会放下。

第八章
坚持自控——第四步

_学会自控

很多人都有想要成功的雄心壮志。他们可能有从事某种行业的特殊天赋，却始终不敢迈出脚步。为什么呢？也许，他们认为自己在得到了一份工作之后，就不需要再去掌控自己的人生了。

——约翰·史蒂文森

不懂得控制自己的人，永远都无法获得自由。

——爱比克泰德

只有当你从精神层面上了解真实的自己——并不一定从宗教情感层面——去窥探内在的精神时，你才开始学会控制自己。

——奥普拉

最强大的人是那些拥有自控能力的人。

——塞内加

自控是那些最适合生存的人最明显的品质。

——乔治·萧伯纳

我们在一些情况下做出的行为，在很大程度上取决于自己。我们成为怎样的人，这是之前数年自律的结果。

——H.P.利登

任何事物都无法阻挡一个懂得自我控制的人。

——路易十四

那些能够超脱外在影响的人，首先要能够超脱自身的激情。

——塞缪尔·约翰逊

对自己负责是自我控制的核心，这里的关键是自我。控制其他事情的能力，在很大程度上取决于你控制自己的能力。

《韦伯斯特词典》对自控的定义是："限制个人的冲动、情感或欲望。"

当某人失去自控之后，会发生什么事情呢？这会使状况变糟。在危急关头，那些不懂得自控的人，特别是领导者，将带来灾难性的后果。即便事情一开始没有那么危险，也可能因失去自控往危险的方向发展。

自控是你能否高效运用"成功法宝"的一个重要标准。你的自尊以及你对自身的了解，在很大程度上决定了你的事业能否成功。如果你的意志力薄弱，可能就无法在思想、言语与行动等方面进行自控，摆脱不了环境对你的消极影响。

沉浸于过去，不停地抱怨、指责或哀叹，会让我们很难保持自控。自控是衡量你每时每刻所处状态的标准。自律是自控力的一部分，也是你走向

"成功阶梯"的第一步。《韦伯斯特词典》对自律的定义是："……控制自己或自身的欲望、行动与习惯等。"

当你认为自己足够强大，认为能够自控，足够自律，就能勇敢地面对所处的情况。对你来说，外部的环境已经不那么重要了。难道没有人跟你说过"嗯，在那种情况下……"这样的话吗？这其实是一个借口！你是否也跟别人这样说过呢？难道你不是在指责客观环境，将之视为一个借口吗？

有不少杰出的领导者就因为缺乏自控，影响了个人的事业，失去了其他同事的尊重。某些人在一些社交场合或在履行职责的时候，都无法自控：对别人大发雷霆，或酗酒。无论他们在本职工作上表现得多出色，对于那些看到他们"失态"的人来说，都没有辉煌可言。当你放任情感控制自己的行为，就会失去自控，进而影响你的事业，让你所做的任何事情都处于险境。

当你在工作中遇到危机，你将如何应对呢？你是否会情绪化、愤怒、失去冷静呢？你是否会做出疯狂的举动，找人大骂一顿呢？还是你会首先找寻危机出现的原因呢？你是否能保持职业精神，控制自己的情感，想办法对危机做出回应呢？**认真分析你所处的情形，解决危机，继续前进。在这之后，你可以再去了解危机爆发的原因，追究谁该承担责任。**换言之，你要等到尘埃落定之后再这样做！顺便说一下，这种方法处理家庭危机也很有效果。

要想过上好的生活，就要锻炼自控能力。一些极具才华的人在缺乏自控的情况下，常常在接近人生巅峰的地方止步。他们经常会毁掉取得最终成功与幸福的机会，因为缺乏自控，他们常常惹火上身。就算他们能够攀到顶峰，若是不懂自控，也会失去其他人的尊重，有可能职位不保。

自控是你对自身的一种衡量标准。你相信自己吗？你能与内在连接吗？如果你与自己都无法沟通，又怎能与别人建立良好的关系呢？你有自尊心吗？你的自尊程度在很大程度上决定了你的自控能力。自控可以说是幸福的同义词。

_ 消除愤怒才能保持自控

有没有一些人、一些事会让你感到愤怒、无法自控呢？

请思考下面这个例子。当你切开一个柠檬，用力挤它，会得到什么呢？柠檬汁！那么，当你"切开"与"挤"一个愤怒的人时，你会得到什么呢？你会从他们身上榨取到什么呢？愤怒！如果他们身上本来没有愤怒情绪的话，你是挤不出来的！

别的人或事不可能让我们感到愤怒，他们只是激发了我们内在已有的愤怒情绪。当我们学会对自己负责，就能控制自身的情感，任何人都奈何不了我们。对自己负责的人不会将个人幸福的重担寄托在别人身上，是否幸福是我们自己的选择。

愤怒会成为指责别人的借口，而不是承担责任的理由。愤怒的人常视自己为受害者，他们不懂得宽恕。因为内心深处的怨恨或失望，他们不愿意放下过去。

愤怒通常会让我们选择主宰、控制或操控一些事情。如果我们诚实地说出自身的需求、希望与价值观，选择一个对双方都有利的行动，那就不大可能触发愤怒的情绪。

如果你很容易生气，可能是因为一些尚未解决的事情。你要找出这些事情，努力化解，然后继续前进。宽恕是我们消除愤怒、轻松保持自控的最好方式。当你的内心没有了愤怒，任何人都无法激怒你。

当然，你有意表现出愤怒，以表达某种观点或引起别人注意，这样的愤怒是不一样的。比方说，在面对一些人的时候，我们有时就很有必要提高说话音量，从而让他们更好地理解。这并不是你对某些事情过于冲动，你深知自己在做什么，因为你已经掌控了整个局势。

_ "不负责任" 的恼怒将军

巴顿将军的故事很好地说明了，一旦自控力下降，就会损害我们的事业，影响别人对我们的尊重。

当然，巴顿将军取得了传奇般的军事胜利，称得上是一位天才。然而，他那两次扇耳光事件同样被载入了历史，给他的名声蒙上了阴影。

第一次发生在意大利，那是1943年8月一个炎热的午后。巴顿来到了位于西西里岛的医院探望受伤的士兵。一顶帐篷里大约躺着十到十五名受伤的士兵。他探望的前面五到六名士兵都身负枪伤，他询问了每位伤员的情况，赞扬了他们英勇的战斗，祝愿他们尽快痊愈。

接着，巴顿来到了一名说自己发高烧的伤员面前，没说任何话就过去了。旁边的一名伤员蜷缩地坐在病床上，手在发抖。当巴顿询问他的状况时，这名士兵回答说："我的神经有问题。"然后就啜泣起来。这名士兵患上了"弹震神经症"的战斗疲劳症。

巴顿大声尖叫着说："你刚才说什么？"士兵啜泣着说："我的神经有问题，我再也受不了那些炮弹了！"

巴顿大声吼叫着说："你的神经有问题。骗谁呢？你就是一个该死的懦夫！"他扇了那名士兵一巴掌，接着说："给我闭嘴！我不想让这些受枪伤的勇士听到你坐在这里哭泣。"他又扇了那名士兵一巴掌，将他的头盔衬垫都打到了另一顶帐篷里。接着，他转身对负责伤兵治理的军官大声吼道："不要将这个胆小鬼收在这里，他没有任何问题。我不想我们的医院收容这些没有胆量去作战的兔崽子。"

他再次转过身面对那名士兵，此时这名士兵已经立正，但身体依然在发抖。巴顿说："你现在要回到前线，你可能会中枪或战死，但必须去战斗！如果你拒绝，我会安排军法执行人员将你射杀，你这个该死的装病的懦夫！"他走出帐篷的时候，还在对收容伤病的军官说："将那个该死的胆小鬼送到前线去！"

第二次扇耳光事件与第一次的情形差不多。当一名士兵抱怨"弹震神经症"的时候，巴顿手套都不脱，直接一个耳光扇过去，大声吼道："我不想让这些勇敢的士兵看到你娇生惯养！"

巴顿将军是在承受着巨大的压力下，做出这些歇斯底里的缺乏自控的行为的。对他来说，探望伤兵这项职责让他感到无比沉重，他强迫自己承担这样的重担。他必须努力控制自己的情绪，以免在看到那些为国牺牲的士兵时忍不住流下泪水。

还有另外一些压力始终折磨着他。他不愿意顺从英国方面的指挥，同时为敌人占据有利地形、控制着战局感到发愁。他之所以感到愤怒，是因为盟军的战机多次误炸美军士兵。除此之外，战争本身也让他身心俱疲，削弱了他的自控力。

归根结底，巴顿的疲倦是因为他从事着高强度的身心活动。不考虑他当时的年龄因素，那个炎热夏天的午后几乎将他的精力完全耗尽。可见，一个人不能包揽大权，要懂得分担任务和放权。这不仅能减轻身上的负担，还能让别人通过承担责任而不断学习与成长。

巴顿将军承受了因为一时无法自控带来的极为严重的后果。他失去了当时的盟军最高指挥官艾森豪威尔将军的信任。虽然他没有因此受到军事法庭的审判，却被剥夺了带领士兵作战与获得进一步提拔的机会。当扇耳光事件公之于众后，他失去了大部分美国人民的尊重。

要时刻管控好自己。在事情变得艰难时，你才能避免自己做出"扇耳光"的行为。

如果一位领袖在职场（或家庭）没有学会自控，就很有可能出现崩溃的情况。无论在任何组织，还是家庭中，要是其成员经常无法控制情感，满腔怒火，那么这个组织（或家庭）就很难正常运转。如果你没有自控力，就很难高效地前进。

_ 你是行动派还是观望者？

行动派拥有远大的梦想，观望者则经常袖手旁观。行动派拥有梦想，敢于去实现。观望者犹豫不决，不知何去何从。要想取得成功，你必须拥有远大的梦想。"要是没有了梦想，人就会消亡。"所有的成功人士都知道自己要往哪个方向前进，并在此基础上采取行动。他们面对挑战的时候，通常非常清楚自己该做出怎样的反馈，知道如何进行自控。

当你遇到挑战的时候，就要将视野超脱于自身的需求、工作、事业或家庭。若你只是对事情进行简单的反馈，就容易变得冲动盲目。你的自控力是你应对挑战采取行动的衡量标准，这与你的责任感有着密切的关系。

_ 家庭方面的自控

在人生的所有场合下，你认为自控运用在何处最重要呢？你的家庭！但又有多少人愿意如此用心呢？我们可能在工作时会戴上虚伪的面具——即便内心并不关心别人或某些事情——这样做只为了保住工作、养家糊口而已。你身在职场，会尽力保持专业与自控。

我们可能会对每天面对的同事或员工保持很强的耐心；而在回家之后，自控力就从窗户飞走了，最不想做的事就是承担责任。工作已经太累了，你想做的只是打开冰箱，拿出一瓶啤酒，坐在电视机前，安逸地看一会儿电视。即便家人稍微打扰一下你，你也会感到无比愤怒。

我们很难为自己在家里失去自控的行为正名。保持正直、真诚与成熟的态度，是极为重要的。只有这样，你才能以正确的方式向家人传递自己的情感。你在职场遇到陌生人时都能表现出自控力，为什么就不能在家里做到呢？难道陌生人比自己的家人更重要吗？

每当家庭遇到了一个挑战，就要出现争论或愤怒的情绪的话，成员间很难彼此维持良好的关系。我们要学会自控，否则和谐的家庭关系就会遭受损害。谁会想要遭受虐待或辱骂呢？到底是什么事情会让你想要这样对待家人呢？你要努力避免愤怒情绪的出现。你要下定决心，怀着善意的思想不断前进。如果你偶尔因为一些事情感到愤怒，要立即向别人道歉，消除这种愤怒的情绪。

_ 工作方面的自控

对思想、言语与行为等方面进行自我控制，这是你取得成功的根本。当你有某项工作要做，你是否有足够强大的自律与愿望去完成这项工作呢？你能够保持职业精神与自控能力吗？你做事是否足够果断呢？自控影响着一个组织在每个层面的运转。自控能力又给你所在的组织带来怎样的影响呢？

每当你向老板陈述一件事情的时候，如果他总是做出愤怒的反应，你是否还想与老板保持这样的上下级关系呢？你是否想要像过去那样，成为一个能够帮助别人的人呢？如果你的老板做出了愤怒的反应，你认为这会影响你们之间的关系吗？无论是在自我对话还是在与别人进行交流的时候，自控能力都是必需的。

要是整个组织的人都缺乏这样的自控能力，又会出现什么情况呢？如果你无法聆听别人的话语、分享他们的思想与观点，就无法高效地交流。对一个组织来说，绝大多数问题都是可以通过聆听、提出问题以及再次聆听得到解决的。

缺乏自控的人根本不懂得聆听的重要性，他们可能对心中的想法更感兴趣，而不是对别人所说的内容。如果你在工作时感到愤怒，就要运用自控的方法避免火上浇油，不去给别人带来伤害。在我们努力解决一个棘手的问题之前，我们需要成为优秀的聆听者。

如果你需要打断别人，最好用冷静、友善且自信的语气去沟通。你要让别人将心里话说出来，然后再询问他们是否还有其他困惑。如果他们还有观点想表述，你要继续保持自控。在他们表达完之后，你才能分享一些自认为有助于解决问题的想法。

_ 保持自控的三种方式

下面三个步骤，可以帮助你在做任何事情的时候，都保持良好的自控能力。

1.先聆听后思考。比方说，高效的销售员都是那些最愿意聆听的销售员。如果你不愿意花时间聆听客户的需求，又怎么可能向他们销售产品与提供服务呢？如果你是一位老板，在做出决定之前，不愿意聆听员工的建议，就不能看到问题的全貌。如果你让自己的情感占据上风，无法看清现实的情况，又怎能找到解决问题的恰当方法呢？在你思考之前，首先要认真聆听。在你的情绪与想法打断别人之前，认真聆听别人的建议，收集尽量多的信息，这是很重要的。记住，要学会聆听！

2.先思考后评估。收集数据，然后评估所处的状况。如果你很情绪化，一定要将情感与事实分开。记住，要学会思考。

3.先评估后行动。在你收集数据之后，是时候做出评估了。在这之后，你要执行自己制定的政策或行动方案。记住，要学会评估。

这并非什么新颖的观点。虽然这三个步骤看起来很简单，但必须牢记。我们可能会经常陷入琐事之中，有时提醒一下自己是非常必要的。

当你忙完了一天的工作回到家，记得要认真进行反思，你是否对自己一天取得的成绩充满成就感呢？你是否专注于工作，始终保持自控呢？你是否每天都有进步，不断朝着实现目标的方向前进呢？你是否努力实现自己对成功的定义，为实现梦想而不断奋斗呢？

_ 你是否压力过大

你是否见过一只仓鼠在一个圆形笼子里不断跑步的情形？难道仓鼠能够跑到其他地方吗？它不断地奔跑，挥汗如雨，双眼都突出来了，它却没有逃脱束缚。你是否有过这样的感觉？如果你有过，那你并不孤独。

很多人每天在上班高峰期时去哪里呢？他们可能很努力地工作，但他们知道未来要去哪里吗？他们是朝着自己远大的目标前进，还是日复一日按部就班地工作呢？他们是否感到无比沉重的压力，只希望周末快点到来呢？按部就班与行将就木的生活有什么区别呢？研究发现，至少有70%的人讨厌他们的工作或工作中的某些方面。难怪有那么多人不快乐！通常而言，工作占据着我们人生的大部分时间。如果你无法从工作中获得成就感，就会产生许多问题，严重影响你的自控能力。

睿智地运用你的时间，将时间投入能够为你带来高效益的事情上。自控可以帮助你走得更远，帮助你保持专注与前进的方向感。当你知道自己要去哪里，然后每天为这个目标去努力时，就不会感到沉重的压力。压力通常源于我们在生活中缺乏方向与自控。目标能够给你的人生带来意义，让你拥有足够的自控力。

_ 你的时钟是否转得太快了

一名极具天赋的篮球运动员在学会放慢速度后，才能帮助球队取得比赛的胜利。在这之前，他的篮球天赋加上多年良好的训练，都不能让他充分释放自身的潜能。用他的话来说，因为"他的时钟转得太快了！"一些人称之为"匆忙症"。

他锻炼了自控能力，这让他能将自己的能量专注于要成为一名超级球员的磨炼上。他具有很强的自我责任感，始终保持着良好的身体状况，这让他能够以良好的状态去迎战每场比赛。但是，他缺乏掌控比赛局势的能力，不是主动地配合比赛节奏，而是被比赛的节奏牵着走。

当他知道如何让自己的时钟转慢一些，就明白了如何更聪明地打球，学会了在运球时观察球场上的形势与球员跑位。他只需找寻最佳的机会给出妙传，就能让队友轻松得分。通过让自己的时钟转慢一些，他成了一名优秀的控球后卫，帮助球队赢得了总冠军。

一些人将自我控制与自我克制混淆在一起。你要将自我控制视为耐心等待想要的结果。当你知道自己拥有智慧、信念与耐心去等待最好的结果（虽然你在这个过程中也是非常努力地工作），实现目标后的那种感觉是无比甜蜜的。

_学会自控去面对危机

人们在面对真正的危机或某个失去自控力的人制造的危机时，能否表现出来淡定从容，通常决定了他们是否有机会得到想要的结果。一个懂得自控的人在面对困境时，会将愤怒与沮丧的情感放在一边，努力找寻原因，找到解决问题的良方。

当拥有自控能力的人寻求有意义的反馈时，个性就很容易表现出来。事实上，以巴顿为例，一个正常状态下极具领导才能的人，如果在身心俱疲时面临危机，也是很容易失去自控的。这样的行为不可避免地会恶化形势，因为其他人的士气会因为领导表现出来的软弱而受到消极影响。

就像刚才提到的那名篮球运动员，他需要让时钟转慢一些，发挥自身非凡的自控力。天才通常都是缺乏耐心的，他们可能习惯了从自身的努力得到即时的结果。当他们觉得得到结果的时间远远落后于预期，就会感到不耐烦。高效的领导者都是有耐心的，他会给别人成长的时间。记住，欲速则不达。

_ 耐心是最伟大的美德之一

耐心是一种美德。欲速则不达。这些看上去过时的话语，在当下这个时代尤为重要。现在，很多人都在找寻即时满足。这几代人都是在电视、快餐、信用卡、互联网、智能手机、短信、微博、先买后付的思维方式中成长起来的。很多人不愿意自我控制，为取得成功去接受延迟的满足感。

真正的成功是需要时间的。通往成功阶梯的顶峰没有直达的电梯，我们在某个阶段只能到达某一级。在我们的一生中，耐心是极为重要的。研究表明，一鸣惊人大约需要十五年的积累和储备。

你还记得《三只小猪》的故事吗？这个故事的价值就在于传递出这样的信息：远见、耐心与自控可能无法将狼从你的家门口赶走，但如果狼真的出现了，你也能更好地保护自己。

三只小猪都面临着相同的选择、相同的目标：为自己建造一个庇护所，让自己能在当下与未来好好地生活。猪大哥选择用稻草去建造房子，所以很轻松地就将庇护所建好了。它也是三只小猪中最快建好的一个。猪二弟耗费了多一些的时间，选择了用木头建造庇护所。他到森林伐木，然后才开始建造。猪三弟则搭建了一个窑洞制作砖块，每天生火烧砖块与水泥。它花了最长的时间建造庇护所，因此是最坚固的。

突然，三只小猪都聚在一起了。现在，它们都安全地住在砖房里。大灰狼不费吹灰之力就摧毁了用稻草与树木建造的庇护所，但对砖房毫无办法。

猪大哥与猪二弟失去了它们的庇护所，因为它们缺乏足够的自律去建造最好的庇护所。它们想要得到即时的满足。

猪三弟用砖垒砌的庇护所也要经受狼的考验。它坐在火炉边，生起火。它知道当自己有条不紊、沉着冷静地面对狼时，缺乏自控的狼将会自投罗网。果然，狼对自己没有能力摧毁猪三弟的庇护所感到很沮丧，完全失去了自控。它最后一次尝试通过烟囱进入猪三弟的庇护所时，等待它的是滚烫的热水，它完蛋了。

这个寓言说明了耐心的重要性。那只用砖建造庇护所的小猪有足够的耐心与自律。其实，它并不是在建造一个庇护所，而是在锻炼自己的自控能力。它做好了充分的准备，躲过了最后的灾难。最后，狼不仅没有吃掉小猪，反而被小猪吃掉了。充分发挥你的自控能力，你的敌人就可能会成为你的一份礼物！

_ 用目标、耐心与远见去打造你的成功

为成功打造一个坚实的基础，就像上面提到的那间砖砌的庇护所。你想迅速达成目标，这是很难实现的。一夜暴富的做法通常就像上面那间用稻草做成的庇护所。你可以省下许多时间与努力，但这不会持久。真正的成功——取得你人生中最重要的成就——是需要时间的。你要对人生这趟旅程充满期望，给予自己足够多的耐心与时间。

任何想要通过彩票等方式致富的人都应该明白，中彩票的概率要比被雷劈的概率更低。请认真思考这点。想通过玩彩票等方式取得成功，是绝不可能的。

中大奖，并不会让任何人取得成功。因为他们没有在取得成功的过程中让自己成为一个真正成功的人，他们没有通过自身的努力去赚取财富，缺乏对财富价值的真正认知。真正成功的人都是不会挥霍财富的。但是，中彩票的人的思维方式依然停留在之前的状态，他们通常有着尚不健全的心智，更没有良好的理财习惯。他们很快就会失去这些财富——所谓钱来得快，去得也快——他们的人生甚至比中大奖之前更悲惨。

但是，如果你努力去争取成功，同时帮助别人、改变世界的话，那么你就有很多取得成就、成功与财富的机会。你选择去做的事情需要符合你的目标以及你对成功的定义。如果实现财富自由符合你对成功的定义，且在这过程中可以帮助别人，这样的成功就是具有价值的。

遗憾的是，人们有时在通向所谓成功的路上，喜欢欺负弱小之人或表现出冷酷无情的一面，给别人带来了严重的伤害。这些自私自利之人是不会关注别人的，虽然他们可能会假装给予别人一些关怀。他们也不会保持自控，因为他们不愿意聆听别人的话语，不会思考或评估别人的需求。他们只是关注自身的利益，而不管给别人带来多大的伤害。对他们来说，结果最重要，过程无关紧要。

真正的成功，无论是经济层面还是其他方面的成功，都应该是我们关心与帮助别人的结果。而实现这样的成功，需要耐心。你需要不断训练，直到耐心成为你的一种习惯。因为没有人是完美的，所以态度与自尊，通常可以决定我们的自控能力。当你的态度得到端正，拥有健康的自尊，不再以自我为中心，就能拥有更多的耐心。

你知道，很多人总是在找寻即时的满足，这并不需要多少自控能力。要是他们习惯了电视、互联网、社交媒体以及移动设备带来的即时满足感，又怎么会努力拓展自己心智的能量、想象力以及创造力呢？这些都是我们学习知识、与人沟通以及感受乐趣的重要方式，但这些途径有可能会分散我们的注意力。一旦我们滥用的话，就会带来消极的影响，浪费许多宝贵的时间。你需要充分发挥自控能力，这将给你带来很大回报。

_ 你需要有一个梦想

如果你整天想着伸手就能摘下月亮，认为成功是一蹴而就的事，那你很可能会感到失望。你可能会放弃努力，不去做任何事情。你要有自己的梦想，它具有强大的力量。爱默生曾说："那些真正有所成就的人，都是相信自己能有所成就的人。"

在你做任何事情时，都要保持自控力与职业精神，然后别人才会选择追随与尊重你。要想成为一位高效的领导者，就一定要发挥自控力。正如上文所提到的，在很少的场合下，愤怒或急躁有可能对工作有推动作用，但是不能以牺牲别人的利益为前提。要想成为高效的父母与领导者或做出高效的行为，需要你始终言行一致，做好自控，别人才会愿意接近你。

我们都拥有强大的潜力，在进行自控的时候，要聆听内在的声音，追随本能的直觉。你将会发现直觉会在现实生活中得到验证。当你拥有了自控与耐心之后，直觉就能释放你的潜力，产生积极的影响。

_ 我们的身边到处都是钻石

厄尔·南丁格尔最著名的一个音频节目是《一马当先》，其中有一篇名为《钻石就在你家后院》的小文章。这篇文章的作者是拉塞·康威尔，天普大学的创办人。它讲述了十九世纪晚期一位非洲农场主的故事。这位农场主听到非洲大陆上很多农民都在谈论通过找寻钻石矿一夜暴富的故事，说是这片大陆上有一条流淌着钻石的河流。

此后，这位农场主对找寻钻石而暴富的想法充满了热情，他竟然卖掉了自己的农场，一心一意去找寻财富与幸福。在多年找寻无果之后，他感到无比沮丧，最终选择了放弃，跳进了一条小河，淹死了自己。

而故事还在继续。当年那位买下农场的绅士某天散步时，发现小溪里有闪耀着光亮的东西。他从小溪里把它捡起来，对它的形状与色泽感到惊奇。他将这块小石头放在家里，摆在了壁炉架上。

几天后，一位朋友过来拜访他，看到了那块石头，询问这位绅士从哪儿弄到的。绅士说是在自家门前的小溪里找到的，那里还有许多类似的石头。让这位绅士大吃一惊的是，他的朋友告诉，他这些都是钻石。

这个农场到处都是钻石，原先那位卖掉农场的主人所要找寻的财富，竟然就在自家后院里。

_ 成功要从内在开始修炼

我们经常无法认清内在的自己，总习惯从外部迅速找到获取金钱或解决问题的方法。我们都曾受过各种诱惑，想通过最轻松快捷的方式去找寻成功。事实上，真正的成功是需要时间的。

一些最伟大的资源埋藏在你的身上，你要找机会去挖掘它们。你要找寻那些伟大的原则，释放自己内在的潜能。**成功要从内在开始修炼**。成功始于你自己，身边的朋友、所处的环境只能起到辅助的作用。很多人错误地认为，他们的成功取决于环境以及外在因素，而不是内在的潜能。

某人说得好："很多人都是在奇迹出现前的五分钟选择放弃的。"你是否曾回过头审视自己，希望自己当初能够坚持得更久一些？你是否曾自问：
"如果我多一点自控力就好了？"你是否为自己未坚持努力，没有实现梦想
或想要的成功而感到遗憾？

成功源于我们心智的力量，而不是外界的帮助。你的心智创造出的东西
以及你对此的看法，来源于你的思想。自控与耐心是两种重要的美德，决定
了你能否过上自己想要的生活。你要在自己身上找寻钻石，找寻你的内在已
然拥有的东西，然后不懈地努力。

_ 充分了解自我控制

若你给自己预留取得成功的时间，并在这个过程中不断实现个人成长，
那么你所掌握的技能，就能帮助你获得想要的成功。如果你因为某些原因与
成功失之交臂，这些技能也可以帮助你获得成长。

若你培养了自控的思维习惯，就能让自己的人生更顺畅，也能更从容地
面对任何逆境。

自控对一位领导者来说是极为重要的。要是没有了自控能力，你就会失
去所有人的信任，别人也不大可能会继续追随你。因为领导者要以身作则，
教育别人践行自律的最好方法就是以身作则。

假设你已经有了孩子，那么当你拖着疲倦的身躯回家时，要将这一天在
工作中遇到的问题抛在脑后，更换自己的心灵频道，为自己所爱的人舒解压
力，同时满足孩子提出的一系列需求——食物、关注、爱意以及自律等。尽
可能与家人共享晚餐，分享一天的见闻、彼此的喜乐以及开心的事情。

自控是为人父母必须培养的关键品质。孩子们都是通过观察父母的行
为，获得他们对人生的最基本的看法。懂得进行自控的父母，会给孩子的未
来带来积极的影响。在你进入家门前，要怀着积极的态度，将工作的一切烦

恼抛在脑后，迈着轻盈的步伐，为一天重要的家庭团聚时刻做好准备。

发挥你的自控能力，冷静地分享一天的见闻。当你拥抱配偶与孩子的时候，可以说："我今天很忙碌，但回到家真好啊。"或者，你可以告诉家人，你需要先睡一下。这比"别烦我，难道你没看到我有多累吗？"要好很多。

要是我们能够像那只聪明的小猪，通过自控做好本职工作，那么我们的家庭就会变成一个安逸的天堂，充盈着幸福与温暖。

"没有任何借口"行动计划：保持自控

1. 在任何时候都要保持自控。在危机中，自控可以帮助你从专业的角度找寻方法，尽可能地解决危机，然后继续前进。你能因此保持信誉，别人也更愿意追随与尊重你。自控力是成为领导者的必备素质。

2. 驱除愤怒，自控就会更容易一些。愤怒是我们指责别人的借口，会让我们以受害者的姿态去看待事情。学会承担责任，选择宽恕，愤怒就会自然消失。

3. 下面三个步骤可以助你保持自控力。A）先聆听后思考，B）先思考后评估，C）先评估后行动。下次当你面对挑战时，记得运用这三个步骤。

4. 当你下班回到家，要保持自控力，因为你与家人的关系是你最重要的关系。

5. 注意聆听，然后再提出问题。这是了解别人与表现你关怀之心的重要方式。别人也会因此喜欢你。

6. 寻找最适合自己的工作节奏，同时尊重别人的工作方式。自控力就是你愿意耐心等待想要的结果的能力。"一夜成名"通常需要十五年的积累和准备，取得任何有价值的成功都需要时间，所以，请保持耐心。

第九章
始终诚实做人——第五步

_ 托马斯·杰弗逊的行为准则

今天的事情不要拖到明天。自己能做的事情不要麻烦别人。没有钱之前，绝不乱花钱。别因为便宜而去买不需要的东西。只有管好小钱，大钱才会自己管好自己。维护自尊比满足焦渴、饥饿和寒冷的需要更有价值。我们很少因为吃得少而感到懊悔。遵从自己的意愿做事，这样会减少内心的冲突。邪恶的用心会带给我们前所未有的痛苦。随心所欲地去思想，也允许别人这样做，可以防止各种争吵。当你愤怒的时候，先数到十再说话。如果依然感到愤怒，请数到一百。

_ 诚实才是上策

我希望能拥有坚定的立场与足够的美德，去保持我认为最值得羡慕的头衔，这个头衔就是"诚实之人"。

——乔治·华盛顿

让你的孩子掌握诚实的品质，这是教育的开始。

——约翰·罗斯金

没有比诚实更富有的遗产了！

——威廉·莎士比亚

一个诚实之人是上帝最高尚的杰作！

——亚历山大·蒲柏

借口披着真理的外壳，里面填充着谎言。

——逸名

很多人终其一生都在忍受愚蠢的摧残，即认为他们能够欺骗别人。但是一个人不可能欺骗任何人，只能欺骗他自己。

——拉尔夫·沃尔多·爱默生

诚实是对个人、企业与产品的成功影响最大的因素。

——埃德姆·麦克马洪

要想取得成功，必须要有：首先，正常的智力；第二，坚定的决心；第三，绝对的诚实。一个人不可能左右摇摆——要么诚实，要么不诚实。

——威廉·詹姆斯，少年村的创办人

归根到底，你必须做真实的自己。正如日与夜那般分明，你不可能欺骗所有人。

——威廉·莎士比亚

　　保持诚实，这一点极为重要。无论你在成功阶梯的其他方面做得如何，无论你为获得成功付出了多少努力，你都要诚实地去做。无论你需要与多少人打交道，做多少份工作，如果你不能诚实地去做，将永远无法尊重自己并有所成就。

　　爱默生曾说："做错事就必然要承担错误的结果。"取得诚实的成功是很重要的。当你诚实地对待自己，也会诚实地对待他人。**真正的成功是诚实的成功。**

　　人生最大的失败不是工作上的失败，而是道德的沦丧。那些处在人生顶峰的人，几乎拥有他们想要的一切：金钱、名望与权力。其中一些人却感觉自己失去了所有这一切。

　　你认识多少身处高位的人，是靠欺骗或不择手段到达了这个位置，然后又失去一切的呢？这些人的例子充分说明了保持诚实的重要性。当你对自己与别人保持诚实的态度，别人在与你打交道时就会感到舒适自然，也更愿意相信你。

　　你是否诚实地制定目标呢？你是否能诚实地面对自己取得的成就，或承认自己失败了呢？满意的人生取决于我们是否诚实地认知人生目标，以及对自我与别人的行为方式的了解。如果你不愿意深入了解自己，明确目标，以诚实的态度面对自己与别人，你就会走许多弯路。不诚实会让你表里不一，缺乏稳固的基础，惧怕未知。

　　绝大多数人都与不诚实的人打过交道。当事情的真相显露出来，他们之前的一些阴谋诡计都会公开在太阳底下。不诚实的人很容易栽跟头，误入歧途，不敢直面事实，躲避那些他们所欺骗的人。对不诚实的人来说，这个世界没有立足之地。

　　成功阶梯的这一步，可以为那些了解诚实人生的价值与好处的人提供栖身之所。你之所以重视诚实的价值，是因为你意识到保持诚实的唯一方式，就是学会评估自身的情况。诚实地审视自己的目标及想要的结果，看看自己距离实现这些目标还有多远，这是非常重要的。如果你始终追求这些目标，那么诚实的评估就会清楚地告诉你这一切。

_ 像诚实的亚伯那样做

你是否好奇为什么亚伯拉罕·林肯会赢得"诚实的亚伯"这个绰号？其实很简单，林肯始终坚持他的价值观，知道忠于自己的重要性，始终认真且严格地追求自己的目标。

1833年3月，在他决定成为一名律师之前，就与威廉·贝里合伙开了一家零售商店，后来又获得执照，在伊利诺伊州的新塞勒姆开了一家客栈。但是，在当时新开辟的边境地区做生意很困难。可以说，亚伯拉罕作为一名商人来说是失败的。

他说："这次生意让我们债务缠身。"贝里对于债务的不断累积并不感到惊讶，每当有机会，他就把自己的酒杯装满威士忌酒。林肯讨厌饮酒，他说酒精会让他感到"整个人变得软弱与一事无成"。

1835年1月，贝里因为酗酒过早地钻进了坟墓，留下了他在商店的一部分债务。从法律义务上来说，林肯可以完全忽视贝里留下的债务，他却将这些债务算到自己的头上。

他向那些债主承诺，一定会尽快还清这笔钱。最后，他花了七年的时间来还债。这就是他赢得"诚实的亚伯"这个绰号的原因。关于这方面的更多细节，可以在费德里克·欧文的著作《亚伯拉罕·林肯——一个伟大的人以及他的信念》里找寻。

在林肯成为律师与总统之后，无论是在设定目标与坚守价值观上，他都始终坚持诚实的理念。一次，在聆听了一位潜在客户的案件后，他说："从技术层面来说，你这个案件很好处理，但这并不符合公正与平等的原则。

你最好找其他律师帮你。因为要是我接下它，面对陪审团的时候，我会想：'林肯，你这个骗子！'我担心自己会无法控制情绪，忍不住脱口而出！"

_ 你是否遵循荣誉准则

西点军校的荣誉准则就是"学员绝对不能撒谎、欺骗、偷窃，也决不容忍他人有这种行为"，而且军服的臂章上刻着这样的口号——"责任、荣誉、国家"。那些坚持这些原则且做到最好的人，都会感觉良好，不管他们所做的事情最后取得怎样的结果，其做法符合西点军校的精神。

无论是在职场还是在家庭中，若你始终保持诚实的态度，完成了一项工作或克服了一项挑战，都会产生一种美妙的感觉。如果你以不真诚、欺骗或缺乏正直的方式去做事，就有可能失去已经取得的成就，内心就会感觉糟透了。你以不诚实的方式去做事，也不可能学到什么东西，因为你的品德肯定会渐渐被别人知晓。

当别人发现了你存在的问题，你就会因此失去所得到的一切，更别说你为人的品格了。当你做出了不诚实的行为时，你就已经失去了自己为人的品格。做错误的事情就像是得了癌症一样，最终会将你吞噬。

你始终正直地做事，尊重别人，对方才会信任你以及你所说的话，更愿意与你做生意。如果他们发现你有不诚实或欺骗的行为，就会远离你，因为觉得与你打交道很不安全。当你不信任某人时，你也不会想和他们沟通与交流。

下面这个有趣的小故事是关于三名高中学生的。在临近高中毕业的时候，他们都患上了严重的春倦症。一天早上，他们决定逃课。当他们回到学校的时候，对老师说自行车爆胎了。

"哦，既然这样，"老师说，"你们错过了一次考试。因此，我现在就要对你们进行测试。你们要分开坐，每人拿出一张白纸。我的第一个问题是，哪一个轮胎爆了？"

看到了没，不诚实的人是如何自作自受的。不诚实的人经常会搬起石头砸自己的脚。宽恕自己过去因为无法抵御诱惑而做出的不诚实行为吧，不要计较自己是否曾屈服于诱惑，要选择继续向前，修正过去的行为所带来的不良影响。

_ 人生总是有希望

虽然很多人的内心都遭受过伤害，需要面对很多挑战，但我们始终要记得，人生总有希望。

希望能给你继续前进的动力，让你始终处于积极的状态。你要确保自己的希望不是建立在欺骗与谎言之上。千万不要被那些可能会让你感到失望、造成伤害的事情欺骗。

你可以通过观察、阅读与聆听，知道人们是怎样陷入错误的境地。你要依靠自己内在的能量，为自己提供所需的一切希望。你要将勤奋与努力添加到你的希望中，才能得到经济或其他层面的回报。

_ 始终保持谦卑的态度

在成功阶梯上，根本没有虚伪的谦虚存在的空间。虚伪的谦虚就是一种不诚实的表现：明明并不谦虚，偏要表现出谦虚的形象。与不愿意承认自身的缺点一样，不欣赏自己的成就，其实也是不诚实的表现。

吹嘘是缺乏自尊心与安全感、心智不成熟的表现。吹嘘是你总想让其他人认可你的成绩。吹嘘是你总想摆出高人一等的姿态——给自己脸上贴金——看上去比别人更加优秀一些。吹嘘与分享完全是两码事。当你与别人分享思想与信息时，通常是因为你对自己所说的内容充满自信，认为能够帮助别人。分享是好的，而吹嘘则不是。

　　一些为世界做出重要贡献的人都是很谦虚的。谦虚之人在内心深处知道，要是没有别人的帮助，他们不大可能取得现有的成就。给予别人恰当的功劳，感谢别人给予我们提供的帮助，这有助于我们继续向前。

_ 你知道自己想要什么吗

　　让我们直面这个问题吧。**如果你不知道自己想要什么，就永远都无法感到满足**。试想一下，一个两岁的幼童来到了一个堆满玩具的房间，看到其他几个小孩已经在那里心满意足地玩耍，他就会做出相应的举动。他会拿起玩具在角落里安静地玩耍吗？不会的！他会朝着其他孩子手中的玩具走去——因为那些玩具让其他孩子很开心——他觉得那些玩具显然比自己手中的更好玩。

　　想要得到别人拥有的东西，我们称为嫉妒，这通常是涉世未深之人做出的第一反应。他们宁可相信别人的选择，而不相信自己尚未得到验证的拥有物。他们从未学会通过自身的思考做出自己的选择。

　　当这个刚入房间的幼童对房间里的其他玩具有所了解之后，他就会发现每个玩具都能给他带来很多乐趣。在游戏的规则解释清楚之后，比方说不能从别的孩子手中抢走玩具，那么这个幼童就会设定目标，寻找最适合自己的东西。这可能意味着他们要轮流玩这个玩具，但这会让他们消除想要拥有别的孩子的玩具的想法，同时培养尊重其他孩子权利的观念。

　　如果你还没有找到自己的目标，其他人的乐趣可能就会给你带来强烈的影响，足以让你分心。正如在莎士比亚的《哈姆雷特》里，一位父亲对儿子说的那样："归根到底，你必须要做真实的自己。正如日与夜那般分明，你不可能欺骗所有人。"

我们可以观察那些实现了目标的人，好好向他们学习。但是，当我们模仿他们身上诸如坚韧不拔等精神时，这种崇敬才会带来最好的回报。如果我们单纯以他们的目标为目标，其实就没有诚实地对待自己。但是，学习别人做事的决心，将这样的决心运用到实现自身目标上，不管实行的方式是否与他们类似，都是我们诚实对待自己的做法。

厄尔·南丁格尔将对自己诚实说成是"一件大事"。他说："这件大事就是你知道自己想要什么。"

_ "所有人都能获得自由"

如果为人诚实的一部分是知道你想要从生活中得到什么，并且不懈地努力追求这个目标，那么亚伯拉罕·林肯就再一次用他的行为做出了榜样。

林肯为自己设定的目标就是做一些对别人有用的事情，也就是让所有人都能够获得自由。他将自己的一生都花在努力实现这个目标上。他一生的努力可以通过两件彻底改变美国历史的事件表现出来。

其一就是签署了《独立宣言》，该宣言明确肯定了黑人男女拥有生命、自由以及追求幸福的权利。

其二就是保持了联邦的完整性，因为"必须顺从多数人的意志，只是因为这是多数人的意志"。在他著名的"葛底斯堡演说"中，林肯提出了建立一个"民有、民治、民享"的政府目标。

美国人都关注他们所在的社区，关心世界上寻求自由的人。他们找寻着具有林肯那样优秀品质的领袖：在政治上从不腐败；冷静异常，却又不至于无精打采。

　　林肯是一个视野开阔的人，却不会利用别人或形势。他很坚毅，又很柔和。他做事情很有决心，但他从不滥用权力。他富有信念，却没有对此过分狂热。林肯相信人们应该得到"终极的正义"。

　　只有你忠于自己，才有可能忠于别人。你认为最重要的东西就是你想得最多的事情。你所想得最多的事情，决定着你要成为怎样的人，吸引什么样的人。你要珍视内心诚实与正直的思想，它们会始终指引着你前进。

　　无论你遭遇多少失败，取得多少成就，当你能够诚实地做任何事，就会尊重自己，并觉得自己值得拥有这一切。

_梦想要足够伟大

　　如果有一个时刻，你敢于让自己与众不同，去做内心梦想的事，那么现在就是这样的时刻。去做那些让你心潮澎湃、无比渴望、在梦中呼喊了千百遍的事情。你的人生会因此变得踏实而又有趣、深刻而又宽广。所以，**要敢于梦想**。

　　要知道值得做的事情并不经常有。有好的时候，自然也有艰难的时候。当你感到不如意时，要坚决扔掉那些想回头的想法。这样的困难时刻仅仅是在告诉你，你正在向前走，你在克服学习和成长过程中的恐惧。

　　要坚持下去。有了理想、决心与正确的手段，你就可以成就一番事业。

　　让本能、智慧和心灵来指引你吧。在这一年里，要相信内在具有不可思议的能量，相信所做的事情可以让你更加出众，相信可以大笑、可以渴望、可以脱颖而出、可以说"我爱你"、可以做一切梦寐以求的事。新的开始会带来新的巨大希望。任何事情都是可能的，这完全取决于你。你将走完自己独一无二的人生。**去实现梦想吧！让自己与众不同！**

_ 永远怀抱梦想

在本书的第一部分里，你有机会自己去定义成功。当你设定好目标之后，还记得你对成功的定义吗？你要记住，这是一个实现有价值的梦想与目标的渐进过程。

要是你心中没有目标，就不知道要往哪里去。如果你不知道自己要往哪里去，就很有可能哪儿都去不了。

1952年，弗洛伦斯·查德威克成为第一个来回横穿英吉利海峡的人。在那之后，她设定了一个全新的目标，要游过加利福尼亚州海岸边的21英里长的卡塔丽娜海峡。

在她出发的那一天，天气寒冷，海面上弥漫着大雾，水温很低，坐在猎鲸船上的人还在射杀着鲨鱼。当她接近海岸的时候，一片浓雾出现在她面前，她看不清前面的方向。那时她感到无比疲乏，身体在颤抖。虽然她的教练与母亲一直鼓励她坚持下去，但她还是放弃了。

在她上船之后，很多记者过来问她："为什么你要放弃？"她回答说："我看不清海岸在哪里，只是看到一片大雾。"那时，她意识到：**在实现目标的过程中，最重要的事情就是绝对不能失去前进的方向**。让你的眼睛看到目标，这一点是非常重要的。

弗洛伦斯的第二次尝试获得了成功，虽然天气一样寒冷，海面上也跟第一次尝试一样弥漫着大雾，但不同的是，这一次她已经记住了海岸所在的方位。更重要的是，她在第二次尝试的时候将之前的男性渡海纪录提前了两个小时。这实在是一项让人惊叹的壮举。

可见，心智、视野所具有的能量，让人无比惊讶。

_ 将你的梦想与计划付诸行动

　　一旦你想要的结果牢牢固定在你的心里，它们就能帮你实现梦想。要是没有了目标，你就失去了前进的方向。《绿野仙踪》里的多萝西只沿着一条黄色的砖路前进。当你面对着两条黄色砖路的时候，想到同时涉足两条不同的人生道路，你就不可能有什么大的成就。如果你不能走在设定的道路上，没有坚定的信念，就很难到达自己想要前往的地方。你要专注于自己想要的东西。

　　你要对自己想要前往的地方或想要成为的人，有着坚定不移的信念。在前进的道路上，你可能需要改变或修正之前的计划，从而获得你想要的结果。你可能需要处理各种不同的力量、压力、期望、环境与挑战，这一切都取决于事情的发展。但不管怎样，你要专注于自己想要的结果以及想要成为的人。你要确保这能让你对成功、目标以及想要成为的人的定义变得更完整。谁知道呢？你只需不断前进，就会惊讶地发现自己能够取得之前根本不敢想象的成就。

　　如果你梦想着实现财富自由，能有更多的时间陪伴自己所爱、所关心的人，去做自己喜欢做的事情，你可以每天让自己进行这样的愿景设想。

　　你的目标要更具体一些，因为**目标能帮助你实现梦想**。这目标可以是"在接下来的一年里，我要帮助十个人追逐他们的梦想"。要想实现这个目标，你就要制订一个行动计划。你要始终追求能够帮助别人且对自己而言最为重要的目标。你要努力去改变一切惰性，跳出困境。

　　在成功阶梯上，目标是每个步骤中最为具体的，它们如同AB血型。如果你是AB型血，你的身体系统就能接受O型血、A型血、B型血。目标也是如此，它们能够给你带来普遍意义上的帮助。你将成功阶梯的各个步骤融入生命中的决心程度，将决定你最终的成就大小。

要想成为一名高效的领袖，保持积极的态度与热情是极为重要的。如果你的目标是与一位深陷困境的老板交谈，那么发挥自控力就非常有必要。如果你的目标是放下一年前或上周发生的事情，就要选择彻底宽恕。实现这些目标需要你投入激情，并付诸行动。

_ 你有没有将目标写下来

有时，设定目标是相当具有挑战性的，因为你生命中的很多事情都需要你给予关注。你的个人发展、家庭、事业以及经济方面的目标都需要你付出时间与精力。关键在于，你要腾出时间，将想要做的事情写下来，然后保持各方面的平衡。

卢·霍兹就曾说过，在他失业的时候，他阅读了大卫·舒瓦茨的《大思想的神奇》（我建议大家也去读一下这本书，它很神奇，当然还有拿破仑·希尔的《思考致富》这本书）。在很短的时间里，卢写下自己想要实现的120个目标。写完之后，他非常兴奋地跑过去对妻子说："你看，我有那么多重要的目标。"他的妻子说："我觉得你还要加上第121个目标——找一份工作！"

写下你的目标。事实证明，这样做更有可能激励你去实现它们。写的行为能让你更加专注，会让它们深植于你的大脑。如果某个目标对你来说不值得写下来，说明它对你来说并非很重要。

_ 你是否使用肯定的陈述

肯定的陈述是一种对你想要的结果的陈述，你可以用现在时态去写，仿佛你已经实现了这些目标。

　　一旦你在纸上写下自己的目标，我建议你将它贴在你能够经常看到的地方。可以是浴室里的镜子上，让你每天至少能看到两次以上——一次是早上起床，一次是晚上睡觉前，它们是你的潜意识最容易接受新观点的时候。

　　通常来说，在这些时候，其他的想法或状况都不会影响你的思维，占据你的注意力。同时，当你充满情感地说出这些目标时，潜意识还能更轻易地接受这些全新的信息。你这样做能让目标渗入你的灵魂深处，让你全身心地去追求最好的结果。

　　当你连续坚持21天，就能将一种全新的信念灌输到潜意识里。不断重复一些行为，情感就会进入你的潜意识。一旦你接受了自己的肯定陈述，潜意识就会驱动你、指引你前进，最终实现你想要的结果。

　　假设你想要减肥——这是当下很多人想要做的事。最典型的情况可能是这样的。一开始，你决定节食，改变饮食习惯，这意味着你要放弃自己喜欢吃的食物，你可能会产生抵触情绪。但是，你要继续为实现目标而努力，因为你正在培养一个胜利的习惯，从而取得更大的成功。

　　假设你的目标是减掉十磅，经过一段时间，你发现体重计上的数字在下降。你为自己取得的成就感到无比激动，这样的激动会促使你坚持下去。但是，你的体重有可能反弹，因为你通过暴饮暴食奖励自己之前的成绩，陷入了恶性循环。

　　你之所以失败，是因为你没有制定正确的目标。你的目标是要减掉十磅，若是不改变过去的饮食习惯，即便你暂时成功，也很可能会反弹回来。你就会让自己经历痛苦与愉悦、挑战与奖赏之间的过山车。

　　减肥的更好方式是不要专注于减肥本身，而要专注于某个特定的体重。首先，你要知道适合自己的体重——确定你的目标。假设你现在是175磅，你希望减到165磅，你接下来要做的事情就是定一个实现目标的日期。然后，你要写下实现目标之后给予自己的奖励，比如："当我的体重是165磅

的时候，我会更有能量，感觉更好，衣服更加合身，步伐也会更轻盈，更能
吸引别人的目光。我也会更加喜欢自己。"

接下来的步骤就是怀着积极的心态，写下你要实现目标的计划（不要写
下你想避免的事情）。你可以这样写：

A. 一天只吃三餐。（这意味着你不能在每餐之间吃零食，但你不能写
下"不吃零食"这样的字眼，因为你会看到零食这两个字）。

B. 每天喝八杯水。

C. 早餐时只吃水果与谷类食物。

D. 午餐吃沙拉。

E. 晚餐吃鱼类或家禽类食物，搭配一些蔬菜。

F. 每天服用维生素。

G. 每天进行20~30分钟的有氧运动。

H. 每天做10~15分钟的调理运动。

I. 每天两次大声阅读肯定陈述。你可以这样写：

"我现在的体重是165磅。我每天喝8杯水，我的精力更加充沛，精神状
态看起来也更好。当我的体重维持在165磅的时候，我穿衣服将更合身。我每
天早餐吃水果与谷类食物，中午吃沙拉，晚餐吃鱼类、家禽肉搭配蔬菜。我
每天做20~30分钟的有氧运动，还有10~15分钟的调理运动。我的步伐更加轻
盈，更有魅力。我现在的体重是165磅。"

_ 让每一天都变得有意义

最后，我找到了一个梦想。我找到自己想要做的事情以及确定了想要贡
献社会的美好愿景。我知道每一种行动——无论是我的工作还是我所处的位

置——都将有助于实现目标。这就是我对成功的定义。成功就是一个不断进取的旅程，而不是一个停下来休息的终点。

制作一个待办事项清单是很有用的。当你完成了20项事务中的18项时，内心就会充满成就感。但是，剩下来的待办事项往往是最为重要的。

当然，你会对自己完成了十八项待办事项非常满意，但你是否真正努力去做那些最有助于实现目标的事了呢？还是说你每天忙于浏览垃圾邮件、网页或整理一些无关紧要的文件呢？

当你制订了一个目标后，每天朝着这样的目标努力就显得尤为重要。这意味着你要优先处理各种任务，有条不紊地完成这些事情。

你要让每天都过得有价值。各种意外会影响我们的计划，打乱我们的节奏，但是，这并不能成为我们不去实现目标的借口。

我们最想在人生中实现的目标，通常都是最为困难的，需要我们付出最多的时间去完成。人生如流水，我们的本性也是想要沿着阻力最小的道路前进。如果这条路不通，就要踏上另一条道。真正的成功需要持续、坚忍与专注的努力，只有这样我们才能走在正确的道路上，得到想要的结果。

_目标次序表

我希望与你们分享一种帮助你们建立优选目标的方法，这一方法就是目标次序表。

要想高效地运用这个表格，首先就要写下你的目标，然后按照重要程度对目标进行排序。接着，你要将每天、每周、每月或每年要完成的目标写在四个象限里，从而对所有的目标有大体的了解。

第一优先级：重要且紧急的事。这些是我们每天要做的事，从而保证一个组织的正常运转，使之充满活力，否则企业的生产效率就会大幅下降。

　　同样的情况也适用于家庭生活。你是否会制定一系列家庭目标呢？每天、每周或每年去做一些事情，让你的家庭美满和谐。总之，这些都是属于第一优先级的范畴。如果你不去做，那么一些事就会面临停滞，一些人就要遭受伤害。

目标优先表格（制作成表格）
第一优先级：重要且紧急的事（我们每天都要做的事）
第二优先级：重要但不紧急的事（我们就实现目标做出的反馈）
第三优先级：紧急但不重要的事（各种中断之后做出的反馈）
第四优先级：不重要且不紧急的事（无关紧要的事）

　　第二优先级：**重要但不紧急的事**。这一象限的事情极为重要，你要将自己的目标放在这里。还记得你想明年在一百多家不同公司或组织发表演说的目标吗？你列在这里的目标都不是紧急的，你不需要立即去做，但它们对你的成功至关重要。你可以将自己的目标列在这里，每天抽出一些时间去践行。那些"活在"这个象限里的人都是具有主动精神的人。

　　"主动精神"这个词在管理类书籍中很常见。按照《高效能人士的七个习惯》一书的作者史蒂芬·柯维的说法，"主动精神意味着我们不仅要充分发挥主观能动性，还意味着我们作为一个人要为自己的人生负责。我们的行为就代表着我们的决定，而不是所处的状况。我们可以将自身情感屈服于所持的价值观。我们拥有主观能动性与自我责任感去实现目标……具有自主精神的人都会认识到……他们不能去抱怨周遭的人事物。因为，这是他们基于价值观做出的有意识选择的结果。"

　　第三优先级：**紧急但不重要的事**。一旦忙于各种琐事，紧急的事情反而排在重要的事情前边。"活在"这一象限的多是被动型的人。

　　我们可以再次从史蒂芬·柯维的《高效能人士的七个习惯》一书里寻求

答案。柯维说，我们天生都是具有主动精神的人，但是"我们通过有意识的决定或延迟，从而选择了让环境具有控制我们自身的能量……被动做出反馈的人通常都会受到他们所处环境的影响。这些人会按照别人的行为去构建自己的情感生活，让软弱控制着他们"。

被动做出反馈的人通常会对一些情况或事件表现出机械式的习惯性行为。比方说，当电话响起的时候，被动型的人就会机械性地接电话。他给予了那个打来电话的人更大的控制力，从而中断了手中的工作。记住，如果别人有重要的事情，他们会再打过来或留言，你可以在适合的时候再回复。

通常来说，影响我们实现目标的主要因素，就是第二优先级与第三优先级的事情之间的冲突。在你完成了20件待办事情中的18件时，可能会给别人留下深刻的印象，但如果你只是完成了那些紧急却不重要的事情，你的时间运用是否合理呢？正如《卓有成效的管理者》一书的作者彼得·德鲁克所说的："做正确的事情，要比将事情做好更重要。"

哪样更容易呢？重新整理你的桌面或开始制作一份销售报告，找寻新的客源或拜访那些老顾客，努力建立一段关系或放弃一段关系，改变某种行为方式，比如喝酒、抽烟、暴饮暴食或为自己不能做到找借口，等等，哪些事情更重要呢？

如果你不去努力实现最想要实现的目标，那么找借口与抱怨的大门就很可能会敞开。你拥有足够的才华与愿望去实现目标，但这需要你具有强大的自律性，恰当地运用时间，做出正确的努力。

_ 重点是什么

你只有学会对自己负责，才能更好地控制自己。当你想靠自己的努力去实现目标时，可能会出现一些问题。在涉及优化目标这个问题时，若是将自我责任感发挥到另一个极端，反而可能给你带来麻烦。如果你将时间花在紧急但不重要的事情上（第三优先级），不懂如何放权或不知如何做出正确的优化决定，就很难处在正确的轨道上。即便最后实现了目标，也会耗费你很多的时间。

下面一些步骤符合第一优先级：

1. 制订一个全新的销售会面计划。这是一件紧急且重要的事，因为要是没有了销售会面计划，你可能就无法达成任何销售。

2. 制订计划是紧急且重要的，如果你没有计划，就不大可能实现自己的目标。

下面一些步骤符合第二优先级：

1. 你的目标，这包括个人与事业目标。

2. 创作一本书。

3. 建一座新房子。

4. 获得永久职位。

5. 辞掉工作，创立自己的事业。

6. 成为一名成功的演说家。

7. 每年的收入在10万美元之上。

8. 将销售额提到100万美元之上。

9. 为公司实现一定的利润。

简而言之，第二优先级中的内容就是你的目标。这里面的很多事都可以是长期的目标，这些都不是紧急的事情，但对你来说是重要的事情。

当然，很多人会去做一些紧急（当然是很容易做到的）但不重要的事情，这会限制他们去实现真正的目标。记住，沿着阻力最小的道路前进，你将难以有大的成就。

有时，要想实现目标，就要走出安全区，这能帮助你个人更好地成长。你要敢于拓展自己，冒一些风险。有时，目标会让你心生恐惧，因为如果这些目标是无形的话——比如个人成长——它们可能无法直接出现在你面前。你很难从中得到即时的满足感，而且也很难看到这种结果的呈现。这样的目标需要你拥有更多的想象力与坚定的信念。

你对孩子设定了什么目标呢？为你们之间的关系设定了什么目标呢？对那些为你工作或与你一起工作的人，你又设定了什么样的目标呢？

制定一份使命宣言极为重要，如果你的公司没有任何宣言，那么员工就没有一个可以遵守的总则。你若身处管理层，坐下来与员工交谈，了解他们的目标与愿望尤为重要。这能够让你们为实现公司的目标而共同努力，同时尽可能地满足员工的需求。

假设你一开始培训七名员工，你觉得他们都想成为销售经理，一年之后，其中六名员工想离职，你可能已经浪费了许多时间与能量。这样做得不偿失。

避免这种情况的最好方法，就是一开始与员工坐下来认真交流，制订一些目标。只有完成这一步骤之后，美好的结果才有可能会出现。在绝大多数情形下，团队建设都是从这里开始的。你表现出来的关心能够形成团队的向心力，让每个人都处在相同的"频率"上。

你能想象去听交响乐演奏会的时候，发现一半的乐器在演奏《1812序曲》，另一半在演奏贝多芬的《第五交响曲》吗？如果一个组织不能处在同一个"频率"上，就很难取得好的成绩。

最后，我们来到了**第四优先级**——不重要且不紧急的事。这个象限没什么可说的，忽略即可。你可能在对你实现目标毫无价值的事情上花了一些时间。请注意：绝对不要将工作与休假放在这个象限，它们对你的身心健康与保持生活的平衡都是非常重要的。

将时间花费在实现目标上吧，将它们写下来。每一名励志演说家与成功学咨询师都会告诉你，所有成功之人都拥有明确清晰的目标，他们愿意花时间将这些目标详细地写下来。如果你也这样做，这就是对你的时间与精力的最好投资。

_ 是什么阻碍你无法实现目标

当我们决心要实现人生的真正目标时，到底是什么影响我们偏离了航向呢？

将某些事情过于具体化，可能会为你设限。我建议你们为不断拓展的目标预留足够的空间。比方说，你可以说自己的目标是一年赚十万美元以上，而不要单纯限制为十万美元。你要将目标定高一些，如果你不这样做的话，就有可能限制释放自身的潜能，永远无法成为想要成为的人。

缺乏想象力是另一个阻碍我们实现目标的因素。我们可能从没梦想过要实现超越自身想象的目标，这是很悲哀的。梦想就是你对更美好人生的一种看法，所以你要尽可能地设定远大的梦想。正是那些面对各种事情讲出"为什么不"的人，才做出了巨大的成就，让每个人的生活都变得更美好。

一个成功圆满之人更有可能给身边的人带来礼物与资源，而这是那些失望与沮丧之人所无法做到的。这个世界会因为你的梦想变得更好。你在追求目标的过程中，也可能帮助了别人。至少，你会成为一个更加快乐的人。最后，实现多赢的格局。

_ 坚持就会有回报

以前，一名四分卫遭到他的梦想球队圣母大学队的拒绝。这支大学球队根本不愿意给这个体重只有138磅、身高6英尺的人任何机会，但他没有气馁，努力锻炼身体，增加体重，增强自己的竞争优势。他坚持梦想，没有让任何困难阻碍自己。

　　他没有后退，最后在路易斯维尔一所规模较小的大学成功得到了一个位置，他认为这能发挥自己的优势，在这样的环境下取得成功。渐渐地他积累起了名声，最后在选秀中，以第九名的顺位被匹兹堡钢人队选中。

　　在大学毕业的时候，这名年轻的四分卫依然没有被招募。他并未感到气馁，拒绝选择放弃。他给许多球队写了信，最后终于在钢人队获得试训的机会。虽然他付出了最大的努力，但还是未能进入第三替补名单。

　　"你遭遇了不公平的待遇，是时候放弃了。"他的朋友这样劝他。不过，这名年轻的运动员拒绝向那些否定者妥协。他执着地追求，最后得到了另一次试训的机会，可惜的是，他依然没有上场的机会。

　　此时，绝大多数人可能早已放弃，但这个意志坚定的年轻人坚持了下来。他对自己的梦想始终充满激情。从早年玩沙地足球，到高中乃至大学玩橄榄球取得一些成功之后，他就坚持"没有任何借口"的原则。

　　他耐心且坚忍地追求着职业球队的试训机会，最终来到了巴尔的摩小马队。他每天进行长时间的训练，提升身体状态与技能。经过一番努力，他从第三替补成了全美橄榄球联盟史上最伟大的四分卫。

　　那么，这位"没有任何借口"，虽然遭受无数次拒绝，最终勇敢地证明了自己的梦想家是谁呢？他就是约翰尼·尤尼塔斯。他带领巴尔的摩小马队赢得了三次常规赛冠军，还赢得了一次超级碗冠军。1979年，他进入了橄榄球名人堂。他说了一句简单却颇具深意的话："只要足够专业，你就能成功。"

　　尤尼塔斯在巴尔的摩小马队效力了17个赛季，赢得了"金手臂"的绰号，还破了许多记录。其中一个记录是橄榄球职业历史上最伟大的——连续47场都有达阵传球。后来，一个以他名字命名的著名奖项被设立，专门嘉奖最优秀的四分卫——约翰尼·尤尼塔斯的"金手臂奖"，至今已经颁给过20多名杰出的四分卫。

_ 别把遗憾带进坟墓

保持真诚与心怀梦想是很难的。一般情况下，我们需要耐心地体验人生的过程，但在某些时刻我们会突然发现真相：你正在做的并非自己真正梦想的事。在很多重要方面，我们没有达到自己设定的目标。

我有过这样的体验，那时我在部队负责过一场葬礼。当时，我是密苏里陆军国民警卫队的连长，驻扎在迦太基。这场葬礼是为一名年轻士兵——我的吉普车司机——举办的，他在一场交通事故中遇难了。

当我走上前，按照要求将国旗递给这名士兵的母亲时，我说："我代表国家，将这面旗帜送给您，对您儿子做出的光荣、忠诚的服务表达应有的敬意。"

我差点无法说完这段话，几度哽咽。我为这名士兵的英年早逝感到悲痛，我为他尚未绽放就被腰斩的人生感到遗憾，我为人类不能控制死神的到来而怒不可遏。

我意识到，我站在士兵坟前如同当年站在父亲坟前一般，是如此无能为力。在面对死神时，现在的我与十一岁时的我一样无可奈何。

我知道，每个人真正拥有的就是现在。我们能够选择成为我们想成为的人。我们可以每天给别人的生活带来一些积极的改变，不论这些改变是大是小。我们无法改变过去，但可以改变当下。我们可以设定目标，一步步实现它们。我们能够拥抱现在，贡献我们的力量，为后来的人留下一笔丰厚的财富。

_ "没有任何借口"行动计划：保持诚实，追求梦想

1. 诚实才是上策。诚实地对待自己，你才能诚实地对待别人，赢得他们

的信任。真正的成功都是诚实的成功。

2. 遵循荣誉准则。不要撒谎、欺骗、偷窃，也绝不容忍他人有这种行为。如果你以不诚实的手段去做，就会损害自己的成就，也将无法得到自己真正想要的东西。

3. 模仿你所崇拜之人所具有的坚韧不拔的精神，而不要模仿他们的目标，否则你就是没有诚实地对待自己！对自己真诚，了解自己的需求。你的目标决定你的成功。

4. 将你的梦想与计划付诸实践。一旦你知道自己想要做什么或成为怎样的人，就要专注于此。你要对自己的愿景怀抱激情，同时要有足够的灵活性去应对改变，克服你遇到的任何挑战。

5. 写下你的五个主要目标，以及你为此要做的事情。在你早上起床与晚上睡觉前，把它们读出来，不断加以重复，这样的情感就会进入你的潜意识。只有你连续坚持21天，才能形成一个全新的习惯。

6. 追求对别人有利同时对自己来说最重要的目标。努力寻求积极的改变。努力服务别人，你更有可能获得成功。

7. 让每一天都变得更有意义。每天做一些让你更接近愿景的事情。享受这一过程。记住，成功是一趟旅程，而不单单是一个终点。千万不要拿外在因素作为不努力向前的借口。

8. 制定与遵守个人的使命宣言。写下你主要的人生目标。这会让你具有一种方向感，帮助你走在正确的道路上。

9. 千万不要死前都没有实现梦醒。坚持不懈，直到实现你的梦想与目标。

10. 当你逝去的时候，留下一笔能对后人有价值的财富。

第十章
更新你的知识结构——第六步

_ 知识

什么样的人才能称得上饱学之士呢？首先，他们是一些能够掌控环境，而不被环境所掌控的人，他们能够在任何情况下挺起胸膛，遵循自己的智慧去面对。他们能公正地进行任何交易，友善地对待那些充满恶意的人与事。除此之外，他们能够学会自控，不会被不幸的遭遇所击败。最后，他们不会被成功冲昏了头脑。

——苏格拉底

我们的知识就是一把冒着烟的火炬，照亮了前进的道路。我们每向前走一步，神秘与恐惧的空虚就会少一些。

——乔治·桑塔亚那

知识能够给你提供不断前进的信息，让你成长，最终成为最好的自己。海伦·凯勒曾说："这个世界上最可悲的人，就是那些拥有视力却没有视野的人。"

当你掌握的知识越来越多，就能拥有更加清晰的视野。你要抓住机会去学习更多的知识，从而实现梦想。

你的思考会帮你形成观点。思考的过程能让你深入事情的内核，更好地了解事情外在的情况，然后做出决定（你的决定甚至可以是不做任何决定）。每当你深入思考某件事时，其实就进入了一个成长的过程，因为锻炼心智就是在成长。爱因斯坦曾说："一般人只运用了他们大脑10%的能量。"

我们都听过"心智控制一切"，心智所具有的能量让人无比惊叹。比如在保持健康方面，一些人能够从连医生都认为无药可救的疾病中康复过来，他们下定决心，一定要战胜病魔，最终活了下来。在一些情况下，他们通过与别人分享自身的经验，从而帮助其他病人。

你是否将时间花费在无助于你实现预期目标的事情上了呢？当你参与一些事情或是日常工作时，有没有想过这些事情是否有助于个人与职业的发展呢？当你停止学习对你有用的知识时，也就停止了成长，其实就是在浪费自己的时间。

_不要自我设限

绝对不要自我设限。我们每个人唯一的限制就是我们的视野。如果我们想要自身的视野变得更开阔，就能使之变得更开阔一些。正如试飞员经常说的"负荷外运转"。他们这句话的意思就是将战斗机的性能推向极限。他们希望看到飞机在不出现故障的前提下表现出来的极致性能。

不断将你的知识推向极限，你将会拓展自己的事业。你是否停止了这样做呢？一些人在离开学校后就停止了学习。你是在何时第一次感觉到自己知识匮乏的呢？当你发现自己需要掌握某些领域的知识时，是否采取了行动呢?

婴儿天生就有着想要了解更多知识的欲望。一个健康成长的孩子几乎会对任何新鲜事物感兴趣。孩子们就是在不断突破知识限制的过程中成长起来的,成年人也应该这样做。你可以回想孩子完全沉浸在某些新鲜事物当中的情景。当他结束专注于某些事物的时候,通常都会感到无比满足。你距离上次学习某种全新知识所获得的满足感有多久了?你要不断学习知识,将自身的兴趣与才华推向极致,才能更好地成长。

睿智的父母都知道,所谓的局限不过是他们的孩子学习知识的局限。他们通过在孩子成长的过程中,不断拓展他们的视野,更好地指引他们成长。若是孩子在成长过程中得到柔和且坚定的指引,他们就能不断进步,成长为坚强的成年人。

在外出进行咨询与发表演说的过程中,我经常发现一点,很多通常会做出勇敢行为的人却会恐惧于"没有限制"这件事。这通常是他们过着"自我设限"的人生所导致的。但是,与人生中其他的障碍一样,这样的障碍也是可以克服的。我们应该抛弃过去陈旧的东西,敢于接受全新的事物。关于个人与职业发展的书籍、视频以及演说,都能对你更好地了解自身局限与拓展人生视野产生重要的影响。

知识如果不被运用或不与人分享,就是无用的。在对待自己掌握的知识这个问题上,你要表现得慷慨大度,不要有所保留,它们取之不尽,用之不竭!除此之外,这样做还能让你有更多的收获。知识是一种强大的工具,不仅能帮助自己与他人,分享之后还能加强和巩固你对知识的理解。当你教会别人一些知识,通常也会在这个过程中得到好处。

就知识的属性来说,你所掌握的知识是非常有限的。你要保持勇敢的态度,抛开自我局限,敢于拓展自身的知识边界,不断去学习更多新东西。千万不要安于现状。你可以在提升自己的阶梯上稍做停顿,更新一下知识储备。

你是否单纯将学习等同于学校的正规教育呢？如果是这样的话，你可能需要重新考虑如何拓展自身的视野，这包括你对其他学习途径的认知。在亨利·福特对汽车方面的知识还一知半解的时候，就知道要雇用专业人才去设计与制造汽车。我们不仅可以从自身的经验进行学习，而且还可以通过阅读、听演讲、观察与聆听等方式向其他人学习。

即便你接受了多年的正规教育，获得了相关方面的职业证书，但对你身处的世界保持开放与好奇的心态，这依然是非常重要的。你在学校读书的时候，可能专注于你所学的专业，从而错过了拓展知识面的机会。

人类的大脑，当然也包括你的大脑，是让人难以置信的。大脑的体积大约是你两个拳头合紧时的大小，却能在每秒内记录八百个记忆画面。我们的大脑大约能存储100亿到1000亿条信息。虽然我们不大可能回想起所有存储起来的信息，但它们却会永远地存在我们的脑海里。

_ 追求知识的真正勇士

对于朗达·科纳姆少校来说，生存绝不仅仅是"维系宝贵的生命"那么简单。她是美军随军飞行医生，乘坐的直升机曾在1991年的海湾战争中被击落，接着她被伊拉克军队俘获。

敌军在俘获她的时候，发现她的肩部中枪了，双臂骨折了，膝盖韧带断裂。就是在这样的情况下，她努力从燃烧着的直升机残骸里爬出来。俘获她的敌军认为，她遭受如此重创，能活下来真是一个奇迹。

科纳姆少校在长达数周的审讯里，丝毫没有怯懦。在审讯期间，她未接受任何医学治疗，同时还被敌军转移了十一次之多！

科纳姆的人生也是持续追求知识的典范。在报考大学的时候，康奈尔大学是她的首选，但是她付不起大一新生的费用，于是她进入了俄亥俄州的威尔明顿学院，接着转学到了康奈尔大学。1975年，她只有20岁，就得到了微生物学与基因科学的学士学位。在1979年，她获得了生物化学与营养学的博士学位。

科纳姆从未想过参军。但在读研期间，她在亚特兰大城的一次会议上，发表了一篇关于氨基酸新陈代谢论文的摘要。之后，位于旧金山普雷西迪奥的赖特曼陆军研究机构的一位军官走过来，邀请她加入该研究机构。她认为自己能够学到新的知识，并有助于她在康奈尔大学的研究，于是接受了这次邀请。

科纳姆持续不断地拓展着自己的知识范围。很快，她就对军事生涯产生了浓厚的兴趣。她甚至一度成了航天训练的候选人。1986年，她获得了医学学位。

为了更好地运用自己的知识，科纳姆担起了随军飞行医生的职责，首要职责是为超过300多名飞行员提供医学护理服务。

科纳姆所乘坐的武装直升机在1991年2月27日被击落，当时他们的任务是要去营救一架F–15战斗机的飞行员。在直升机遭到猛烈的高射炮的袭击后，八名机组人员中有五人牺牲了，幸运的是科纳姆活了下来。

她从这次被俘经历中学到的知识是无价的，这不仅对她个人而言如此，对整个国家亦是。这次磨难逼迫着她将心灵与身体的承受能力推向极致。事实上，科纳姆在事后分享她的知识和经验时，美国人能够更好地了解投身军事生涯的女性所扮演的重要作用。

"不管是男性还是女性，每个人都有平等的机会就所有的工作进行竞争，这是很重要的。"科纳姆说，"不管你从事什么职业，最重要的品质就是正直、有道德、勇气以及决心，这些品质都与性别没有任何关系。"

在谈到自己时，科纳姆说："活得长寿，这并不是我的人生目标。虽然我希望如此，但这不能以牺牲美妙的人生经历作为代价。"她专注于人生的高度，而不是长度。可以说，没人比科纳姆的行为更具说服力。

_ 如何摆脱自我设限的人生

在这一步里，你要敢于迎接风暴！你的成功在很大程度上取决于你的期望水平。

不加限制的期望是现实的吗？是的，对你来说，事实可能如此！记住，无论你相信什么，都有可能变成现实。你对别人的期望与他们的努力程度，这些都是受限的。在努力实现自身梦想与目标的问题上，你只能相信自己。

任何人满足你的期望的程度，都会受限于他们想要获得的结果。要想实现合作，就需要共赢。在涉及你对自身的期望这个问题上，你可以通过摆脱自我以及别人强加在你身上的限制，加快自己成功的步伐。

你要对学习更多知识保持开放的态度。你可以找寻一位热心的导师，一位刚从一所著名大学毕业的朋友告诉我，这就是她成长的秘密。她认为自己能从那些对自身研究领域充满热情的教育者与导师身上获得最大的鼓励，并能学到更多。

你可以通过书籍、视频、课程培训、参加演说或是你所见到的人，去找寻启发心智的老师。在我们所处的互联网时代，你可以从各种途径找到所在行业的最新发展态势。实现这个目标的关键就是——立即去做！

你要通过不断追求全新的兴趣，让自己的人生变得更有趣，让你的学习之轮转动起来。记住，多元化的人生会让生命变得多姿多彩。

_ 你知道的越多，就成长得越快

如果你停止学习，也就停止了成长。知识与经验都是携手并进的。经验是对你所掌握的知识的一种确认。知识能够催生认知，认知能够催生智慧。

正如教育家兼作家伯金·埃文斯所说的那样，"除非我们的人生经验能够赋予智慧以意义，否则智慧是毫无意义的。"

你可能阅读过许多有关如何潜水的书籍，但如果你不投身大海，又怎么可能看到鱼儿在你的身边游来游去呢？你千万别跟我说你是在水族馆里看到的！除非你将自己掌握的知识运用到现实的生活里，否则就很难确认自己掌握的知识是否正确。

正规教育与成功之间并没有一个必然的联系。你是否知道这点呢？我从西点军校毕业，并不意味着我就能成功。林肯就是自学成才的人，莱特兄弟从没有上过大学，山姆·沃尔顿也没有接受过多少正规的教育。你可以继续列举出很多自学成才的人，你还可以举出很多没有接受过正规教育却最终有所成就并成为最有权势之人的例子。

很多大学毕业生无法找到与专业相关的工作。事实上，90%的毕业生都不会选择在他们所学的专业领域内工作！就算受过很好的正规教育，也不能打包票这个人就能取得成功。无论是在过去还是在当下，都有很多没有接受过多少正规教育却取得了成功的人。没有受过正规教育，绝非我们无法成功的借口！

你如何运用自己所掌握的知识，这才是重要的。你是否能够很好地适应社会，运用所学的知识去改变自己的人生，成为自己想要成为的人呢？如果你想要成为最优秀的销售员，就要好好地关照与你一起生活的亲人、同事，并且努力帮助他们。这会对你的工作与家庭生活带来重大的积极转变。

_学会投资你自己

你是否知道，即便将一株竹子栽种四年之后，依然无法看到竹子有何明显的长势？无论你如何养护与施肥，都是如此。但是，请你认真地观察，到了第五年，竹子就能迅速长到九英尺的高度！这是如何发生的呢？在过去四年里，竹子一直在打造强大的根茎系统。事实上，相比于其他的植物来说，竹子拥有着最为复杂的根茎系统。为了支撑九英尺高的枝干，它需要许多根茎。**可见，任何具有价值的东西，比如掌握知识与获取教育，都是需要时间的。**

你可能无法立即看到努力所能获得的回报，可能每天都重复着播种的过程。比方说，当你开始创业，为人生的成功进行定义，或是打造一个目标，开始服务别人的时候，其实就是播下种子的过程。当你掌握了一门全新的知识，就是为获得更多的知识播下种子。你可能无法看到即时的结果，这需要三到四年或更长的时间。你正在为自己打造一个强大的"根茎"系统。一旦这个"根茎"系统牢固之后，任何人都无法摧毁你这棵"大树"。无论是现在还是未来，你都要学会投资你自己。

无论你想取得何种成就，都需要掌握足够的知识。你要确保自身掌握的知识能够帮助你到达想去的地方，成为你想要成为的人。

知识能够帮助你变得更加高效，能够提升你的思维与效率。你掌握知识的多寡，将决定你最终成功还是失败。知识能够让你在竞争过程中获得优势。

当你不断扩充自身的知识面，提供更多的信息去帮助你的亲人与同事，更好地服务他们，这会为你的事业与家庭生活带来积极的改变。

_ 与你所在领域的专家交往

扩充知识面另一个重要的手段，就是与你所在行业的专家进行交往。你所能做的最有益的一件事，就是成为这个"支援团"的一部分。与志趣相投的人交往，分享彼此的想法、梦想与目标，将会给你带来巨大的能量。

如果你是一位教育者，可以与其他具有开放思维的同行进行交流。如果你是自主创业者，也可以与其他创业者互通有无。如果你想更高效地营销你的产品，与其他专家沟通必不可少。

一个人的想法也许是不错的，但若是能够将两个人、三个人或是四个人的想法都汇集起来，这将会带来多大的改变啊！这就是集体智慧所带来的巨大能量。在绝大多数情况下，三个臭皮匠常能赛过一个诸葛亮。你要与那些渴求知识的人交往，你会惊讶地发现，很多与你相识的人都愿花时间投资自己。增加你的知识储备吧，这是能给你带来一生回报的投资。

_ 你知道的越多，就会越睿智

你可能还记得，知识催生认知，认知会催生智慧。我的母亲就明白这个道理，她想让我也知晓这个道理。当然，对她而言，想教会我如何去获得智慧并非一件容易的事，但她对我充满信心，相信教育所带来的巨大价值。

在父亲去世后，她就担当起家庭的所有重担，指引姐姐与我的成长，成为她人生中最重要的事。我比预产期早六周来到这个世界，到了上七年级时，我的身高依然要比同学矮小许多。除此之外，我并没有遗传到父母的身高、体重与肌肉力量。母亲将这一切都看在眼里，她决定让我重读七年级，虽然我已经通过了考试。她努力说服我，说这符合我的最佳利益。任凭我怎么反对，都始终无法说服她。这是我人生中最煎熬的一段时光。我希望继续前进，但又别无选择。

之后母亲认为，我必须要接受大学教育，因为这是我在未来获得机会的基石。她从不认为，敷衍地完成初级阶段的学习就可以了。她认为，每一名学生在进入下一个阶段的学习时，不管其是否愿意，都应该努力获得优异的成绩。

我从之前的教区学校转到了一所公立学校，继续进行七年级的学习。这是一次让我迅速成熟的经历。我努力克服自己面临的困难，慢慢地获得成长，并且在身体、学业以及心智等方面都有了更充分的准备。

此后，我信心满满地申请了西点军校，但想获得录取并非易事。在跨越每个障碍之前，我喜欢事先做好充分的准备。我具有较强的游泳能力，因此获得了葛底斯堡学院的部分奖学金，但我只想进入西点军校深造。可在我获得准入资格之前，西点军校建议我在大学复读一年！他们甚至愿意为我在私立的预备学校就读提供部分奖学金，对此我坚决反对。母亲建议我认真考虑。

我对三所预备学校都表示了拒绝，母亲坚持道："让我们再考察一下吧！"劳伦斯维尔预备学校是我们看的第四所学校，我在踏入这所大学大门的瞬间，就知道它很适合我。

延迟一年踏入充满竞争的大学生涯的决定是否明智呢？当然！这个决定与我重读七年级一样明智！

除非睿智的思想真的属于正在践行这些思想的人，否则它们并不一定总是奏效。母亲将我带到智慧的井边，她却无法强迫我"啜饮"劳伦斯维尔这所预备学校带给我的"美酒"。

如果这个决定是她做出的，而不是出于我的本意，我会加以抵制，这将变成一场艰苦的博弈。母亲给了我足够的耐心与支持，她做出让我先读一年预备学校的正确决定，充分尊重了我的意愿。她以优雅的姿态将智慧的火炬递到了我的手上。

"没有任何借口"行动计划：更新你的知识结构

1. 始终保持开放的心态。我们的心态就像降落伞，只有当我们对全新的思想与知识持开放的态度，才能"嘭"的一声打开。

2. 每天至少要投入15~30分钟去阅读与个人或是事业成长相关的书籍，因为领导者都是喜欢读书之人。

3. 每天至少要聆听一篇有关个人或是事业发展的广播，将你的汽车变成一所"车轮上的大学"。

4. 定期参加有关个人或事业发展的工作小组与研讨会，经常与一些领导者交往是让人兴奋的，他们的热情极具感染力。

5. 通过更多地了解你的爱好、喜欢的运动与娱乐方式，拓展你的知识面。

6. 要不断追求新的兴趣点和相关的知识，即便你开始会遇到一些挫折，也要坚持下去。多元的知识会让你的人生变得更有趣。

7. 寻找一位乐意传授知识的导师，他能按照你的需求给你有益的指引。

8. 更好地了解自己，了解自己在哪些方面需要掌握更多的技能与知识。享受人生的一大关键就是增强自身的能力，掌握更多的知识。

9. 经验是对知识的最好检验。运用你所掌握的知识去服务别人，事情会变得美好起来。

10. 加入一个协会。与志同道合的人交往，这是提升自我的最好方式。

_ 了解与尊重他人——拥抱与笑声

拥抱与笑声能增强我们身体的免疫系统，让我们更加健康。拥抱与笑声能够排解我们的压抑情绪，舒缓压力，提升睡眠质量，变得精神焕发。拥抱与笑声是一种神奇的药物，不含任何杀虫剂、防腐剂，也没有任何人工添加的成分。拥抱与笑声是绝对完美的，不会出现电池没电的情况，不需要周期性地检查，而且还低能耗、高产出，不怕通货膨胀，不需要征税，也不会造成任何污染排放。当然，它们还是完全可回收的。所以，每天都要过得开心点，给别人多点拥抱与微笑。好好把握已然拥有的东西，以最大的善意去看待所有人，对自己抱以最好的期望。

——佚名

厄尔·南丁格尔说过："沟通能力决定着你将取得多大程度的成功。"请认真思考这句话。通过观察别人说话的方式，你能立即对他们的教育程度有所了解。

在日常生活中，你最喜欢与哪些人交往呢？在销售行业，那些能够以最佳方式表达公司的产品与服务，从而满足客户需求的销售员，才最有可能达成销售目标。那些能够向孩子们高效地展现自律性的父母，才能让孩子更加顺服他们。那些能与不同类型的人进行高效沟通的人，更有可能成为高效的领导者。沟通是人类关系的基石。要是缺乏良好的沟通技巧，你是无法成为高效的经理、领导或父母的。

只有当夫妻做到相互了解与尊重对方的时候，才能培养出真爱。你可能之前陷入过爱河，并且一直处于培养真爱的过程当中，因为你遇到了一个理解与尊重你的人——无论你说过什么或是做过什么——对方都能无条件地支持你。你们之间能够进行高效的沟通，这种类型的关系是完美的。我相信，所有人都希望得到别人的理解与尊重。

戴尔·卡耐基在他那本经典著作《人性的弱点》里，就分享了许多关于如何与别人相处的技巧。卡耐基这本书的核心思想就是：**向别人表现出我们的关心与尊重——对别人产生兴趣，了解他们说过的话以及做过的事。**

当你对别人的需求表现出真诚的兴趣，将会惊讶地发现你们的关系会迅速得到提升。但是，绝大多数人都倾向于花更多时间去思考自己。他们宁愿从个人的互动交流中得到好处，而不愿意去与别人分享，让别人因此受益。

当与你打交道的人能从交流中获益，你们之间的关系才会形成良性循环。通常来说，那些缺乏认可的人，总想通过引起别人的注意来获得认可。他们担心如果不采用自吹自擂的方式，别人就根本不会注意到他们。他们没有意识到，想获得更多的认同、了解与爱意，首先就需要给予别人同等的东西。当你与某人见面的时候，你要正确地说出对方的名字。你要尽可能持一种开放的态度，尽最大的努力去了解别人，最终才能收获自己想要的回报。

_ 学会倾听他人

高效沟通的一个关键就是倾听。倾听有助于你更好地理解别人。记住，古希腊哲学家爱比克泰德就曾说过："我们天生有两只耳朵，却只有一张嘴。我们倾听的时间应该是说话时间的两倍！"真正接受过倾听训练的人不多，但在日常生活里，懂得倾听却是很重要的。

如果你不知道如何倾听，又怎能期望更好地理解别人呢？如果在别人跟你说话时，你只是思考接下来自己该说什么，又怎么可能理解对方呢？**要想成为高效的沟通者，倾听是最重要的功课。**

我的一位杰出的同事吉姆·加拉格尔，是位于鲍尔州立大学的国际倾听协会的创建者之一。他就曾与我分享了一个观点——"我们是通过自己的脚去倾听的！"我首次听到他这样说时，感到莫名其妙。他的意思是，我们会基于自身的情感、经验、环境以及思想去进行倾听。我们每天都会产生全新的情感和体验，所处的环境也会发生改变，这一切都影响到我们的思考方式，进而在很大程度上影响我们倾听的方式。

当你与别人交流的时候，你的"双脚"可能会对高效倾听与了解别人有重要的影响。如果你只单纯地专注于自身的情感、思想与经验，就不大可能投入时间去倾听别人。**你要将专注力从自身转移出去，投入到别人身上。**

你要投入时间与精力去理解别人的情感，要尽最大努力去感受他们的经历。他们正在思考什么问题？他们的自身处境如何？我们是否通过"双脚"去倾听呢？这个"双脚"的类比有助于我们理解如何更好地去倾听。

绝大多数演说者在一分钟内会说120~150个单词，而情绪饱满、充满激情的演说者可能会说160~190个单词。我们在一分钟内可以思考的单词数量在400~600个左右。对你来说，当心智沿着不同的方向思考，同时要认真倾听别人的话语，这是一种不小的挑战。一般来说，你只能吸收别人所说内容的25%左右。

倾听别人正在说的话。当你以同理心去对待别人，感受他们的情感，理解他们的为人与想法，你才能更好地进行倾听。当你对他们展现出尊重、关切与兴趣，他们就会觉得你能理解他们，进而建立起关系。你就有机会创造双赢的局面。

你倾听的时候，要确保注视着别人的眼睛。你要忽视诸如噪音或是其他人走来走去等让你分心的因素。用双耳去倾听，这很重要。但是，用眼神去倾听，同样很重要。这就是所谓的同理心倾听，让别人知道你在关心着他们。

记住，只有在别人知道你对他们的关心之后，他们才会关心你真正在表达什么。

特蕾莎修女没有掌握多少科学方面的知识，她却是世界上最具同理心的倾听者。如果有人这样问："将自己奉献出去，关爱成千上万受伤的人，日复一日、年复一年地展现出同理心与怜悯心，这是怎样一种感觉呢？"她肯定明白这样的感觉，因为她知道如何倾听。

_如何表达自己

当人们通过说话传递信息时，58%是通过视觉（人们看到的）、35%是

通过听觉（说话的方式）来传递的，只有7%是通过内容（说话的内容）来
传递的。

如果你没有使用音调变化（改变你说话的音调与音量大小），或是看着
你的倾听者的眼睛，那么所送达的意思可能会与本意有很大的出入。当你的
声音与行为表现一致时，就能形成最为高效的沟通。比方说，如果你对某事
表达绝对的肯定，但你的眼神却充满恐惧与疑惑，你就是在传递自相矛盾的
信息。

你是否能够高效地表达自身的思想呢？如果你身处销售与营销领域，如
果你不懂如何进行高效的沟通，就不大可能达成交易。如果你不能有技巧地
表达自己，就无法成为一名高效的经理、领导者或是父母。你在与别人说话
的时候，都要做回你自己，要保持真实，让别人知道你关心他们，你能满足
他们的需求。

_ 每个人都有自己的学习风格

每个人都会对所处的环境有着不同的认知与感悟，会通过不同的视角去
看待这个世界。我们主要有三种学习风格：视觉型学习、听觉型学习、动觉
型学习。这些学习风格又意味着什么呢？

当人们去一个音乐厅聆听音乐，他们的专注力会放在哪里呢？60%的人
会放在视觉感受到的东西，他们一般会专注于灯光、舞台布置、座位、交响
乐团与乐队安排的方式、表演者的服装，甚至是其他一些观众所穿的艳丽衣
服。他们会专注于视觉层面上的东西，因为这就是他们进行沟通的首要方
式。他们通过双眼的观察，能够最好地感受这个世界。视觉是他们占据主导
的感官。

一位视觉型学习者可能会说："我看得懂你的意思。"而有一些人是属

于听觉型学习者，当他们去音乐厅的时候，对周围的布景不是那么感兴趣，他们更关心的是声音。当这一类型的人去音乐厅，就会认真聆听每一个音符的精确程度。他们会注意聆听观众与周围发出的其他声音，他们主要通过听觉去感知世界。一个听觉占据感官主导地位的人会说："我听得懂你的话。"

你能够理解人们对事情的感知方式是如何影响他们的沟通方式的吗？当你让一个注重视觉与一个注重听觉的人聚在一起，并且他们都不知道各自占据主导地位的感官方式，可能就无法进行高效的沟通。如果他们对彼此的差异有所感知，就会增强相互的沟通与理解。

注重动觉的人主要通过他们的感受去认知这个世界。房间里的气氛如何？是让人激动兴奋、友善还是冷漠沉闷呢？这样的音乐能够激发的是悲伤还是快乐的情感呢？观众对他们所处的环境是否感到舒适自在呢？这个节目是否合乎情理呢？他们对参加音乐会是否感到满意呢？注重动觉的人可能会说："我对此感同身受。"

每个人都会兼具三种不同的学习风格。我们都在某种程度上是注重视觉的人，也在某种程度上注重听觉与动觉。但是，我们都有一种占据主导地位的感受方式。你的主导感官方式是什么呢？

当学生在教室里学习的时候，视觉型的人通常会看着黑板，听觉型的人会耐心地听讲解。而注重动觉的人则会问："这是否符合逻辑呢？这在感觉上是否正确呢？"你能看到不同类型的人对沟通方式的选择吗？

_ 你想更好地了解别人吗

绝大多数人每天都要与别人接触交往。每个人都是不同的，我们在与别人交流的时候都会有自己的风格。我们该怎样高效地与不同人格类型的人交流呢？这需要我们具有多方面的能力，从而满足不同人格的需求，这就是高效沟通的关键。

我们会以不同的方式去观察这个世界。你可以实验一下，请两个人对同
一件事进行描述，很可能会从他们口中得到截然不同的答案。如果你不了解
他人的个性与需求，就很难形成良好的关系，也无法达成交易或是高效地进
行领导。

如果你是一位领导者，了解不同的人格类型或是脾性就变得异常重要。
当人们觉得自己是追求协同目标的一分子，而不只是请来的一个帮手，团队
合作才能最高效。

_ 人格是由什么组成的

人格类型基本上有四种，但每个人都不单是纯粹的某一种。事实上，
80%的人都会展现出两种主导的人格类型。为了让你们更好地理解自己与他
人，了解你为何会以现在的模式去思考、行动与感受，让我们用下面这个圆
形来阐述吧。

首先，可以把人分成任务导向型或是人际关系导向型，还有外向型或是
内敛型。这四种人格类型会混在一起，下面这个图标就能充分揭示为何存在
那么多种人格。

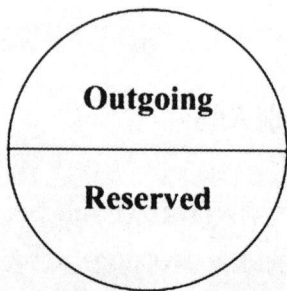

（Outgoing=外向型人格，Reserved=内敛型人格）

　　为了更好地了解这些人格类型，让我们以水平横线的方式将这个图形划分为两半，观察上半部与下半部。上半部代表着性格外向、做事节奏较快的人；下半部则代表性格内敛、做事节奏较慢的人。积极乐观的人都是比较外向的，而精神"消极"，或是"现实"的人则显得比较保守。当然，这并非表明哪一种人格类型更好，只是说存在着差异而已。当我们试着去评估一个人的人格类型时，所能做的就是观察别人做出的行为，并且不要对此做出任何评价。

_ 外向型人格

　　外向型的人一般更喜欢说话与交谈。你参加一次会议或是在任何类型的集会现场，能很快地发现谁说的话最多。这些人一般会显得更富有进攻性，容易焦虑不安或是充满热情。他们要比其他人更自信，会更好地表达自己。外向型的人会更多地展现他们的情感。你能通过他们的面部表情、移动身体的方式以及使用的词语，立即感知他们的情感，了解他们是否喜悦、伤心、愤怒，他们不喜欢有所隐藏。

　　外向型的人通常都具有领导能力。他们喜欢管理别人、项目与事情，并不太担心风险。如果外向型的人能够变得小心谨慎与沉稳一些，就会让自己的个性更圆满。

_ 内敛型人格

　　内敛型的人通常不是那么健谈。他们会提出问题，然后更多地选择倾听，表达对你的支持与尊重，说话的时候比较柔和。他们一般善于控制自己的情感，不会展现出更多的脸部表情与身体动作。你通常很难知道他们是快乐还是悲伤，愤怒还是不安。他们会内化很多情感，通常表现得彬彬有礼，拥有极强的耐心。

内敛型的人一般都比较小心谨慎，会花更多时间去分析事情，有时也会比较苛刻。对他们来说，质量比数量更重要，他们会对事情的完美度表现得很挑剔。他们会追求一些真正感兴趣的东西，并且对自己只有一两位亲密的朋友感到知足。他们宁愿选择孤独，也不愿意挤在人群当中。他们为人比较沉稳可靠，并不在意各种意外或风险。内敛型的人可以通过更多的自我激励与表现得更加自信，从而让自己的个性变得更完美。

现在，让我们用垂直的线将这个图形划分为左半部与右半部。右半部代表着那些更注重关系的人，他们更关注别人的感受，喜欢与别人进行交流。左半部代表着那些更加注重工作的人，他们喜欢做计划，喜欢从事项目，专注于完成工作。

_ 人际导向型人格

人际导向型的人通常具有同理心，为人开放，喜欢与别人分享事情。他们都是优秀的倾听者，更关心别人的感受。他们有想要被接受的强烈愿望，因此也更愿意满足别人的需求。相较于将事情做好，满足别人的需求显得更重要。这一类型的人可以通过更加专注于目标，从而让自己的个性变得更完善。

_ 任务导向型人格

任务导向型的人会更专注于完成手头上的工作，他们就像一台机器那样始终保持着高速运转，非常注重细节。他们喜欢事先制订好计划，然后按照计划去实现目标。这些人通常比较可靠，而且做事很细致。他们一般比较强硬与直接，因此很容易冒犯别人。他们过于专注手头的工作，通常不会对别人的需求怀有同理心。他们只希望尽快将工作做好，不管在这个过程中付出多大的代价。任务导向型的人可以多倾听别人，展现出更多的同理心，从而完善自己的个性。

_让我们将这些人格特质汇聚起来

现在，让我们将横线与竖线同时加入一个图形里，用一种简捷的方式去思考四种人格类型。让我们在划分出来的四个部分里添加字母D、I、S与C，首先从D开始，然后按照顺时针沿着图形往下走。

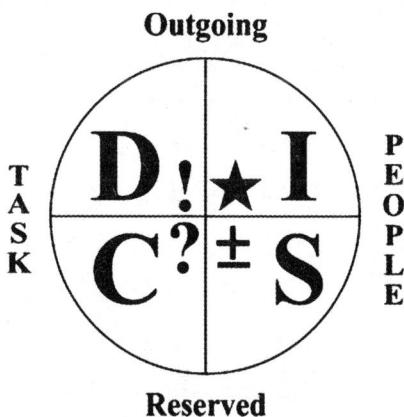

（Outgoing=外向型人格，PEOPLE=人际导向型人格，
Reserved=内敛型人格，TASK=任务导向型人格）

_ 主导型人（Dominant）需要承担责任

D型人代表着一个人兼具外向型人格与任务导向型人格。这类人通常喜欢主导事情、要求较高、处事坚定果断、有行动力。这个象限里的感叹号代表这一类人有种说到做到的精神。大约有10%的人属于D 型人。

D型人（根据希波克拉底的说法，属于胆汁质）喜欢控制、说教与指挥。他们的眼神通常都具有压迫性，身体动作比较强势，始终处于主宰地位。就像首席执行官坐在办公室的大号椅子上发号施令一样，这些人需要控制与负责一切。

D型人始终都想着继续向前，完成工作，找寻着更好的东西。他们是以任务为导向的人。如果你是一位销售员，想要向一位主导型的医生销售某种医学药物，他可能会更加关心药物的有效性而不是安全性。

在危机时，D型人通常能很好地处理事情。一般来说，他们发布指令都比较精确，而如果你想提出建议，尝试着去指挥他的话，将永远无法得到自己想要的结果。因为，你威胁到他想要控制一切的欲望。

既然这样，你该如何与D型人打交道呢？如何与一个时刻想发号施令的人交流呢？如何与一个注重效率且希望立即将事情做好的人打交道呢？如何与一个只关注当下而不太关注过去或是将来的人打交道呢？

在与那些想控制一切的人交往时，最好的方法是什么呢？满足这些人的控制欲。如果你想要提出一个想法、销售一种产品或是服务，请为这一人格类型的人提供多样的选择。比方说，当你给他三种选择，那么他会觉得自己依然掌控一切。你可以提出一些建议，但需要让他去做决定。这样的话，才能实现双赢。

_ 如何对待控制欲强的孩子

孩子们都希望表现自己的主张，特别是年幼的时候。他们想要控制一切，不愿意让爸妈告诉他们发生的事情。他们会想着给你制造一些麻烦。我就曾经通过给我的孩子提供多种选择，从而得到自己想要的结果。

一个很好的例子就是，我希望他们上楼刷牙，就会给出三个选项：1. 上楼刷牙，然后去睡觉。2.上楼刷牙，然后下来看十分钟电视。3.上楼刷牙，然后下来玩十分钟游戏。十有八九，他们都会从这三种选择中挑一种。

在没有任何商量余地的情况下，我给了他们选择的余地，也得到了我想要的结果。

给予别人一些选择，这是非常奏效的，且可以重复运用。虽然我上面列举了孩子的例子，但这种方法在商界同样奏效，并会取得惊人的效果。为主导型人提供多种选项，你通常会为结果感到满意。

了解这些内容，是为了让你们能够实现共同的目标。为主导型人提供多种选项，要比与他们爆发冲突后再处理愤怒与怨恨强。与其为了争夺控制而进行斗争，还不如给对方一些充分的选项。

_ 激励型人（Inspirational）需要被关注

I象限代表着一个人兼具外向型与人际导向型。他们通常喜欢激励人，有影响力，驱动性强，有趣味，喜欢劝导，善于交流。象限内的那颗星星代表着这一类人充满着乐趣。大约有25％~30％的人属于这一类型。

I型人（按照希波克拉底的说法，属于多血质）喜欢"表现与说教"，他们通常充满热情，喜欢在说话的时候手舞足蹈，他们会滔滔不绝，你几乎插不上一句话。

如果你是一位销售员，这一类型的人通常不会聆听你的话语，当你尝试与他们沟通时，他们通常在思考其他事情。

要想让I型人做决定，这并不是一件容易的事。当你想这样做的时候，你常常会失败。I型人最希望得到认可。为了争取这些人的信任，你应该激励他们。这些人喜欢回报与奖赏，如果你为他们提供去做某事的激励因素，他们很有可能会这样做。

当你走进I型人的房间或是家里，可能会发现他们的架子上陈列着一些奖杯，你会立即知道他们可能是优秀的足球运动员，多么喜欢体育运动，得到了多少奖杯。他可能会有一间"独处"的房间。你在去某些人家里做客的时候，是否发现有一个专门放置他们物品的房间呢？是的话，就可知道对方是典型的I型人。

如果你遇到与I型人一样更关注未来的人，就可以知道他们想在某些事情上做到最好。请给予他们一些激励因素，让他们主动去谈论事情。在与I型人打交道时，要成为一名优秀的倾听者！有可能的话，记得分享他们的热情。

_ 支持型人（Supportive）需要被接纳

S象限代表着兼具内敛与人际导向型的人。这些人往往喜欢支持他人、稳重、安定、敏感、害羞。这个象限里的加减号意味着这些人都是比较灵活的，常常会说"差不多就行"。大约30%~35%的人属于这一类型。

S型人（按照希波克拉底的说法，属于黏液质）往往都会展现出他们的情感，不会过分隐藏。因为他们经常微笑，面部表情始终是那么灿烂，说话时喜欢摆动手臂，不会像谨慎型人那么拘谨。他们主要通过情感去感受这个世界，属于体验型的人。

S型人是以人际关系为导向的，有时并不会表现得过分自信。他们会通过身体语言传递出内心的感受。与他们相处通常是比较愉悦且有趣的，因为他们注重情感。S型人的主导性需求就是得到别人的接受与认同。

S型人一般都会露出和蔼的表情，显得更为谦逊一些。在此再次声明，这并不是一种个人的评价，只是观察的结果而已。当你来到这一类人的办公室，通常都会看到他们放着家人的照片。你可以抽出时间与他们谈论家人或是朋友等相关的话题。当你与他们谈论你的产品或是服务时，他们并不一定会过分关注它们的效能和数据。他们更关注如果购买了你的产品与服务之后，是否会得到别人的接受与认同。

当下，越来越多的S型人进入了企业的领导层。为什么会这样呢？因为当你抽出时间去理解与关怀别人的时候，这对留住企业员工有很大帮助。这也是S型人取得成功的重要原因之一。

当主导型人与支持型人一起打交道，你认为谁会获利呢？当然是主导型人。因为支持型人不愿意为了获得控制权或是展现自己，而选择牺牲人际关系。

你该怎样满足S型人对人际关系的急切需要呢？让他们感觉自己得到接受与认同。当你拜访这一类型的人或是与他们打交道的时候，你可以分享个人或家庭生活的琐事，因为他们都喜欢倾听，这也是他们了解这个世界的方式。比方说，如果你是销售员，就要给他们提供保证，让他们知道购买产品的行为是其他人所接受的，别人会依然喜欢他们，知道这样做有助于打造更好的关系。

如果与你打交道的S型人是一位医生，他想要知道病人是否接受他为他们所做的一切。比方说，这些药物是否足够安全？他们首要关切的就是药物是否安全，以确保病人能够接受他。

_ 谨慎型人（Cautious）需求精确

C象限代表着兼具内敛型与任务导向型的人。他们通常都很谨慎，深谋远虑，认真仔细与惯于沉思。象限里的问号象征着这类人喜欢提问题，因为他们有着了解事情的需求。大约20%~25%的人是属于这一类型。

C型人（根据希波克拉底的说法，这是属于忧郁质）是以任务为导向的，有着详细了解事情的需求。你该带给他们什么呢？你该怎样满足他们的需求呢？你要为他们提供大量的信息。如果你认为某位客户是C型人，下次去拜访他的时候，记得带上一大堆相关材料。你只要将这些材料放在他的桌面上，他很可能会像一只云雀那样高兴。让他们做决定，可能需要一到两年的时间，但这样做至少能满足他们的需求。提供信息时，记住为他们做一个汇总表，以便他们看得更清晰，驱使他们更快做出决定。

一位主导型的销售员在与谨慎型人打交道时，可能会遭遇真正的挑战。试想一下，主导型人首先关心的是认同与说教，但不太注重细节。若是他们向C型人销售产品，这会带来什么结果呢？除非这位销售员知道对方的需求，并且加以满足，否则他不大可能完成销售任务。这也是了解每个人的人格类型如此重要的原因。

C型人经常会提出问题，摆出一副控制一切的姿态，并不会说太多话。他们可能常常让人感觉封闭，并会对某些事情感到焦虑。一位主导型的销售员满怀热情地走进一个C型人的办公室，常常一无所获。为什么呢？因为你通常不知道对方在想什么。你很有可能根本不知道对方是快乐还是悲伤，不知道他们是否在乎你所说的话，而且他们一般也不会表达自己的感受。C型人对于表现自己并不是太在意，他们只追求信息的精确性，从而实现自己的控制愿望。

如果你从事销售或是营销方面的工作，却不知道潜在的客户有着怎样的人格特质，就可能遭遇很多麻烦。如果对方是C型人，而你充满热情地谈论着自己的家人与朋友，他可能会对你失去兴趣。你需要为他提供大量的必要信息，从而为他做决定提供基础。否则，你们之间无法找到交集，销售的任务当然无法实现。

比方说，谨慎型的医生想要知道，你销售的药物是否在每一次临床试验里都是安全的，你最好能给出"从哈佛到耶鲁大学"的临床试验报告，证明这种药物的安全性。他想要知道自己阅读的材料在数据上是精确的、详细的且具有权威性的。

_ 当两种相同人格类型的人走在一起

物以类聚的情况会经常出现。我们一般都会喜欢那些喜欢我们的人，因为彼此间的相似性会相互吸引，有助于形成良好的关系。下面就是一些例子。

当两个主导型的人在一起，他们可能会在结束讨论时无比愤怒，说不定还会打上一架！他们都有控制的欲望，要想实现"共赢"，需要给予对方多一些选项。

当两个激励型的人在一起，你只需要拉出一把椅子，远远地坐着，远观即可。如果他们是在一场聚会上见面，就有可能胡闹或是成为众人的焦点。他们想在场的所有人都看着自己，都想要获得别人的认同。要想实现"共赢"，他们需要认可与赞美对方。

当两个支持型的人在一起，在他们结束对话后，很有可能会拥抱或哭泣。他们都是以人际关系为导向的人，因此更容易接受对方。他们在相处的过程中很容易实现共赢。

当两个谨慎型的人在一起，你可能会看到严峻的情景。比方说，工程师与科学家都是这一类的典型，他们通常都注重分析，专注于数字与事物本身。他们都有追求精确性信息的需求。要想实现"双赢"，他们就需要向对方提供足够的信息，因为他们自己也想获得更多的信息。

_ 我的人格类型

你们可能会觉得，我作为一名演说家，肯定应该是激励型人格。但在接受测验之后，我被划入了兼具主导性与支持性人格类型的范畴，这意味着我想要控制一切，同时又有获得接受与认同的强烈需求。

结合这两种人格类型的人有时会表现得犹豫不决。我对人际关系深感兴趣，我需要得到认同，这有时会让我显得左右摇摆。我不想伤害与别人的关系，虽然我有着控制一切的需求。有时，要做出一个不受欢迎的决定，这对我人格中"支持型"的那部分人格来说并不容易。

_ 配偶们的人格类型

在婚姻生活里，情况也是如此。在家庭生活里，我真心觉得自己更多表现出了主导型人格，我的妻子则更多表现出支持型人格。只要她没有转向主导型人格，我们可以说是互补的。我想要了解与指导，因此能够长久地维持一段良好的关系。

就比如我跟我的妻子一样，我们都有不同的脾性。谨慎型人与有同样人格类型的人一起生活的情况不多见。因此，夫妻双方了解对方的人格类型，就显得特别重要，这样才能更好地进行交流。

人们经常说，互补的人会彼此吸引。但是，通过对人格类型的研究，我们发现主导型经常能吸引支持型，谨慎型则会吸引激励型。让我们分析一下为何如此。

主导型吸引支持型，是因为主导型喜欢控制，而支持型喜欢给予支持。主导型表现出来的强势，能让支持型对渴望接受与认同的愿望得到满足。

谨慎型吸引激励型，是因为谨慎型比较谨慎，而激励型会提供足够的鼓励。一般来说，谨慎性会找寻那些渴望获得认可的激励型，而后者想要感受更多乐趣。

请注意，在这两个例子里，以任务为导向的人一般都会吸引以人际为导向的人。互补的人会彼此吸引，因为这能让彼此变得更加完整，其中一方能够弥补另一方缺失的东西。

是的，我们都是不同的。人们会做出不同的行为，用不同的方式去表达自己。抽出一些时间去了解别人，包括别人所持的希望与梦想。认真倾听他们的想法，你就能更高效地与他们进行沟通。莎士比亚就曾说："每个人都有耳朵，但真正听到你说话的人却很少。"只有了解别人的个性，你才能更好地与他们交流。

每个人都有自己的用武之地。你运用人格/脾性的指标去衡量别人，就能增加交往的成功率。这并不是一种操纵性的行为，而是帮助你更高效地与人沟通，从而创造双赢的局面。

_ 你的人格类型与脾性

你认为自己属于哪一种人格类型呢？哪一两个象限的人格特质最能代表你呢？为了帮助你更好地认知，我们制作了一个人格/脾性的指标图。

你要记住，这样的识别是为了帮助你更好地了解与接受自己与别人，这并不是评判或是衡量你与别人的工具。

你对自己越了解，就越擅长解决那些阻碍你前进的问题，就能更好地平衡你的个性特点。

你有两种可以了解自己人格类型的方法。你可以询问那些熟悉了解你的人，让他们按照人格/脾性的指标图去对你进行评估，找到最符合你的个性特点的描述。当然，你也可以利用这个指标图对自己进行测评！做的时候，尽可能保持客观与诚实。

一旦你知道自己的得分，就能了解你以往跟人打交道的方式。我相信，你会发现分享自己的结果并让别人也来测测，是很有趣的一件事。

指引：在下面从字母A到Z的横排里，找出一个最能描述你日常状态的词语。你需要对积极属性与消极属性进行测量。消极属性不过是积极属性的极端状态而已。

按照A—Z排列的人格类型/脾性所具有的积极属性

	1	2	3	4
A	意志强大	参与感	内敛	忠诚
B	敢于冒险	健谈	善于调解	尊重别人
C	独立	乐观	情感丰富	敏感
D	高效	有说服力	坚定	善于规划
E	讲究实际	热心	随和	理想主义
F	足智多谋	想象力丰富	冷静	深沉
G	乐观	外向	稳重	守规矩
H	结果导向	活泼	幽默	坚持
I	果断	热情	老练	认真
J	坚决	有趣	可靠	能干
K	有竞争力	受欢迎	执着	有条理
L	积极	受瞩目	随遇而安	善于分析
M	效率高	可爱	善良	周到
N	有领导力	温暖	值得信赖	安静

续表

	1	2	3	4
O	自信	友善	包容	有自我牺牲精神
P	自控	调皮	一心一意	追求完美
Q	独立	精力充沛	友善	体贴
R	直率	有风度	专业	适应性强
S	勇敢	讨人喜欢	善于倾听	有教养
T	坚韧不拔	豁达	有执行力	善于审美
U	有说服力	自发的	做事系统化	擅长音乐
V	自力更生	有怜悯心	敏锐	善于计划
W	善于激励	人际导向	善始善终	有天赋
X	有行动力	擅长推广	有合作精神	喜欢沉思
Y	反应迅速	令人愉快	乐于助人	持续性强
Z	喜欢挑战	有乐趣	讲求实效	勤奋
*				

*在每个纵列画出最能描述你的词。

按照A—Z排列的人格类型/脾性所具有的消极属性

	1	2	3	4
A	固执己见	缺乏自律	害羞	不合群
B	喜欢操控	话痨	逆来顺受	爱批判
C	残忍	以自我为中心	行动缓慢	腼腆
D	盛气凌人	易激动	容易忧虑	以自我为中心
E	狡猾	被动	吝啬	爱算计
F	自私	缺乏方向	不确定	不懂宽恕
G	笨拙	爱喧哗	优柔寡断	喜怒无常
H	强硬	懒散	不情愿	报复心强
I	爱讽刺	健忘	袖手旁观	消极
J	愤怒	不可靠	不独立	古板
K	直截了当	脸皮厚	缺乏热情	易怒
L	苛刻	浮夸	说话含糊	呆板
M	鲁莽	好动	笨拙	怨恨

续表

	1	2	3	4
N	缺乏情感	爱控制	面无表情	压抑
O	好辩	唠叨	自利	迷信理论
P	不宽容	怕事	胆怯	讨人厌
Q	冷漠	放任	疑心重	挑剔
R	轻率	不切实际	平凡	不现实
S	鲁莽	冲动	自我保护	不善交际
T	缺乏怜悯心	浮躁	孤独	情绪不稳定
U	工作狂	意志软弱	缺乏目标	多疑
V	顽固	爱炫耀	不灵活	爱忧虑
W	抵触心理强	性情多变	胆小怕事	爱管闲事
X	好斗	喜欢打断他人	心怀恶意	不果断
Y	缺乏耐心	不可信	轻信	冲动
Z	自大	易变	动机不明	容易恐惧
*				

*在每个纵列画出最能描述你的词。

当你在两个表格里都画出了圆圈，把1~4各纵列的圆圈总数加起来，把两个属性每列所画的项数加起来。你的总得分越高，就越是倾向于这个纵列所指代的人格类型。纵列1代表着主导型人格（D），纵列2代表着激励型人格（I），纵列3代表着支持型人格（S），纵列4代表着谨慎型人格（C）。如果你在每个纵列都画了六到七个词，那么你的人格可以说是相当平衡的。

"没有任何借口"行动计划：了解别人

1. 带着情感与人交流，用你的"双脚"去倾听。投入时间与精力去理解别人的情绪，向别人表现出真正的关心。

2. 对别人表现出真诚的兴趣，向别人展现出你的关切与尊重，对他们的想法、话语与做法表现出兴趣，你才能更好地与他们建立联系。

3. 努力给予别人一些帮助，这将会给你带来回报。最伟大的服务者才能成为最伟大的领导者。

4. 抱着同理心去倾听，直视别人的双眼，展现出你的关切之情。用双耳去倾听别人，这很重要，而用双眼去了解别人的想法，也同样重要。如果别人不知道你关心他们，他们是不在乎你懂得多少的。

5. 了解三种主要的学习风格：视觉、听觉与动觉，这是人们感知这个世界的方式。了解这些将有助于你更好地了解别人。

6. 你要努力变得更全面一些。了解四种主要的人格类型：主导型人格、激励型人格、支持型人格、谨慎型人格。你最好根据遇到的人去调整你的个性，从而更好地满足他们的需求，得到自己想要的结果，创造双赢的局面。

7. 在与朋友、同事或是商业伙伴交往时，都可以按照上面的方法去做。而且，你还可以将这些方法运用到你的配偶与孩子身上，我相信你们将会过上更幸福的生活。

第十一章

牢记家庭与朋友的
重要性——第七步

_ 献给我成长中的儿子

我的双手整天都没有停过。你请求我跟你一起玩一个小游戏，我却没有时间。我没有为你腾出多少时间，我要去洗衣服、缝纫与煮饭。每当你拿来那本图画书，请求我分享你的乐趣，我都会说："儿子，等一会吧！"我会在晚上给你盖被子，聆听你的心事，关上灯，然后轻声地走出你的房间。我希望我可以在你身边多留一分钟，因为人生苦短，岁月无情。小男孩很快就会成长起来，他再不会留在你的身旁了，再不会跟你说他的秘密了。当年他手里拿的图画书早已束之高阁，也不会再叫你跟他玩任何游戏，更不会有晚安亲吻，不会诉说他的心事，这一切仿佛成为昨日遥不可及的事情。我的手过去那么忙碌，现在却闲得无所事事。日子变得越来越长，让人感到无比空虚。我希望能回到过去，与你一起做你要求我做的事。

——亚瑟·塞尔斯

要想拥有朋友，你首先要明白朋友之道。

——爱默生

在你认识的人当中，有多少人在找寻荣耀、名声与财富的过程中，却始终无法让自己富足起来呢？他们在前进的道路上，总是将那些对他们很重要的人踩下去。你能够拥有这个世界上所有的财富，但如果你不尊敬那些支持与帮助过你的人，将无法真正取得成功或是感到快乐。

一座房子要是没有住着有爱的家人，这就不能算是一个家。当你与所爱的人一起分享人生的美好时，才会感到生命的满足。你对别人表现出来的爱意、尊敬与尊重，在很大程度上取决于你对自身的爱意、尊敬与尊重。

尊敬别人，就是要看重别人的价值。如果你对自己都缺乏这样的情感，又怎么能期望从别人那里得到呢？正如上文所提到的，你只能给予自己所拥有的东西。一座房子只有当住在里面的人都相亲相爱，才能算得上是一个家。

你的家人与朋友可以定义你人生的成功。一旦你离开这个世界，将会带走什么呢？你出生时就是赤身裸体，在离开世界的时候也无法带走什么。你所拥有的物质财富并不是那么重要。人生为你提供了足够的机会，让你能在旅途径中向身边的人展现自己，给别人带来影响。正如比尔·麦格恩所说的："留下一些能够继续生长的东西吧！"

难道你的孩子与朋友不正是真实的你的一个反映吗？当然是这样的！他们知道你的优缺点，很有可能完全了解你的为人，这就是他们如此特别的一个原因。当他们对你的一些笨拙行为发表评论，或是对你这个人表现出兴趣时，表明他们正帮你直面事实，而不是帮你隐藏或逃避。当你获得个人层面上的成长时，他们可能也会有相应的成长。当他们的知识变得更渊博时，就可能更好地了解你的真实为人，更能欣赏你的品质。

尊敬别人。这就是形成良好关系的关键所在。亨利·沃兹沃思·朗费罗就曾说："一个好人最美好的一部分，就是他平日做的一些细小、无足轻重或是不被人记住的代表着善意与爱意的行为。"当我们无条件地施与别人的时候（不期望得到回报），就是家人与朋友们能够真正变成我们人生一部分的时候。只有在那时，我们才能真正取得成功，感受到真正的快乐。

当你离开这个世界，所能留下的只是你曾经做出的贡献。但是，很多人在攀登成功的山峰时，都将曾经的美好与贡献全部粉碎掉了。遗憾的是，对他们来说，这似乎并不是什么大不了的事情。

当我看着自己的孩子长大时，我能从他们身上看到我的妻子与我的影子。辛勤的教育现在已经得到了回报。每当我与他们分享或是一起共度时光的时候，这要比赚到多少钱都更重要。如果我的孩子长大后，能够对他们真实的自己与人生有一种充满爱意的尊敬并感受到价值的话，我就会认为自己是成功的。他们长大后是否跟我住在同一个屋檐下，这都没什么关系。在他们成年后，我希望他们能离开家，到外面闯荡。在今天的社会环境下，成年后继续与父母住在一起，这对孩子来说可能有点难以忍受。但这也没有关系。父母与孩子之间充满爱意的纽带所具有的力量，能够超出他们曾经称之为家的界限。

最重要的是，你为自己的孩子付出了什么，这个反思的过程才是最大的收获。很多时候，正是你认为理所当然的事情，往往会造成人生中最大的损失。在看着孩子不断成长的时候，我意识到这些年来，他们已经知道我的为人，明白我为家人之外的其他人所做的事情，与我为他们所做的都同等重要的道理。

失去父亲之后，我曾有一段时间感到很痛苦。在成长的道路上没有他的肩膀可以依靠，这对我来说是难熬的。我不可能询问父亲："嘿，我做得还不错吧？"这的确让我很痛苦。

让我们记住宽恕，包容一切，慢慢放下吧。如果你真想要继续前进，就要放下额外的沉重的包袱。在成长的过程中，绝大多数人都会慢慢失去他们原先极为关心的人。请珍惜现在与他们共处的时光，而不要等到五年或是十年之后。

_ 尊敬你今天的家人与朋友

当著名吉他演奏家埃里克·克拉普顿在一次痛苦的车祸中失去儿子之后，他写了一首歌叫《天堂之泪》，以纪念儿子。歌词有一段是这样写的："如果我在天堂里见到你，你是否会知道我的名字？"如果你今天失去了心爱的人，他们会知道你真实的为人与真正的想法吗？抽出时间去与他们分享真实的自己，今天就表现出对他们的尊重吧，明天也许就太迟了。

成功阶梯的这一步，是你发现施与与索取的礼物——尊重别人——的地方。对我来说，记住尊敬家人与朋友，这是最重要的一步。这也是圣·保罗在说出"如果你没有仁慈之心，一切都会发出空荡荡的声音"这句话时想要表达的意思。

美洲土著人就将是否具有宽广的心胸与慷慨的精神，视为衡量领导者是否伟大的重要标准。他们的文化体系并不是专注于单纯的索取，所有的东西都需要分享出来。换言之，你施与的东西与程度，决定了你获得他人尊敬的程度。

所谓的名人，不过是用自己的天赋为自己带来奖赏的人而已，但是，慷慨的精神促使他们与别人分享自己所得的东西。一位猎人会为一个部落带回猎物，这就是最好的证明。美洲土著人深知施与所具有的价值。

当过上了一种与人分享的生活时，我们自然就会获得一份额外的智慧。给予感谢与尊重别人，这是最美好的礼物。要想给予感谢这份礼物，就要我们怀着感恩之情去尊敬别人，感谢他们为你所做的事情。

　　家人与朋友都值得我们给予尊重，因为他们赐予了我们无限的爱意与支持。记住他们为我们所做的充满善意的一切，往往会带来另一个好处。罗马诗人马提雅尔曾说："能够享受过往的人生，相当于活了两次。"回顾那些我们尊敬之人的鲜活记忆，会带给我们真实的乐趣。

　　我的女儿妮科尔七岁的时候，我邀请她（这是我第一次）去听我的演说。地点在纽约斯克内克塔迪的联合大学，我要面向大约九十名姐妹会成员发表演说。鉴于这是女儿首次听演说，我觉得这次的主题很适合她。她与那些姐妹坐在听众席，我真心希望她能听得懂。

　　让我惊讶的是，她竟然安静地听完了整场。她可能根本就没听懂，但她始终耐心地坐在那里。她看着我正在做的事情，并且对此产生了欣赏之情。

　　在开车送她回家的路上，她转身对我说："爸爸，不要停止你正在做的事情。它似乎能够帮到很多人呢！"这句话真的让我感到无上的荣耀。

　　你怎么能够对一句善意的赞美话语——特别是出于一个孩子口中的话——贴上任何标签呢？当你看到你的孩子在慢慢成长与成熟，思考着你所具有的价值以及你所擅长的行为，难道这不是一种成功吗？接着，她转身对我说："你之前不是承诺过我要去麦当劳吃一顿'快乐大餐'的吗？"我感觉自己很久以来都没有这样快乐过了。无论那天晚上我发表的演说是否得到报酬，我都不会在乎。妮科尔给予的这份感谢礼物对我而言实在是太重要了。

　　罗伯特·路易斯·史蒂文森说："朋友就是你送给自己的一份礼物。"真正的友情是罕见的。绝对的爱意与尊重别人真实的为人，这同样是罕见的。施恩不望报，这在一开始就是一个不小的挑战。但这正是友情与善意最核心的理念。你要学会将施与的乐趣传播出去！当你露出微笑时，不要期望别人报以微笑。与别人分享真实的自己，同时不期望别人会与你分享他们的一切。尊敬别人，不期望别人反过来尊敬你。我相信，你会因为这样做而感到更快乐。

　　当你尊敬朋友与家人圈子之外的人时，内心是否会有一种温暖与充满爱意的情感呢？当你给予那些无家可归或急需帮助的人一些救助，内心是否也会有一种温暖的情感？既然这样，为什么我们常常对家人和朋友更苛刻呢？尊敬家人、朋友以及陌生人，这是一个需要不断学习的过程。在你尝试这样做时，要保持耐心。

　　我们对待家人与朋友的方式，通常都会决定我们是否感到幸福。幸福本身与你的家人与生命一样，都是无法用金钱来衡量的。无论你可以用钱买多少物质上的东西，它都无法给你带来幸福。看看那些想在错误的地方找寻幸福的人吧，他们需要从内心里找寻，反省自己的行为。当更多人尊敬彼此，那些影响我们过上成功人生的有害争论都是可以避免的。

　　"没有任何借口"的原则意味着帮助别人明白一点，即成功的原则不仅适用于你的事业，也同样适用于你的个人生活。当你运用各种方法与技能，去传递一种更为积极的态度时，你的人生将会获得全新的意义。你在回到家后，怎能将保持了一整天的自控力抛掉呢？难道你的家人与朋友不是更值得你的尊敬与耐心吗？

　　"没有任何借口"是一个符合所有人的原则。你在运用它的时候，将会对真实的自己抱着更多敬意。当你尊重自己时，你才能更好地帮助家人与朋友。按照"没有任何借口"的原则去生活，有助于你挖掘自身的无限潜力。

_ 化干戈为玉帛的故事

　　美国内战期间，没有比罗伯特·李将军在阿波马托克斯向尤利塞斯·格兰特将军投降的历史性事件更能阐述这部分的内容了。

　　下面是格兰特本人对李将军投降时的回忆，这段文字充分展现了在面对敌人的时候，友情所释放出来的巨大力量。

那天早上，当我离开军营时，没料到对方就要宣布投降了，因此只是穿着简单的军服。我没有佩带军剑，就像平时在战场时骑在马背上，穿着普通士兵的宽松上衣作为外套，只有肩章上的军衔说明了我的身份。当我来到阿波马托克斯郡府的时候，我发现李将军就在那里。我们寒暄了一番，握手之后就坐了下来。我带着参谋过来，其中不少人都在房间里参加了整个会谈。

当时李将军的内心是什么感受，我无从知道。因为他是一个有尊严的人，喜怒不形于色。他到底是在心底暗暗窃喜战争结束了，还是为战败感到悲伤，这些都无从知晓。总之，我完全无法感知他的想法。我之前的内心还是相当喜悦的，在接受李将军递交的投降书后，却感到悲伤与压抑。我为这样一个长久以来顽强作战、为此忍受了巨大挫折与牺牲的人做出投降，感到伤心难过。虽然我认为他们为之作战的理念是错误的，但这至少是他们的一个借口。我没有丝毫怀疑反抗我们的人所表现出来的真诚。

格兰特与李商定了投降条款。格兰特就像一位真正的朋友，小心地避免做出羞辱南部联盟的行为。他允许他们重新回到故乡，保证他们不会受到联邦政府的惩罚。他同时还允许这些南方士兵保存他们的个人财物，包括私人的马匹、包裹与随身武器。这就是格兰特做出的一系列尊重行为，李将军对此表达了感激之情。

格兰特继续对这一历史性事件进行阐述：

南部联盟投降的消息首先传到了前线，我们的士兵鸣枪数百发庆祝胜利的到来。我一直下令停止这样的行为。南部联盟的士兵现在成了我们的战俘，我并不想在他们失败的时候大事庆祝。

我想要立即回到华盛顿，停止购买军需物资，因为我觉得继续这样做就是浪费金钱。在动身前往华盛顿之前，我认为应该再次看望一下李将军。于是，第二天早上，我骑着马越过了我方的前线，朝着他的大本营骑去，前面有一名军号手与一名举着白旗的参谋。

李将军很快骑上马，出来看看谁过来了。我们就在前线见面，彼此坐在马背上，进行了超过半小时的愉快交谈。李将军对我说，南方是一片广阔的地方，需要继续派军队到南方三四次，才能彻底平息战争。我们现在可以联手这样做了，因为没有了强劲的对手。他表达了内心的期望，就是希望不要再造成任何损失或是伤亡，但他也无法预测这样做的后果。接着，我向李将军建议，在南方联盟军队里，没有任何一个人有他那么巨大的影响力，如果他能劝降其余尚在抵抗的士兵，我相信那些士兵都会听他的……

我身边还有参谋与其他军官，其中一些军官似乎想要到南方联盟的阵线那里看看。最后，他们请求李将军允许他们过去看看一些老朋友，要求得到了允许。他们来到了南方士兵的前线，与过去的朋友进行了愉悦的交谈，并在他们回来的时候带回了一些南方士兵。

李将军与我分别之后，他回到了他的阵线，我回到了郡府。双方军队的军官都可以相互来往，似乎都为在同一面旗帜下作战、长久分离后可以重聚而感到无比欢欣。在那个时候，我觉得似乎所有关于这场战争的记忆都从他们的脑海里消失了……

威廉·佩恩说过："友情就是精神的联合。"没有比他的这句话放在这里更贴切了。格兰特与李将军这一段经历，是友情与尊重的典范，让原本敌对的双方放下争端，这有助于美国人民重新恢复一种真正的精神联合。

_ 感恩是你能给予的最好心意

每个人都希望自己的贡献能够为别人所尊重与理解。当我们用洋溢在脸上的愉悦神色去表达对别人的尊敬与问候时，其实就是在将这份礼物送给他们。当别人送给我们同样的礼物时，我们也应该充满感恩——不管是妻子多年来一直默默的支持，还是别人一句肯定鼓励的话语，或是孩子纯真无邪的微笑。

要想对生活中发生或出现的一些事情、机会、人怀抱感恩之情，就需要我们达到一定的成熟程度。不管接受任何馈赠，都要敞开我们的心扉，表达自己的感谢，因为无论是对施与者还是索取者来说，这都代表着一种生命的圆满。

"施与"是一个强大的词语。我建议将"施与"一词添加到你们的愿望清单里，你要将施与的东西以及施与的对象具体化。

如果说施与是精神富足的标志，那么表达感激就是一个人睿智的象征。在这种情况下，富足与金钱或是财富没有任何关系。

好好对待你所爱的人，好好地感激他们的存在，这就是你保持爱意新鲜的方法。你可以用语言与行动向家人与朋友表达你的爱意。现在就该这样做，因为要是拖延的话，可能就再也没有机会了。

为自己获得了一次痛苦且宝贵的教训而心存感恩吧。你要想想，对一个爱你的人来说，他们能给予你劝告是多么难得，因为要冒着遭受我们拒绝的风险。这就是我们所说的"严爱"。有时，我们需要别人告知自己一些不大愿意听的话，才能更好地成长与进步。

_ 如何交朋友

在《人性的弱点》一书里，戴尔·卡耐基这样写道："一个真心对别人感兴趣的人在两个月内所交到的朋友，比一个一心只想让别人对自己感兴趣的人在三年内所交到的朋友还要多。"

　　为了更好地阐述他的观点，卡耐基列举了小狗与人轻易成为朋友的例子："当一只友善的小狗在你十英尺以内的范围，它就会摇动尾巴。如果你用手抚摸它的话，它就会用舌头舔你，或是跳到你身上。小狗就是通过真诚地对人类表现出兴趣，从而成为人类最好的朋友。"

　　我想要与你们分享我的女儿多年前写给我的一张小字条。这张字条是我最珍视的宝藏，它比任何专家教给我的道理都更有益。

　　一天早上，我对女儿的一些行为大发雷霆。后来女儿上学前给我留了张字条：

亲爱的爸爸：

　　如果我让你生气了，我很抱歉。但在你生气时，请不要用手指着我。我会努力做到更好的，但你也要理解，我现在只有八岁而已，我努力以你为榜样，但有时这并不容易。

　　我爱你。

妮科尔

　　之前，已经有人提醒过我要学会控制情绪。不过他们的提醒都不如女儿这般，甚至连我在西点军校军官的训诫都不如这次带给我的震撼大！当你知道某人足够关心你，愿意告诉你他内在的感受时，这会让你收获真正的关爱。

_一位朋友的回忆

　　西点军校对正直的品格非常看重。它的荣誉准则是这样的："学员绝对不能撒谎、欺骗、偷窃，也决不容忍他人有这种行为。"

在我来到西点军校的第二年，我发现室友抄袭了我写好的论文，然后署上自己的名字提交了。当我思考如何应对时，内心曾有过痛苦的挣扎。最后，我报告了他的抄袭行为，他也被转移到了另外的连队。

现在，每当我想起他的时候，内心都会感到一阵不安。使命呼唤着我去遵守荣誉准则，而我们之间的友情却让我左右为难。如果不上报的话，我将不仅失去对军团与自己的尊重，而且还会失去对朋友的尊重。我只能认为，如果我无法遵守对荣誉准则的承诺，就是不尊重西点军校、自己以及我的朋友。

_ 制定个人和家庭的使命宣言

在史蒂芬·柯维的《高效能人士的七个习惯》一书里，他分享了自己制定的一个家庭使命宣言的故事。我们都听说过企业会有使命宣言，这是企业老板对员工行为的一些指引，这些指引不仅要求他们完成工作量，还鼓励他们培养重要的价值观以及目标。

在此，我将与你们简短地分享一下我家的使命宣言。

第一点是"向家人与别人展现出足够的礼貌"。如果我的孩子在成长过程中学会了礼貌待人，我觉得自己作为父母是成功的。要想对国王表现出礼貌，这是容易的；要想对一个乞丐表现出善意，只有真正具有仁慈之心的人才能做到。

如果我的孩子以礼待人，会照顾他人的感受——不管对方的身份、种族与职业——那么他们就给了对方一份尊重的礼物。

如果我们能在一种开明与充满爱意的关系中表达情感，孩子在遇到麻烦时，就更有可能没有任何隐瞒地坦诚沟通。

第二点是"无论做什么事，不管大小，都要做到最好。只要你付出了最大的努力，即便失败了，也没有关系"。不管你最后得到何种结果，这都有助于你对自己表现出足够的尊重。

第三点是"忠于你的所言所行，诚实待人。在困境中，千万不要想着去欺骗"。如果你违背了自己的良知，将永远无法有真正的大成就。

_ 尊重能让工作更高效

在职场里保持相互尊重，这同样非常重要。美国再也不是熔炉了，而是一个真正意义上的"沙拉碗"。我们来自不同的地域，有着不同的文化背景，想法不同很正常。我们都需要欣赏与尊重彼此，因为每个人都具有自身的价值。

我所提到的"沙拉碗"是什么意思呢？沙拉是由成熟的西红柿、新鲜的绿色青椒、脆口的菠菜、洋葱或是蘑菇组成的。这些菜混在一起，就形成了一道可口的沙拉。每一种菜都有属于自己的独特味道。我们在职场上也同样如此，在一个多元文化的世界，如果以带有偏见或是批判的眼光去看待别人，无助于与别人形成良好的关系，也会影响到彼此的成长与进步。

绝不要轻易对别人进行评判。家庭、企业与其他的组织都是一个系统，一个国家就像汽车拥有着复杂的系统。如果汽车的传动装置出现了问题，那它就无法运行。如果家庭、企业或是其他组织的某个要素出现失衡或是丢失的情况（比如缺乏沟通、尊重与礼节等），那么整个系统就无法正常运转。

在职场世界里，如果彼此之间充满了怨恨，只想着追求权力，相互倾轧与指责，或是传播各种流言，怎么可能相互合作呢？如果人们总想表现出好的一面，掩盖自己的不足，又能做出什么成绩呢？如果人们不能彼此尊重，又怎能组成一个高效的团队呢？

我们都生活在一个由各种系统组成的社会里，这就像是一个"沙拉碗"。每个人都有自己要扮演的角色。最快乐的人就是那些能够追随本心，为目标去努力的人。这将会让他们成为最好的自己。

_ 你会欣赏别人吗

你上一次向最亲近的人展现出真正的关心是在什么时候呢？你是通过什么方式去表达的呢？你可以通过一个电话、一封信、一份礼物、一声谢谢、一张祝福卡片或请他们到他们最喜欢的酒店里吃一顿等方式。其实，表达关心并不需要想太多。诸如出人意料的一个拥抱，加上一句善意的话语等简单的行为，都能让对方的世界变得灿烂与美好。

在我的妹妹为她的事业感到挣扎时，我曾给她写去一封信。那时，她对人生感到迷茫，不知道何去何从。我在信中这样写道："不管你以后做什么，我都会支持你。你拥有丰富的经验与知识，你在过往的人生里已经证明了这点。无论你选择从事什么行业，都一定会一帆风顺。"我给予她支持，肯定了她所拥有的经验、知识以及过往的成绩，同时还给予了她无条件的爱。

绝大多数父母都会珍视别人寄来的信。如果你在信中写上"感谢你曾经陪伴在我身边"这样的话语，他们可能会看上一百次。

为什么一些家庭在聚会，特别是在假期聚会的时候，总要发生一些不和谐的事情呢？原因其实很简单。最亲近你的人认为他们足够了解你，可能没有意识到你在过去一段时间已经成长了许多，而他们却依然原地踏步。因此，他们依然按照之前的方式去对待你，这就容易造成摩擦。

幸运的是，你越得到充分的发展，就越容易成为别人最亲近的人。我还记得成长时期母亲教育我的情景。我会说："哦，不是的，我没有那么糟糕的脾气。我有充分的耐心，我并没有依赖你。"那时，我会对母亲给予的积极建议心怀不满，但在我渐渐成熟之后，发现她说的绝大多数话都是正确的。你是否会得出一个结论，即你的年龄越大，你就越懂得欣赏父母所具有的智慧？其实，这也是你个人成长的一个标志。

你越懂得对别人表达感激，就越能成为一个更快乐的人。你可以向家庭、职场之外的其他人表达你的尊重。你的个人成长是关键。你获得越充分的成长，就越有可能产生感激之情。

_ 将内心的伪装卸下来

如果我们陷入社会对何谓成功的定义，可能就失去了对真实的自己的感知。对表演者或是想要提升形象的女性来说，面部化妆是可以接受的。但是，对内在心灵的"化妆"又该怎么面对呢？你用了多少脂粉对心灵进行"化妆"，只为了隐藏自己的真实想法与情感呢？

我们是否愿意卸去心灵的"妆容"，从而让最亲近的人看到我们的真实面貌，了解我们的真实为人呢？当我们这样做的时候，就会在与别人分享的过程中变得更好。当然，这是需要专注力、自信与自尊的，这需要拥有积极的心态与自控力。我们要知道，每个人都是不同的，并在不同的背景下成长。通过展现真实的自己去表达对别人的尊重，这是你所施与的一份最重要礼物。

_ "没有任何借口"行动计划：记得尊敬家人与朋友

1. 对你所关心的人无条件地给予。我们都不知道自己能活多久，因此珍惜与别人此时此刻的相处吧，明天可能就太迟了。

2. 发现最具施与与索取价值的礼物：尊重我们所关心的人，学会享受施与带来的乐趣。给予别人微笑的同时，不要想着别人回馈微笑，尊重别人的同时，不要想着别人回报尊重。

3. 通过感恩去提升自己与别人。你可以列举出许多值得你感恩的人、事情与机会。始终保持感恩的态度，要对你已拥有的心怀感恩。

4. 与所爱的人保持亲密的关系，你要学会欣赏他们的为人。这是让爱意保持新鲜的方法。

5. 通过对别人产生兴趣去交朋友，倾听别人的心声，努力满足他们的需求。

6. 制定一个家庭使命宣言，这可以涉及你的配偶与孩子。（如果你独自生活，也可以制定一个有关个人的使命宣言。）当你以开明与友爱的方式进行沟通，孩子在遇到麻烦时会第一时间寻求你帮忙。

7. 尊重与欣赏你的同事，因为每个人都能做出独特的贡献。如果你依然心存偏见，就要想办法去改变。

8. 要以真诚的态度与别人接触。通过表现出真实的自己来表达对别人的尊重。不要虚情假意，要将你与别人的关系建立在自尊的基础之上。

9. 尊重却不取悦他人，不要做牺牲真实自我与原则的事。如果最终的结果能够惠及所有人，你才可以牺牲自己的一些需求。

第十二章
坚定决心，才能走向成功——第八步

_ 像大雁那样尊敬别人

今年秋天，当你观察大雁迁徙时，就会发现它们会以"V"字形的队列前进，你可能想知道这背后的科学性。当每只大雁挥舞着翅膀，就能为后面的同伴创造上升的气流。当它们以"V"字形队列飞行时，整群大雁就要比单独一只大雁飞行的距离高出71%。那些有着共同目标与集体感的人，能更轻易地实现梦想，因为他们能在彼此的帮助下前进。当一只大雁脱离了飞行队列，就会感觉到单独飞行所带来的疲倦感、空气的阻力，接着会迅速飞回队列当中。如果我们能有大雁这样的常识，就会与志同道合的人一起前进。当领航的大雁疲倦了，它就会飞到队列后面，另一只大雁会出来领航。因此，这种轮流肩负领航使命的行为是符合常理的。与大雁一样，人活在这个世界上也需要相互依赖。飞在队列后面的大雁会发出雁叫声，鼓励飞在前面领航的大雁，促使它加快飞行的速度。我们也需要确保跟在后面的人能够给予鼓励性的话语，而不是打击大家的信心。最后，当一只大雁因为生病或是被猎枪击中掉出了飞行行列，另外两只大雁就会脱离队伍，追随这只受伤的大雁，给它提供一些帮助与保护，直到它有再次飞行的能力或是死去。如果我们能够有大雁这样的智慧，无论在坚强抑或软弱时，都能共同面对困难。

——弥尔顿·奥尔森

在这个世界上，任何东西都无法取代坚持。才华无法取代坚持，因为世界上有才华却没成功的人比比皆是；天赋无法取代坚持，因为有天赋却没有得到奖赏的人多如牛毛；教育也无法取代坚持，因为世界上到处都是受过高等教育的失败者。坚持加上决心，才具有至高无上的力量。

——卡尔文·柯立芝

"决心"一词会让你感到恐惧吗？即便会也没关系！你对决心的看法取决于自身的态度。在第一次经营零售商店的时候，我无数次想要认输，内心无比煎熬，因为身边的人总是不断跟我说："你永远都无法成功。"而我没有低头，依然怀抱想要成功的强烈愿望，不管这个过程会遇到多大的困难。

_ "不要退缩，不要犯规，果断行事"

西奥多·罗斯福总统就是展现强大决心取得成就的最佳例子。从他人生早年开始，他就下定决心要实现自己设定的目标。

他在还是一个男孩的时候，得过严重的哮喘病。他的父亲同样无比坚毅，他对儿子说："西奥多，你内心强大，却没有强健的体魄。身体不好，心灵也不可能走得很远。你需要好好锻炼身体，让自己强壮起来。"

年轻的罗斯福接受了这个挑战。他每天花大量的时间在运动馆进行训练，参与了一系列高强度的体育活动，包括网球、远足、划船与游泳等。虽然医生认为他无法活得很长，但罗斯福用行动证明了他们的错误。

西奥多·罗斯福在打造个人力量与忍耐力方面也表现出了相同的决心。比方说，在十五岁那年，他开始为哈佛大学的入学考试做准备。父亲聘请了一位私人老师帮助他学习数学、拉丁文与希腊文。罗斯福为自己制订了一周五天每天学习六到八个小时的学习计划。毋庸置疑，哈佛大学在当年的秋季录取了罗斯福。

罗斯福终其一生都坚守他从父亲那里学到的人生原则。他认为，每个人都需要创造属于自己的未来。国家应该为民众提供平等的机会，因此，他下决心铲除腐败，进行政府改革。

理想给了他前进的方向，决心给了他奋斗的力量。他还是上校的时候，就组建了骑兵部队在古巴与西班牙军队作战。他的梦想是追求所有人的自由。他成为纽约州州长后，大力打击企业的商业腐败，努力为移民工人争取权利。他成为美国总统后，对一些大型企业的腐败行为发动了一场"战争"，以保证工人与管理人员能从中获益。他将这称为"公平交易"。

罗斯福的决心也充分体现在他对子女的教育上。他希望自己的每个儿子都能"在追求正义的道路上，发挥他们的斗争本能"。在对六个子女进行教育的时候，他经常像一个教练那样进行训话："不要退缩，不要犯规，果断行事。"

_"绝不，绝不，绝不放弃"

不断变化的环境通常需要我们改变看问题的视角，当他人的一些行动或是其他事情影响到自己的生活时，有必要调整之前设定的目标。也许，你的伴侣离开了你或是你创建的公司倒闭了；也许，你小时候的理想是长大后成为骑师，最终却成了篮球运动员。面临这些情况，你要了解适时地改变目标与放弃目标之间的不同，并保持一定的灵活性，为自己的内心减压。

通过坚持不懈的努力实现一个可以实现的目标，这是"没有任何借口"的人生目标。一些人在创造奇迹前的五分钟选择了放弃，可能终身都会活在悔恨当中。一些人则是不断前进，直到取得最后的胜利。他们会说："没有任何借口，没有任何遗憾。"紧紧抓住你的梦想，努力地追寻吧！

温斯顿·丘吉尔爵士展现出的决心，让他成了一位与众不同的领袖。在大英帝国选择对纳粹德国采取绥靖政策时，他直言不讳地表示反对。如果他在那个时候就担任了首相，也许第二次世界大战就不会造成像后来那样严重的后果。当德国与邻国爆发战争时，丘吉尔所在的政党才刚刚上台，他立即承担起了大英帝国首相的领导职位。

他向英国人民展现了要继续作战的坚定决心。在那篇著名的《热血、辛劳、汗水与眼泪》的演说里，他激励着数千万英国人投入到战争中去。他早年的人生历练，就已经在绝不放弃这方面给了他宝贵的经验。

与绝大多数人一样，丘吉尔也遭遇过不少的挫折。在他九年的寄宿学校生涯里，学习成绩很糟糕，但他始终保持着坚定的决心。他并不满足于成为历史的一个看客，而是选择成为历史的参与者与领导者。他向英国皇家陆军军校桑德赫斯特——这所英国的"西点军校"——提交了三次申请，最终获得了录取。

多年后，他回到了哈罗公学——这是他的高中母校——给即将毕业的高中生发表演说。这次演说是哈罗公学历史上最简短的毕业演说："永不放弃！永不放弃！绝不，绝不，绝不放弃——不管是小事还是大事，重要的还是不重要的——除非你的目标违背了荣誉与善意，否则绝对不要放弃！"

正如丘吉尔在演说中提到的，绝不放弃并不意味着永远都不休息。你当然要有休息的时间，你可以利用它们重新评估没有给你带来满意结果的行动计划。

　　放弃与停下来休息之间的差别就在于：当你选择放弃的时候，梦想通常都会消亡；当你进行必要的休息与停顿时，梦想通常都会被燃亮。绝不放弃意味着你始终保持着梦想的生命力。

_ 克服挑战让你变得更强大

　　如果你觉得自己没有了其他选择，很可能就成为自身思想的"俘虏"。或者说，你根本就没有一个敢于追求的梦想。

　　那些认为只有自己穿上漂亮衣服或是鞋子才能去上学的学生，其实犯了一个严重的错误。如果他们花大量时间与金钱去购买这些东西，而不是为未来进行投资，这可能是因为他根本就没有梦想。他可能陷入了取悦别人的思维陷阱当中，会让别人操控自己的行为，并以牺牲梦想为代价。

　　当父母看着孩子在努力找寻梦想时，内心可能也会感到痛苦。有时，父母的梦想可能会对孩子产生不良的影响，他们可能希望孩子能替代他们去实现自己的梦想。指引孩子去发现适合他们的梦想，这与要求他们去实现你年轻时没有成为超级明星、学者或是其他人物的梦想存在本质的区别。

　　出现的困难通常会让我们产生放弃追求梦想的念头。但是，困难本身就是人生过程的一部分，正如蝴蝶需要从茧中挣脱出来，才能翩翩起舞。克服困难有助于提升我们的个人力量。要是我们将茧切开，不让蝴蝶靠自己的力量挣脱出来，那么出来的蝴蝶很快就会死去。这对于蛋壳里的小鸡而言也是如此，它只有经过自身的努力破壳而出，才能最终变得强大。

　　成功之人对于困难并不排斥。比方说，一位数学大师可能对解决一个具有挑战性的猜想感到无比兴奋。困难能够激发创造性的本能，我们在战胜挑战的过程中能获得巨大的成长。请记住，战胜每次逆境所付出的努力，都是一颗能够给我们带来更多好处的种子。这样的好处可能一开始不是那么明显，但在一段时间后，就会凸显出来。

_ 愿望与风险之间的关系

"没有任何借口"的人生需要我们对自己负责，这意味着你有时需要冒险，但并不意味着你要去做一些愚蠢与危险的事情。面对困难，我们通常需要对风险进行深思熟虑的评估。查尔斯·林德伯格在做出独自飞越大西洋的决定时，就对风险进行过深思熟虑的考量。他有这方面的技能，而且潜在奖赏实在太大了，因此不这样做反而是一种懦弱。

他的勇敢行为不仅改变了自己的人生，而且还改变了数以百万人的生活。这一壮举给他带来了名声，让他所写的书无比畅销，开创了一个航空时代。他的成就激励着世界各地的人，因为他以一种前所未有的方式缩短了国家间的距离。因为他坚持了自己的梦想，并愿意冒一定的风险去实现它，从而永远地改变了这个世界。

让我们审视一下愿望与风险、放弃与改变之间的关系吧。你是否放弃过某些目标，并在一年后为此感到遗憾呢？你之所以放弃，是因为没有足够的耐心吗？为什么你没有多坚持一下呢？

有时，人们在他们仅剩一步就能实现梦想的时候，选择了放弃。取得最后胜利的人都是愿意多走几步，敢于承担可控风险的人。风险与成功之间存在着一种直接的关系。如果你不敢冒任何风险，又怎么可能成长呢？

当你想去了解真实的自己，其实就是在冒险；当你准备交易时，其实就是在冒险；当你去认识一个人，其实就是在冒险；当你想解决一次冲突，其实就是在冒险。但是，你每一次的冒险，都有学习与拓展人生视野的机会。你的每一次冒险，有失败的可能，同时也有成功的可能。一次失败不过是一次学习的经历罢了，这并不消极。

要是你不敢冒任何风险，几乎就没有实现成功的机会。你要走出自己的舒适区，成为人生命运的主人。

如果你认为某些事情风险太大，目前尚不能做，那么，你可以通过不断学习与培养全新的技能，来降低这些风险。只有当你屈服于危险与负累，它们才会成为你走向成功的敌人。你可以降低一些风险，从而减少内心的恐惧。当你有足够的勇气，抵御内心更多的恐惧时，就可以重新恢复个人力量，让愿望带领你继续前进。也许，你还能找到其他方法去实现同样的目标。

就以游泳为例吧。如果孩子还没学会怎样游泳，让他在浅水池里待着，这是明智的做法。在孩子穿上救生衣后接受游泳课程训练，就能大大降低他们在深水池里游泳的风险，同时保证他们能够享受游泳的乐趣。当你将游泳的风险降低到可控的范围内，孩子就会养成学会游泳的坚定决心。

_ 人生由你的意志构建

十九世纪初期，一位名叫亚瑟·叔本华的哲学家写了一本名为《作为意志和表象的世界》的书。他的哲学理念一开始并没有得到人们广泛的接受。他认为，人生是由你的意志所构建的。上帝赐给人类最伟大的礼物就是自由的意志——即选择的权利。

让我们思考这个理念。你有着想要成功与成长的愿望，如果你缺乏这样的欲望，就无法成长和前进。

现在，请你反思一下自己的人生。难道你不是那个做出最后决定的人吗？难道你不需要为自己人生中几乎所有的事情负责吗？

你在过去所做的一切事情，不管是成功的还是失败的，都是你自我创造的人生的一部分。你不可能去埋怨任何人。如果你是睿智之人，就不该找寻任何借口，因为你的生活与所处的环境，几乎都是你一手创造出来的。你的意志、想要成长与成功的愿望，在很大程度上决定了你的人生会变成什么模样。你的意志会决定你的人生模式、状态与架构。

对我来说，想要成长并与别人分享这些想法的愿望，是非常重要的。无论他们是成功还是失败，都会影响我的观点以及我向别人表达自己的方式。

每当我反思过去，总会扪心自问，我在什么方面、什么时候、以怎样的方式去帮助别人呢？我又该怎样提升自己的能力呢？我的意志所具有的能量，我想要服务与影响别人的内在愿望，是构成真实自我的重要的一部分。你的人生又是由哪些部分组成的呢？

_ 当你的愿望足够强大时

前进与停顿之间的冲突，其实就是意志与风险之间的冲突。意志大于风险，你就会继续前进。风险大于意志，停顿就是必需的抉择。如果你不喜欢现在的工作，那么做出改变就成了一件必要的事情。你可以在某位导师的帮助下厘清茫然的头绪，但做出最终决定的人只能是你自己。

莎士比亚说过："我们都是会做梦的人。"历史上充斥着许多相信梦想并且为实现这些梦想坚持到底的人。你想要成为这些追梦者中的一员吗？你要相信，自己可以做到。

柏拉图为他的著作《理想国》付出了巨大的努力。他用九种不同的方式重写了这本书的第一句话，最后才感到满意。正如著名作家马里奥·普佐所说的："不断重写就是写作的全部秘密。"

杰西·欧文斯在年轻的时候，就聆听过高速竞走运动员查理·帕多克的演说。年轻的杰西在演说之后走到帕多克身旁说："先生，我有一个梦想，我想要成为人类历史上跑得最快的人！"为此，杰西锻炼自己那两条瘦弱的腿，不断坚持训练，努力成为一百米与两百米短跑跑得最快的人。后来，他赢得了四块奥运会金牌，名字也被载入美国体育名人堂。

富兰克林·罗斯福患上了小儿麻痹症，但他没有选择放弃。虽然他无法走路，却向全世界人民证明了他能成为领导美国的总统。罗斯福从来不因身体的残疾而找任何借口，他只是不断地为实现梦想而努力。

亚当·克拉克耗费了40年的时间为《圣经》做注解。弥尔顿每天凌晨四点起床，创作《失乐园》。吉本耗费了近20年的时间，不辞劳苦创作了《罗马帝国衰亡史》。据说，海明威在将《老人与海》一书交付出版前，检查了8遍。诺亚·韦伯斯特投入36年时间编撰了《韦氏大词典》。

有一个人，在他还是个男孩的时候，就梦想着能画连环画。年轻时，堪萨斯市的一位编辑建议他放弃对绘画的追求。虽屡次遭到拒绝，但他始终坚持自己的梦想，直到最后，一所教堂聘请他画一些宣传画。他在一间破旧的车库里工作，与一只最终名扬世界的老鼠成了朋友。此人就是沃尔特·迪斯尼，他的这位"朋友"就是米老鼠。他在1931年遭遇了一场精神崩溃，之后又遭遇了诸多的挫折与阻碍，但这些都不能阻止他对梦想的追求。沃尔特·迪斯尼说："如果我们有足够的勇气去追求梦想，那么所有的梦想都能变成现实。"

海伦·凯勒在失明失聪的情况下成为闻名世界的作家与演说家。虽然面临着天生的障碍，但她没有沉湎于悲伤，而是将人生过得精彩圆满。后来，她以优异的成绩从拉德克利夫学院毕业。海伦·凯勒身上展现出了坚韧不拔的精神力量。

莱昂纳多·达·芬奇耗费10年时间修改《最后的晚餐》。据说，他有段时间曾完全沉浸于创作，竟然好几天都忘记吃饭。

《最后的审判》，这幅被视为历史上最伟大的十二幅画作之一的名画，耗费了米开朗琪罗八年的时间。

1871年芝加哥的大火激发了德怀特·穆迪的决心，最终建造了一所让年轻人了解《圣经》与传播基督文化的学校。

在弗里茨·克赖斯勒年轻的时候，他想要学习拉小提琴。父母为他报了课程，鼓励他追求自己的兴趣。但是，克赖斯勒在学习过程中并未取得预想的进步，最终选择了放弃。他想要学习医学，也无果而终。接着他要加入军队，还是失败了。他尝试了其他的行业，依然一事无成。他急需获得一次成功的人生体验，于是回到他的小提琴老师那里，对老师说："我想继续学习。"老师说："好的，但你必须要拥有一种无法替代的品质——永不言败的决心。"弗里茨·克赖斯勒坚持了下来，最后进入了卡耐基音乐名人堂。

最后，再列举一些人的例子，他们有着强烈的愿望，敢于承受巨大的风险。

想象一下，尼尔·阿姆斯特朗在接受航天员训练时说："是的，这对我来说是一小步，对人类来说却是一大步，但我无法迈出这一小步。我感到非常害怕与紧张，这份工作并不适合我。"但是，他在现实中却说："不管要冒多大的风险，不管做出多大的牺牲，我都要迈出第一步。我要成为人类历史上第一个踏足月球的人。"实在是太棒了！

要是马丁·路德·金博士在演说《我有一个梦想》时说："我要离开这儿，最好不要再继续，否则将遭受伤害。"这会出现什么后果呢？当然，他知道发表这样的演说会让自己陷于危境，但他想要改变美国的社会现状，追求世界和平、种族平等，这种渴望压倒了他对失败甚至是死亡的恐惧心理。

莱特兄弟在发明飞机的过程中，展现出了非凡的勇气。他们几乎是在常人难以忍受的环境下设计、建造与测验飞机，忍受着大风、蚊虫、烈日的困扰，还有许多次可能丧命的飞行事故，时间长达四年之久。要是他们说："这实在太难了，我们还是躲回家，将这一切都忘掉吧。"那会怎么样呢？他们放弃了之前的自行车生意，冒着生命危险去追寻梦想，要是他们说："这太不划算了。"情况又如何呢？他们愿意冒着失去一切的风险去改变世界，终于将地球上国与国之间的距离拉得更近了一些。

你想要改变世界的愿望是否足够强烈呢？你是否愿意冒这样的风险呢？你愿意做出怎样的牺牲呢？你愿意付出多大的代价呢？

为了得到你想要的结果，你准备更换工作吗？你愿意改变自己的事业吗？你是否计划自己创业？或者说，你是否想让自己的企业发展得更好，变得更高效呢？你是否跳出了现有的舒适区，选择追求另一条道路呢？这一切，取决于你是否有想要成长、成为最好的自己的强烈愿望。

_ 第一次推销

我放弃军队生涯，投身企业，这是我狠下心做出的决定。我需要学习全新的企业文化，培养全新的工作能力。为了取得成功，我必须要让渴望压倒风险。

当风险与渴望处于一种动态的平衡时，它们就能携手前进，有助于提升你的决心。我在刚进入销售行业的时候，就充分感受到这两种因素的影响。我作为医药公司代表，进行第一次销售拜访的过程很有趣。我所在的企业销售的药物种类很广，从治疗关节炎的非类固醇消炎剂到治疗心绞痛的阻滞剂等都有。

我为第一次销售拜访做了充分的准备。在区域经理的陪同下，我使尽浑身解数去介绍公司的产品。那位医生也听得很专注。在我说完后，他同意试用我们的药物。不过让我恼怒的是，他说他的专业是矫形术，并指出我刚才列举的药物都是他不能开的，因为它们是为心脏病人准备的。

这真让人尴尬。我的决心似乎用错了位置，但最终我的努力得到了回报。这位医生与我成了朋友。他欣赏我所掌握的知识，并愿意聆听一些有助于他的病人的药品。你肯定知道，在这次销售经历之后，在每次进行销售拜访前，我都会先了解医生的专长，从而提升销售的成功率。

至于我的销售经理，他以沉默的方式表达了对我的支持。在那位医生面前，他没有用自己更为丰富的销售演示让我感到尴尬。之后，他的鼓励和肯定对我尤其重要，他给予了我一份最好的礼物。

_ 通过"V.I.P."方法去保持动力

一些人可能无时无刻不在受负面结果的影响。如果其他人或是环境总是给你带来消极的影响，总是对你说"你无法做到"的时候，你该如何保持前进的动力呢？

首先，你要评估这些人是否有资格给予你建议。如果他们没有给你提供帮助，只是一味地贬低你的努力，那么最好不要与这些人相处。

一些人说激励难以持久，他们说得对，这就是你每天都给自己加油的原因，如同你每天需要洗澡一样。更重要的是，这些动力源于你的内心深处。如果你不自我激励，很有可能半途而废。外部的激励总是短暂的，只有源于内在的渴望才能让你不断前进，实现目标。

你该怎样自我激励呢？你可以考虑一下V.I.P.方法：

"V"代表着价值（Value）

看重自己的价值与目标。在你的内心深处，如果你认为自己是一个有价值的人，目标也是有价值的，就会有实现它的强烈愿望。如果你认为自己的梦想毫无价值或是不值得你为之努力，那么实现这些目标的渴望就会被削弱。看重自己、身边的人以及你的目标，这将会极大改变你在自我激励方面的表现。

"I"代表着整合（Integrate）

与志同道合的人交往，欢迎他们成为你的人生、家庭、事业或是工作的一部分。你与他们进行交往，就很可能得到更多的自我激励，因为他们释放出来的能量将会给你带来积极的影响，反之亦然。

彼此相互给予支持，这是取得成功的秘密之一。当你找到了这样的人，这能让你看待生活的视角产生大的改变。你能够得到他们的支持，知道自己在追求事业的过程中并不孤独。

"P"代表着参与（Participate）

参与一些能支持与帮助你实现愿望的研讨会与活动。如果你想要成为公司里一名优秀的销售员，就要参与一些行业聚会。

你有怎样的思想，就会成为怎样的人，也就能吸引什么样的人。你要思考自己想要什么，而不要思考你不想要什么。当你看重思考的价值，与志同道合的人交往，参与一些恰当的活动，并采取行动，成功自然会出现的。请记住V.I.P.方法。

_ 时间管理与愿望摧毁者

时间管理与愿望之间有何关系呢？时间管理到底是什么呢？任何人都能管理时间吗？不是的！你只能管理自身的行为。换言之，你只能管理自己。时间是永不停顿的。正是你在某个时间段对自身行为的一些管理，才能使自己不断进步。

当你在管不好自己时，实现目标的结果就会打折扣。为什么会这样呢？因为这会造成混乱与各种问题。当你感到茫然无措时，就容易偏离正道。

下面是时间/行为管理的几大杀手，会中止或是摧毁你的愿望。我将它们称为愿望摧毁者。

第一个愿望摧毁者就是拖延。如果你做什么事都拖拖拉拉，又怎能实现目标呢？拖延会影响你获得成功的决心。一般来说，拖延意味着懒惰，是对失败与未知的恐惧导致的。

当然，解决拖延的方法就是找到一个足够大的梦想，不断进行自我激励，为得到想要的结果付出各种努力。

_ 克服拖延的四个步骤

1. 找寻你的梦想。

专注于你想要实现的目标。

2. 开始执行。

一旦你开始行动，就能走在正确的道路上。

3. 运用"分段解决"的方法。

假设你有一根很大的意大利香肠，显然，你无法一次性将其吃掉，于是你将它切成许多份。你可以将庞大的任务，分解为一些细小且可控的部分。如果我们认为事情太庞大或是太困难，就容易产生拖延心理。

只要你能一步一步地行动，任何事情都可以完成。我上过一次电台广播，一位来电的女性表示她想要清理地下室。她说为这件事已经烦恼了八个月，因为地下室里存放着各种各样的旧物。我说："为什么你不用东西将地下室的一个角落圈起来，首先将这个角落清理干净呢？"

两周后，我收到了这位女性的回音，她表示自己已经这样做了，并且收到了成效。我不知道她是否将物体搬到了某个角落再开始打扫，抑或只是单纯地清理了那个角落。可以肯定的是，解决问题的一小部分，有助于她彻底解决这个难题。

某天，你可能决定粉刷一个房间，却被拖延症牢牢地控制住，因为你在开始粉刷前需要做各种准备。解决问题的方法就是一步一步来。你可以设定——在第一周，你只要选择颜色。第二周，购买粉刷的工具与刷子。第三周，粉刷一面墙。最终，你猜怎么着？在你还没有完全意识到之前，整个房间都已经粉刷完了。你可能还会对自己提前完成任务感到无比兴奋。

这种"分段解决"的方法，几乎在任何事情上都适用。你可能对80/20

的原则早已烂熟于心。就以零售为例吧。我所赚的80%的利润都源于20%的商品。在销售行业里，你完成的80%的销售额都源于你20%的客户。这样的法则几乎适用于其他所有事情，特别是在时间与行动管理上。你可能将80%的时间与精力投入到了20%的工作上。这20%的工作就是最困难的部分，也耗时最久。

4. 懂得激励自己。

在前进的道路上，记得奖励自己。不要单纯为了工作而工作。在你吃掉了一小块"香肠"之后，要给予自己一些鼓励，对自己说："嘿，我做到了！"当你给予自己一些积极的心理暗示时，就会发现这能激励你继续吃下一块"香肠"，粉刷另一面墙，或是清理地下室的另一个角落。在你完成了一件具有挑战性的任务时，可以看一部电影，买一件新衣服，看一本书或是做其他喜欢做的事奖励自己。换言之，你要享受这个过程。

第二个愿望摧毁者就是组织混乱。这主要出现在会议、文件处理与你所处的环境上。当你走进一间办公室，发现里面简直一团糟，各种文件散落一地，难道这不会对你产生消极的影响吗？你因而很难专注于手头上的工作。

若是开会又会怎样呢？要是你没有安排好会议议程，那么这场会议就会变得混乱无序，导致无法达成任何高效的结果。这会对你的愿望产生消极的影响，特别是在你离开会议的时候。你可能会觉得心灰意冷，没有从中得到任何收获。缺乏组织的会议让人抓狂，只有高效的会议才能增强大家的参与感。

你该怎样处理这些混乱无序呢？这与行为管理又有着怎样的关联呢？

首先评估形势。比方说，如果你的办公室乱糟糟的，可以认真观察一番，然后确定如何清理。**第二，优化工作流程。**按照事情的重要程度，分清做事的次序。**第三，执行。**按照事情的重要程度分轻重缓急，这会对你的工作产生重要的影响，让你变得更加高效。

以成功为导向的人是绝对不喜欢混乱无序的。如果你与别人一起工作时，给人一种混乱无序的感觉，这会让人内心产生抗拒。

你要将自己视为一家"企业"。无论你处于什么环境或是正在做什么，都应该为自己的"企业"——你的人生——负责。为了得到最好的结果，你需要做到井然有序，你要按照商业化的运营方式去管理自己的人生。

第三个愿望摧毁者就是打断。

对绝大多数人来说，这些摧毁者包括电话呼叫、电子邮件、短信、朋友圈等。

打断是人生的一种常态——你该怎样面对呢？

首先——管控你的人员、环境与办公室。

第二——学会沟通，让同事或下属不要在某些时候打扰你。

第三——下放权力。这可以让别人分担你的工作。无论你身边发生了怎样的事情，你都有责任去面对，或是监管你所放权的人。因此，你可以更高效地利用自己的时间、能量与资源。

_ 决心是实现梦想的关键所在

你与同事、上级和老板的关系，会影响你实现目标的决心。他们是鼓励还是打击你呢？你要想办法远离那些负能量的人。在选择一些关键人物的时候要小心慎重。

当你有了梦想，就要下定决心，付出行动去实现它。如果你的愿望足够强大，就会吸引那些志同道合的人。

现在，你已经有足够的智慧明白，你拥有什么并不等同于你是什么样的人。遗憾的是，在这个世界上，人们往往只关注物质上的财富。你是什么样的人始终都会跟随着你，不管你去到什么地方。你在实现梦想的过程中成为什么样的人，就代表着你是什么样的人。请思考一下玛瓦·柯林斯这首简短却又饱含深意的诗歌，然后铭记在心吧：

"本该这样"先生有一位朋友，他叫"不去做"先生。你是否有机会遇见他们呢？他们是否拜访过你呢？这两个人住同一间房子，这间房子叫"永远无法成功"。我听说这间房子被名叫"原本可以这样"的鬼魂萦绕着。

始终记住你能做什么，而不是想着你原本该做什么，源于内心的愿望是必需的。

你可以将自己的人生视为一个由一千块拼图组成的美丽风景画。你首先要拿掉盖子，将里面所有的拼图都倒出来，这就像你出生的时刻。当你将每一块拼图都翻过来，其实也就完成了早年最重要的成就，这就像一个婴儿慢慢学会了走路与说话。你定好了这个拼图的基础，也为人生打下了基础。

随着你慢慢成长，在你旅途到达一半时，比方说你已经将五百块拼图组装好，剩下的就是一片蔚蓝的天空。你看着那些相似的拼图，思考该怎样过上自己渴望的生活。事实上，你只需继续前进，永不放弃即可！成功是一趟旅程，而不是一个终点站。你可能永远都无法将人生的拼图全部组装起来，但只要你"勇往直前"，不断投注自己的情感、思想、才华与技能，最终就能成为最好的自己。

沃尔特·迪斯尼在实现梦想之前，失败了五次，他没有就此放弃。一次，某个学生团到迪斯尼乐园游玩，其中一个孩子举起手对导游说："要是沃尔特·迪斯尼还活着，看到这一切，岂不是很美好的一件事？"导游回答说："他已经看到了，这就是现在有迪斯尼乐园存在的原因。"迪斯尼在他的梦想成为现实之前，就已经有了宏大的愿景，并感受到了梦想的存在。

始终记住你想成为什么样的人，知道自己的人生该往哪个方向前进。当你产生了要有所成就的愿望，那么所做的任何事情都会有价值。你只需要朝着自己的梦想不断前进，让自己变得强大，保持坚定的决心，就一定能成功！

_ "没有任何借口" 行动计划：提升你的决心

1. 紧紧抓住你的梦想，努力实现它！正如丘吉尔所说的，"绝不，绝不，绝不放弃！除非你的目标违背了你的荣誉与善意"。成功属于那些坚持到底的人。

2. 迎接挑战。挑战能激发你的创造性本能，让你在克服困难的过程中不断成长。每一次穿越逆境之后，你将收获更多的回报。

3. 敢于冒险。你越能承担风险，获得成功的可能性就越大。

4. 要将实现梦想看成无价之宝。当你的渴望压倒了对风险的恐惧，你就能继续前进。

5. 千万不要为自己的无能与缺陷找寻任何借口。当你有了一个足够远大的梦想，你就能克服沿途遇到的各种障碍。

6. 通过运用 "V.I.P." 的方法，始终保持前进的动力。重视自己与目标的价值，与志同道合的人交往，参与那些能够帮助你实现目标的事情。

7. 通过下面四种途径克服拖延症：A. 找寻你的梦想，或是至少你非常想要做的事情。B. 立即开始，你只需要着手执行即可。C. 运用 "分段解决" 的方法，在某段时间内完成一小部分。D. 懂得激励自己，这将有助于你找寻自身工作的意义。

8. 通过下面三件事做到井然有序：评估、优选与执行。你可以观察所处的形势，对此进行评估；你要对待办的事情进行优选处理，然后加以执行。做到井然有序，这是成功人士的关键品质之一。

9. 通过下面三种方法去面对打断：管理、沟通与放权。管理你的人员、环境与办公室，告诉别人什么时候可以打断你。

10. 始终思考着你能做什么而不是你原本该做什么。你有怎样的想法，就能成为怎样的人。你的内在愿望能让你实现自己的梦想。

第十三章
平衡你的人生——第九步

_ 活在当下

快乐源于内心，而不是存在于外在。活在当下，我要让自己适应一切，而不去试着调整一切来适应我的欲望。我以这种态度接受我的家庭、事业与运气；活在当下，我要爱护身体，我要多加运动，对它多加照顾，不损伤它，不忽视它；活在当下，我要学一些有用的东西，不再做一个胡思乱想的人；活在当下，我要做个外表讨喜的人，衣着尽量得体，轻声细语，行动优雅，不在乎别人的毁誉，对任何事都不挑毛病，也不干涉或教训别人；活在当下，我要试着只考虑今天怎么度过，而不把一生的问题一次解决；活在当下，我要制订下一个计划，写下每一刻该做什么。这样至少可以免除两大缺点——过分仓促和犹豫不决；活在当下，我要为自己留下独处的半个小时，在这段时间里，我要让生命充满希望；活在当下，我心中毫无惧怕。我要去欣赏美的一切，去爱，去相信我爱的人也会爱我。

在这最后一步里，我们想要将之前所有的步骤全部整合起来，让所有读者明白，成功是一段旅程，而不是一个目的地。成功阶梯的所有原则都是相互依赖又相互独立的。要想真正取得成功，你需要平衡自己的各种行动。

你的思想是你唯一有绝对控制权的东西。一旦你明白这点，就能让自己获得解放。与那些完全依赖本能生存的低等动物不同，上帝赐给人类自由的意志，从而让我们能够做出自由的选择。选择的能量能够让你摆脱空虚和无聊、对人生怀着健康的期望。

你在成功阶梯上的旅程为你勇敢闯荡人生与获得成就，搭建了一个很好的平台。当你阅读与研究"没有任何借口"的原则时，就有机会敞开心扉，更好地接受那些能让你过上成功、幸福与圆满生活的思想原则。你能消除任何阻碍你无法实现目标的习惯与借口。

马克·吐温曾说："习惯就是习惯，你不可能一手将它们扔出窗外，而只能一步一步地哄骗它们走下楼梯。"当你过上了"没有任何借口"的生活，就能远离那些可能会抵消自身努力的负面思想。

我们首先要做的一件事就是去定义成功。我对成功的定义可能与你的不同，这无关紧要。幸福的感觉源于我们的内心。

人生很像一个圆，要是不将其他的部分聚合起来，那么你过上幸福、圆满生活的可能性就会大大降低。

每当你有需要完成的任务，却想着找寻借口的时候，请三思。你要提醒自己为自身的行为负责。你在践行"没有任何借口"的人生原则时，记得要将消除借口视为生活中的优先任务。

取得成功与平衡你的人生，这需要融合成功阶梯的各个步骤。要是缺乏自尊，你就很难相信自己。要是缺乏目标，你就很难知道该往哪个方向努力。

你为自己的决定承担责任，不管你是否得到想要的结果，都能从这段经历中获得成长。

_ 创造自己的"独立宣言"

1776年，《独立宣言》的问世标志了一个伟大的共和国诞生了。56个人冒着生命危险签署了这份宣言。他们没有为此找寻任何借口，而是愿意为自己的行为负责。今天，"没有任何借口"的生活原则能让你签署一份属于自己的"独立宣言"，让你过上自由与进取的生活。

为什么美国的建国元勋们会创造出《独立宣言》呢？在大英帝国击败了法国之后，他们不愿再受英国的控制。当时的美国人民具有高度的责任感，不再需要任何外在的影响与支持。

记住《独立宣言》的这段话，将之视为你个人的"自由宣言"：

我们认为这些真理是不言而喻的：人人生而平等，他们都获得了"造物主"赋予的某些不可转让的权利，其中包括生存权、自由权和追求幸福的权利。为了保障这些权利，所以创建了政府。而政府的正当权利，由统治者赋予。如果政府损害这些权利，那么人民就有权利来改变或废除它，建立新的政府。新的政府要建立在上述原则的基础之上，并且按照这样的方式来组建它的权力机关。

当你过上了"没有任何借口"的生活，实际上就是创造了属于自己的"独立国家"。你就可以像任何真正独立的国家那样，与其他国家和平相处、结盟或是开展贸易。1776年7月4日，56个人为美国确保了独立自主的未来，改变了人类的历史。现在，你可以充分展现自己的独立性了。我建议你在私人日记本、计划书或是日历上写下这样的肯定话语："从今天开始，我要对自己负责，我要充分行使生存、自由与追求幸福等与生俱来的权利。"

_ 成功源于何处

最近，我查了一下字典，想知道上面对"成功"一词的定义。让我大吃一惊的是，其中一个定义是这样的："所谓成功，就是一件事情的结果，不管它是正面还是负面的。"这样的定义是否会让你大感不解呢？它意味着即便是一种负面的（有害的）结果都可视为成功。在理想状况下，你能从中获得智慧，不断成长。你的世界观与态度，决定了你对事情的看法。

记住，每一次逆境背后，都隐藏着同等或是有更大收获的种子。这个世界根本就没有所谓的失败！有的只是你不断学习与成长的机会罢了。

你要如何面对失败呢？人生始终是一个有高有低、有上有下的过程。如果你担心自己会失败，这会让你更难克服困难，因为你把精力都消耗在焦虑不安上。爱因斯坦曾说："人们总为看不见的事忧虑。"如果你将注意力投注在负面的事情上，就是在自掘坟墓，这让你难以战胜失败。

_ 完全宽恕

宽恕是成功的重要的一部分。如果你责备自己与自己的过去，并将这视为你一事无成的借口，那么你将永远都无法前进。如果你将家人、同事或是其他人视为自身失败或是无法成功的借口，那你也将一事无成。

无论你找寻了多少借口，依然要为自己的人生负责。无论外界的影响因素有多少，你依然是自己事业与生活的最终主宰者。

一旦你能勇敢地面对失败，用宽恕的眼光去看待一切，转变就开始了。

_ 拥有自尊

如果你缺乏对自己的尊重，怎么可能取得成功呢？如果你不相信真实的自己与你的为人，怎么可能取得成功呢？如果你对自己持怀疑的态度，怎么可能取得成功呢？

你的自尊心、对拒绝或是失败的恐惧心理，都源于你的童年生活。在绝大多数情况下，我们在生活中都希望得到别人的接受，并且取得成功。你的自尊心始终会处于一种摇摆的状态，这取决于你对自己的尊重程度，这反过来又会影响你对身边的人的感受。

你对身边的人的看法，其实就是自身想法与情感的一种反映。比方说，如果你感到开心，可能会觉得这个世界如此美好。如果你感到悲伤，可能就会觉得全世界都在哭泣。

你要尊重自身的才华与愿望，去做自己感兴趣的事情，增强自尊心。你唯一会伤害自尊的做法就是进行价值评判。尊重别人以及他们的背景，不要随意评判别人。

卢·霍兹在他的著作《正确做事的哲学》一书里就非常清晰地阐明了这点。当你做了正确的事情之后，就会对自己与你要到达的地方更有信心。你将会露出更多的微笑，乐于施与别人。你会想着与别人分享你的快乐以及沿途学到的东西。

_ 提升你的态度与热情

当你对自己感到满意时，做出给予与分享的行为是相对容易的。充满激情的态度不仅能给你在职场带来"奇迹"，也能让你的家庭生活更圆满。这是你给予别人的第一印象。

你的人生高度，并非取决于你的能力，而是取决于你的态度。

衡量你的态度最好的方法，就是看别人对你做出的反馈行为。如果你的态度消极且缺乏热情，那么别人就会尽可能远离你。你的态度与热情，可以从你的衣着与个人形象、你说话的方式与肢体动作反映出来。这些积极或消极的言行都会影响到你的表现。

如果一家公司的领导者的心态比较消极，做事缺乏热情，那么员工很可能也会如此！积极的员工可能会选择到其他公司任职。如果一个组织里的人都心态消极，那么该组织是不可能高效的。与公司的领导者一样，如果父母总是在抱怨、责骂、生气，这会对他们的孩子产生消极的影响。因此，请在你的家庭里保持良好的态度、充满热情，让他们知道自己于你是如此重要，一切才会朝完满的方向发展。

_保持自控

你在成功阶梯上的第一个考验，就是无论做什么事情，都要保持自控。它是衡量你的专业程度、信念与尊重自己以及他人的一个标准。

与此同时，自尊心还与耐心存在着联系。真正的成功是需要时间的。你可能听说过一些所谓一夜暴富的故事。但是，如果你认真研究一番，很可能会发现他们的"一夜"其实已经持续多年了。在你的所有想法、话语与行为上都要保持自控。在工作上表现出专业的精神，在其他方面也要表现出足够的耐心。

_ 始终诚实

真正的成功是诚实的成功。如果你不秉持诚实与正直的原则，无论你做什么事，无论你赚了多少钱，无论你建了多少房屋，都不可能感到真正的快乐与内心的平静。

我认为，绝大多数人都想去做正确的事情。如果你伤害了诚实与正直的品质，良心最终会感到不安。你可能会有一种负罪感，因为你对自己感到非常愤怒。如果你无法诚实地对待自己与别人，那么无论你去到哪里，都会怀揣着这样的感觉。除非你能解决这些问题，否则这将会消耗你的精神能量。

唯一可能的解决方法就是宽恕自己，纠正之前错误的行为。如果别人发现了你的不诚实行为，但你没有要"改过自新"的想法，而且为自己不诚实的做法找寻合理化的借口，别人就会害怕跟你谈论这些事，也不愿承担这样做的风险，因为他们对你可能会有的反应心存恐惧。

你有怎样的想法，就会成为怎样的人。你要为自己的信念勇敢地站出来，坚守你的正直品质，诚实地对待任何人，不管这要付出多大的代价。当你这样做的时候，别人就更有可能相信你，愿意与你沟通，与你一起工作，甚至跟你一起玩耍。你的事业与家庭生活会不断得到发展，变得越来越好。

正如某位智者所说的："一个借口就像是裹着事实的外壳，里面却充满谎言。"因此，你要始终保持诚实，永远都不要找借口。你只需说出事实即可。诚实才是最好的解决之道。

_坚持梦想、学会设定目标

成功是一趟旅程。正如作家兼商人的格莱恩·布兰德所说的，"成功是实现一个预先设定的有价值的目标的渐进过程，你的信念会让这趟旅程变得平稳与纯净"。你所设定的目标能定义你的成功。如果你对成功的定义是拥有一个快乐的家庭与稳定的事业，那就要为实现这样的目标去努力。为了获得这样的结果，你可以制订一个计划，采取各种必要的行动。

获得成就的一个关键就是将你的目标写在纸上，这要比没有这样做时概率提升四倍之多！将目标写下来可以确保这些信息经过你的大脑。看着你写在纸上的目标，能够给你带来将愿景视觉化的作用。

要是没有了梦想与目标，你就会缺乏前进的方向。你可能就像电影《绿野仙踪》里的人一样，有20条不同的道路可以走，除非你沿着"那条黄色的砖路"前进，否则永远都无法到达奥兹仙境。人生存在着许多变数，我们不一定能实现这些目标。无论最后得到怎样的结果，你始终都能从中吸取教训。你可能将设定梦想与目标的想法刻在混凝土上，却将你实现这些的计划写在沙子上。你要保持开放与灵活的态度，适时地调整自己的目标，从而获得满意的结果。

_提升你的知识

掌握实现梦想与目标的相关知识，这是不断激发你前进的重要机制。要想取得成功，这是你所依赖的主要资源。但是，倘若你掌握知识后不行动，这比你知识匮乏时伤害更大。你有很多可以获取知识的途径，因此你不能为自己没有掌握成功所需的知识找寻任何借口。

如果你想要成为最优秀的销售员，就要学习与销售相关的技能。如果你想要成为最好的父母，就要学习育儿方面的知识。如果你想成为最杰出的商人，就要学习商业知识。知识能够增强你的理解能力，给你带来智慧。除非你掌握了阅读与聆听的方法，否则要想获得成长是不可能的，因为如果你连这都不能做到，要想从一次棘手的经验里学到教训就更难了。

_ 多去了解别人

每个人都有不同的个性，了解主导型人格的人想要控制局面，谨慎型人格的人想要获得更多信息，支持型人格的人想要得到接受，激励型人格的人想要得到认同，这是很重要的。

我们在与别人就个人或是工作上的事情进行沟通时，都需要不带价值评判地观察别人的个性类型。我们对个性类型有一定了解之后，就可以思考如何与别人进行更好的沟通。如果你已经结婚，了解配偶的个性尤为重要，这样你们才能更高效地沟通。你的成功在很大程度上取决于你对别人的了解与交流程度，因此将时间与精力投入到这方面是很关键的。

_ 尊重你的家人与朋友

要是你与家人缺乏充满爱意的联系，那你还拥有什么呢？如果你以牺牲与他们的关系为代价获得各种物质财富，又会有谁在意呢？每个人都想要得到别人的尊重。当你施与别人时，你才能收获最大的奖励。

在阅读一本关于美国内战书信的书籍时，我发现了一名士兵写给家人的信："直到我参军之后，才发现家庭的重要性！"我当然能够体会这名士兵的感想，因此这句话让我深有共鸣。如果你参过军，到过异地上学，或是离开家一段时间，可能就会理解这名士兵的感受。正如一句谚语所说的：金窝银窝，不如自己的草屋。

关心你的家人，就好比一棵树，如果树的一个枝丫死了，那么这棵树还有可能继续活下去。但是如果这棵树的四五个枝丫都死了，那么这棵树死亡的可能性就极高。因此，你要与生命中最重要的人保持密切的关系，始终将他们放在心上。

_ 坚定你的决心

多了解一些克服了巨大困难最终取得胜利的人的故事吧！许多运动员都是战胜了各种挫折，才最终取得成功的。你可以看看威尔马·鲁道夫与杰西·欧文斯等人的例子。他们相信自己，内心有着想实现目标的强烈愿望，最终都获得了成功。无论他们面对什么挑战，都始终专注于目标，而不是专注于挡在前面的障碍。

决心是勇气的同义词。正如阿米莉亚·埃尔哈特在一首诗歌里所说："勇气是人生获得平静所必须付出的代价。那些不懂得决心的重要性的人，根本就不知道如何释放这种力量。"决心是让你过上幸福与成功生活的一个关键因素。

_ 民主与自由精神

现在，你有了帮助自己与身边的人过上更好生活的工具。你没有不去做的任何借口。当你将宽恕、自尊心、态度、热情、自控、诚实、梦想、目标设定、知识、理解别人、尊重家人与朋友，以及让你不断成长的决心融合在一起，你就能过上美好的生活。要是你能将这些步骤都整合起来，取得成功是必然的，你也必然能过上更加平衡、幸福与圆满的生活。

多年前，米哈伊尔·戈尔巴乔夫在弗吉尼亚州大学的创建日向听众发表演说。讽刺的是，这所大学是托马斯·杰弗逊——《独立宣言》主要起草者——创办的。杰弗逊对民主的思想直到今天依然对美国人的生活产生着深远的影响。他的理想依然激励着世界各地的领袖为民主改革去努力。杰弗逊留下了一笔让人类勇于改变的精神遗产，因此人们再也不会继续忍受绝望与歧视。

一个政府需要为它的民众提供一个适宜生活、追求自由与幸福的环境。我们每个人都有责任去拥抱生活，珍惜自由与进取的精神，在追求我们梦想的同时，鼓励别人也这样做。幸福就是我们追求梦想与朝着人生视野前进过程中的副产物。只有我们释放自身能力与才华去回馈这个世界，才能更好地了解自己。

拉尔夫·沃尔多·爱默生曾这样描述成功与平衡的人生：

经常大笑，赢得智者的尊重与孩子的爱意，赢得那些诚实批判者的欣赏，忍受不忠朋友的背叛，懂得欣赏美感，从他人身上发现最好的一面。要留给这个世界最好的东西，无论是一个健康的孩子、一片花园或是一个改良后的社会状况，知道世界因你的存在而变得更好，这就是成功的要义。

有什么样的成功比上边这段话说得更特别吗？我们都有机会与潜力去给别人的生活带来积极的改变。赚钱是重要的，但是改变这个世界同等重要。因此，我们没有任何借口不让自己变得成功。

_ 准备好飞翔吧

就像《为自己出征》一书里那位骑士的感受，你是否准备好去拥抱生活与机会呢？有这样一张海报，上边画着一只破茧而出的蝴蝶，在空中翩翩起舞，上面的标题是："你可以飞翔，但必须要破茧才行！"我建议你挣脱出自己的"茧"，准备随时飞翔！

那些没有付出努力却得到奖赏的人，往往不懂得珍惜。你为获得某样东西付出了越多的努力，就越发意识到其中的价值，就能在收获时心存感激，不会将这一切视为理所当然。

我们不会指责那些不知道自己需要什么的人，而应该帮助他们去找寻。我们可以告诉他们，满足感源于设定的梦想与不断追寻的过程。这是极为重要的。正如《圣经》上所说的，"生活在没有梦想之所，人就会走向死亡"。在你追求梦想的过程中，幸福的感觉自然会出现，这也算是一种额外的奖赏。

当你过上了"没有任何借口"的生活，就能够体验到一种平衡的成功感觉。正如西点军校培养了许多领袖一样，"没有任何借口"也能助你过上更圆满的生活。

"没有任何借口"的生活是让人兴奋的！现在，你已学会积极地去生活，并积累起各个领域的财富。当你运用这些原则时，你的人生就会超乎想象的精彩。

"没有任何借口"行动计划：取得成功与平衡你的人生

1. 你的思想是你唯一拥有绝对控制权的东西。你要明智地选择自己的想法。你有怎样的想法，就会成为怎样的人。

2. 写下自己的"独立宣言"！记录下日期，然后贴在一个你每天都能看到与读到的地方。下定决心就代表着你已成功了一半。

3. 不要担心自己会失败，这是消耗你时间与精力的错误方式。失败意味着一次学习的经历。你完全可以通过屡败屡战的方式取得最后的成功。

4. 宽恕自己、别人以及你所处的环境。抛弃所有的怨恨与仇恨。若是你的一只脚依然留在一垒，又怎么可能跑到二垒呢？充分释放你挖掘到的能量，不断地前进。

5. 保持自尊。消除自毁心态带来的负面影响，你对失败的恐惧心理就会自然消失。

6. 态度决定高度。保持热情的态度与愉悦的心情，更多的人就会聚集在你身边，你将能取得更大的成就。

7. 在你的思想、言语与行动上保持自控。这是衡量你的专业程度、信念以及尊重自己与别人的重要标准。在你努力前进的过程中，要对自己与别人保持足够的耐心。一夜成功需要你付出多年的努力。

8. 无论做什么，确保诚实。真正的成功需要我们具有正确的价值观与道德观。无论付出多大的代价，都要保持正直，这将帮助你赢得别人的信任。

9. 找寻让你充满激情的事，全身心投入到实现梦想的努力中去。幸福是你不断努力实现梦想与追求其他感兴趣事情过程中的副产物。

10. 你要尽可能地掌握与所在领域相关的知识。你可以通过阅读书籍、聆听广播、参加研讨会或是培训课程等方式去提升自己。你知道的越多，成功就会变得越容易。

11. 下定决心去实现你的梦想与目标。成功属于那些"绝不，绝不，绝不放弃"的人。

12. 尊重你的家人与朋友。在"最后的关头"，谁会真正地关心你呢？你要与生命中最重要的人保持亲密的关系。要是没有了他们，也就没有真正意义上的成功。

13. 努力了解各种不同的人格类型。只有这样，你才能更高效地沟通。学会与人交往，这是成功的重要基础。

14. 在七个方面平衡自己的人生：生理、心理、精神、家庭、事业、经济与社会。停下脚步，嗅一下玫瑰的芳香。成功其实是一段旅程，而不是一个终点。像把玩珍贵的珠宝那样享受每一天，让每一天都具有价值。

第十四章
将"没有任何借口"融入人生——将步骤整合

_ 装备

我的朋友,请你认真想想,你拥有所有伟大人物拥有的一切!你有两条胳膊,两只手,两条腿,两只眼睛,以及一个可以思考的大脑。所有人都是在拥有这些装备后开始生活的。看看那些伟大睿智的人吧,他们吃着普通碟子装着的食物,用着与你差不多的刀叉,穿着差不多的鞋子。世人却觉得他们勇敢且睿智,但是你在一开始就有了与他们一样的装备。如果你愿意的话,也一样能取得成功,成为一个伟大的人。你拥有足够的装备去迎接自己选择的战斗,你拥有双臂、双脚与一个大脑,那些伟大之人,在人生一开始的阶段拥有的装备与你相差无几。你是自己必须要克服的障碍,你就是那个必须为自己选择人生目标的人。你必须要说出自己想前往何处,要学习多少知识,想懂得多少真理。上帝给了我们足够多的装备去迎接生活,他却让你决定自己想成为怎样的人。勇气必然源于内在的心灵,只有那些拥有意志力的人才能取得成功。因此,我的朋友,请你认真想想,你天生就与那些伟人有着一样的装备。勇敢地激励自己，大声地说："我能做到！"

——埃德加·格斯特

　　为了结束你在成功阶梯上的旅程，我还要介绍更多的方法，让你将"没有任何借口"的原则与"成功法宝"融入日常生活中。

　　比方说，你每天是否践行宽恕？你是否想过这个问题？也许没有。当别人伤害你时，你会在某段时间不喜欢对方，而不是选择宽恕他。让我们学习如何宽恕吧。你将会发现，抛下愤怒与怨恨会让你如释重负，你将有更多前进的动力。

　　你是否想过自己每天的感受呢？早上醒来，你是否会对镜子说"我很兴奋"，抑或说"这只是另一天而已，还是老样子"呢？这一切都取决于你的个人感受。你是否想过要以更积极的态度面对生活呢？你只需要践行"成功法宝"的原则即可。你的态度将发生积极的转变。

　　你是否相信，作为个体的你，有足够的能力去影响别人的生活呢？在全世界数以百万计的人当中，你是否真的能够做出一些改变呢？答案是肯定的。

　　有一个故事，是说一个老人在海滩上散步，他注意到远处的一位姑娘似乎在浪尖上跳舞。当他走近一看，她其实是在捡起沙滩上的海星，然后跑向海边，将它们扔到大海里。老人好奇地问："你在做什么呢？为什么要将时间花费在这上面？"姑娘回答说："如果这些海星留在沙滩上，就会被阳光烤死。"老人说："沙滩上有成千上万的海星，延绵数百里，这有什么意义呢？"姑娘捡起一个海星，看了一下，然后将其扔向大海，说："至少对这一只，就很有意义。"

　　我们都有能力取得成就。无论我们身边有多少人，你至少有能力去改变一个人的命运。但你如何才能做到呢？问题的关键在于练习，重复前面章节所提到的方法。每一天，努力培养积极的态度。思考一下当你过上"没有任何借口"的生活所带来的改变。你该怎样将这些原则融入生活里呢？只有不断地训练，学以致用，最终才能不断地成长。

_ 自我肯定的力量

在践行"没有任何借口"的生活原则时，某种东西可以加强你的意念，这就是自我肯定。

在日常生活中运用自我肯定的方法，你能彻底地改变自己的人生。你只需要在一张三乘以五英寸的卡片上写下这些话语，贴在随时可以看到的地方——你汽车的挡板上、浴室的镜子上、电脑显示屏周边的位置或是办公室的灯具上。你可以将它们当成你"没有任何借口"的宣言。

这些自我肯定的话语，究其本质是一种积极的心理暗示。当你明白一般人对自己所说的70%~80%的话语都是消极的，那每天对自己说一句"我喜欢自己"这样的话，不是很好吗？

其他的一些自我肯定话语包括"我尊重我的家人与朋友，我要对自己的思想、言语与行为进行自控，我拥有不断推动事业发展的知识，我有优秀的人际交往能力，我能够持续地培养专业技能与才华，我是一个身材苗条健康的人"。这些自我肯定的话语都是以"我"为开头的，用现在时态表达出来，而且很具体。

你可以制作一个双列的表格，其中一列就是你的自我肯定话语，另一列则是相反的内容，从而彻底赶走所有消极的想法。最终，你会完全相信自己所写的话，这就是自我肯定的力量。

_ 你是如何定义成功的

定义你的成功，这也是践行"没有任何借口"与对自己负责的方法。

首先，你可以聆听你所尊敬的人的话。你认为谁是成功的呢？你想成为怎样的人？你可能崇拜很多人，这些人都是从事不同行业的专家。你可以认真思考他们的行为方式。阅读自传是很好的途径。你可以阅读诸如亚伯拉罕·林肯、查尔斯·林德伯格、本杰明·富兰克林、李·亚柯卡、马丁·路德·金、埃莉诺·罗斯福、莱特兄弟，以及其他人的自传。

完成这一步之后，你要询问自己，在你的人生里，你觉得取得哪些成就对你而言至关重要？是建造一座美丽的房子，与家人环游世界，供孩子上大学，为慈善机构贡献力量，创办一家大企业，发明某些产品，写一本书，或是其他让你感到激动的事情呢？你是否相信自己能够改变一切？你该怎样收获更多的幸福？真正让你感到满足的是和谐的家庭生活，一份充满回报的事业，还是与别人分享自己的成功呢？

一旦你知道自己想要给世界贡献什么，就能自己给成功下定义。我对成功的定义就是养家糊口，过上幸福的家庭生活，与世人分享"没有任何借口"这个原则。对我来说，成功并不单纯是获得物质上的东西，因为物质的东西会来来去去。单纯为了钱做事，这是肤浅与空虚的。千万不要误解我的意思。我们都需要钱生活，但我们更应该专注于一个事业、一个梦想或是一个使命。成功就是服务别人带来的结果，而金钱也是成功带来的结果。金钱不过是衡量你成功与否的一个标准，但不是唯一的标准。

_给予是过上成功与快乐生活的秘密

我发现，当你了解真实的自己，去做最喜欢的工作服务别人时，你将感到无比幸福。人生就是由不断地给予与服务组成的。找到你的目标，努力去做，你就能成功。再说一遍，你有怎样的想法，就会成为怎样的人。

我还要强调一个事实："种什么因，收什么果。"如果你想取得成功，想创造与满足你对成功的定义，就要努力地去服务别人。你所给予的会加倍返还给你。如果你始终从别人那里索取，就会将别人消耗殆尽。当你日后需要他们的支持时，你就会发现他们可能厌倦了没有回报的付出，他们已然被你榨干，失去了帮助你的能力。每个人都有需要别人帮助的时候，因此我们要怀着谦卑之心去接受帮助。

你要始终询问自己，自己每天是否在情感账户上存下足够多的"钱"。当你需要帮助的时候，账户是还有余额，还是已经透支了呢？你要通过向别人展现善意、公正、尊重等方式去"存钱"。当你坚持这样做，你会发现你更有可能取得成功。

_ 训练自己的决断力

列出一个你想在下周、下月或是下一年做出的决定清单。你想创建一个家庭吗？你想要获得提拔吗？你想要更换工作或是改变事业的方向吗？你想自己创业或是赚更多的钱吗？列出这些决定，有助于增强成功的信念。

你列出的决定是否符合你对成功的定义呢？如果你做出的计划与想要实现的目标不相符的话，请三思吧！至少，你要确保自己的决定不会影响你沿着已选择的道路前进。当你做出一个决定，就要意识到无论最后有何结果，无论是带来了积极的还是消极的影响，你都要为自己的决定负责，不要找任何借口。

你最喜欢的借口是什么呢？"我没有足够的时间""我感到很疲倦""我没有足够的金钱""我的妻子/丈夫不允许我这样做"……这样的借口还有很多。

问题在于，绝大多数人之所以找借口，是因为他们不愿意承担责任。比方说，事实也许是我们不想去做某事，而并非没有时间。我们要保持诚实的态度。

我希望你们能够列出一个借口清单。当你发现自己或是别人找借口时，你只需要说："没有任何借口！"想象一下，当别人听到你说"没有任何借口"，而不是不断抱怨或指责时的反应吧，他们很可能会感到惊讶，但你已经控制了整个局势。

我经常提及"抱怨"这个词，是因为抱怨的行为会产生严重的影响。当我听到某人抱怨时，就会感到抓狂。这是否也会让你感到抓狂呢？一个喜欢抱怨的人其实很不负责任！他们不敢对事情负责，不敢控制局面，不敢继续前进。

列出一个借口清单，然后消除这些借口。将这张纸揉碎，扔到废纸篓里。如果你家有一个壁炉，可以将这张纸扔进去烧掉！这将让你印象深刻。

_ 尊重家人与朋友

在与家人、朋友相处的时候，就是你展现尊重的时候。列出你想感谢的人的清单，向他们寄张卡片或感谢信。我相信，他们会在很长时间内感激你。人们喜欢被人惦记的感觉。

我发现，尊重我所关心的人，这会带给我一种积极的影响。你是否发现，你所给予的最终都会返还给你。"没有任何借口"的生活并不单纯属于你，而是应该与别人一起分享的。正如拉尔夫·沃尔多·爱默生所说："人生最大的一个补偿，就是任何人在帮助别人的时候，都必然能够帮助到自己。"我喜欢这句话，因为这是千真万确的。

当你过上了"没有任何借口"的生活，就会为其他人树立一个良好的榜样。你的身份是父母、销售员、经理、员工、秘书、企业家……总会有一些人将你视为人生的榜样，因为"行动要比言语更有力量"。

对别人产生兴趣，这是戴尔·卡耐基在他的著作《人性的弱点》中的主要观点。展现尊重，这不应该局限于那些喜欢你的人身上。我们都生活在一个多元社会里，向来自不同种族、文化、肤色、宗教的人展现出尊重，这是很重要的。懂得尊重与欣赏那些在身体与心灵层面上遭受挑战的人，这也是很重要的。我们都是这个世界的一部分，都有机会去改变这个世界，不管这种改变是大是小。没有人生活在一个"孤岛"上，我们都会对彼此产生一定的影响。

尊重就是其中的关键。为什么这样说呢？因为每个人都有自己能够贡献的东西，而绝大多数人也都想做出一定的贡献。当我们打击或是阻止某些人贡献自己的天赋、才华与能力的时候，就伤害了他们的自尊。

你该怎样尊重别人呢？首先是对自我负责，其次是给予支持。当你看到那些正在遭受痛苦、伤害，心态消极，缺乏自尊或缺乏自控的人时，你可以走上前说："听着，我有一些也许能帮助你的想法。我知道你正在遭受伤害。"你可以给予别人情感上的支持，展现出你对他们的关心。

你很有可能知道自己该怎么做才能最好地帮助别人。分享你的知识与理解吧。与别人分享"没有任何借口"的原则吧。

你不仅要将"没有任何借口"的原则融入你的生活，而且要将手头所有可利用的资源整合起来，更好地帮助自己成长。帮助别人走上承担自我责任的道路吧，鼓励他们明白一点，即他们是自己人生的决策者。只有当别人知道你是多么关心他们，他们才会在乎你的建议。

_平衡生活为何如此必要

要想过上快乐圆满的生活，我们就要学会平衡。要是你完全忽视别人的利益，即便取得了成功，那又有何意义呢？你可能也无法享受成功带来的喜悦，更别说面对他人的敌视。在我们谈论的所有思想里，平衡是最重要的。我们所处的生态环境，就应该是平衡的。若是某些方面失衡，会出现什么后果呢？无疑会带来严重的影响。

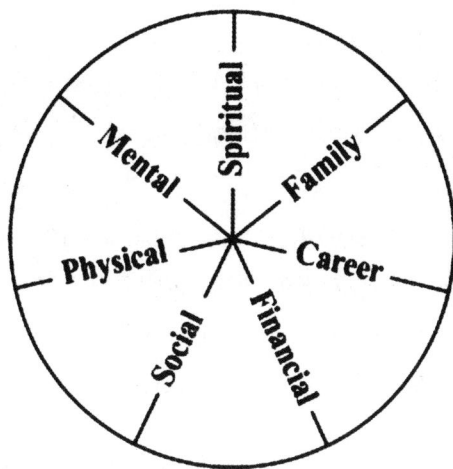

THE WHEEL OF LIFE

The Wheel of Life 生命之轮： Mental 心灵 Spiritual 精神 Family 家庭 Career 事业 Financial 经济 Social 社会 Physical 生理

_所有的方面都要兼顾，你才能过上平衡的生活

这个世界并不是从失衡的状态中创造出来的，你也是如此。你可以认真审视自己生命中的七个方面：社会、生理、心灵、精神、家庭、事业与经济。你可以扪心自问，自己是否在某个方面耗费了太多时间呢？你的人生是否处于一种平衡状态？或者说，你的人生是否像一辆有着不平衡轮胎的汽车——出现了一些摇晃的情况呢？

你是否花费了许多时间在工作上，将你的家庭与精神健康弃之不顾呢？你是否参与了过多的社交活动，让自己的收入直线下降呢？要想获得某些东西，使生活在一段时间内出现失衡，这或许难以避免。不过，我们要遵循"万事都要适度"的原则。你可能需要审视一番自己的人生，如有必要还要对各方面进行一番平衡。

你需要抽出一些时间去娱乐。如果你只是一味地工作，会让你的人生变得枯燥无味。你要适当放松自己。从长远来说，这反而有助于你取得更大的成就。

你可以坐下来，认真地分析你都将时间与精力耗费在了哪些方面。最终，你就会对人生有更清晰的认知。如果你发现自己将太多时间耗费在工作上，几乎没有为家人预留多少时间，你可能就会失去最宝贵的关系。你也许可以将一些工作放权给下属去完成，更早地回家。或者你可以向老板申请，需要一位助手分担你的工作。

如果你不关心身体与心灵的健康，它们终会有崩溃的时刻。你可能在一段时间内一直坚持这种高强度的工作，没有注意到健康的恶化，但是你的身体最终会告诉你说："不能继续这样下去了！"这也是很多人身心崩溃的原因——承担了太多的压力，却从未让自己放松一下。

你所不关心的东西，最终会离你远去。正如牙医经常会对那些病人说："不好好保养你的牙齿，痛感会消失，但你的牙齿也会掉光。"不关心自己的健康，那么健康也会离你远去。

你可能同样没怎么关心自己的精神生活，但这也同等重要。精神生活能够给你带来一些额外的东西，帮助你获得更清晰的视野，了解自己为什么要出发与前进。

你可能听到过这样一句话："金钱是万恶之源。"事实上，"对金钱的狂热才是万恶之源"。金钱能为我们带来食物、住所、衣服、供暖、交通、教育、学校，以及其他东西。没有金钱，我们几乎无法生存。如果你忽视了财务问题，可能会让你的人生失衡。你是否知道，因为缺乏金钱或是不善使用金钱所带来的争吵，是每个家庭关系出现紧张的主要原因。

人们离开学校之后，经常会很自然地忽视精神层面的提升。事实上，如果你想要过上更富有、圆满与美好的生活，就要不断学习与成长。你的心智就像一块肌肉，如果你不加以锻炼的话，那么它就可能萎缩。爱因斯坦曾说，我们只利用了大脑容量的10％！想想你大脑里潜藏着的那些尚未被开发的资源吧！你可能一天吃三顿饭为身体提供营养。既然这样，为何不每天阅读15~30分钟有关个人成长的书，给大脑补充足够的营养呢?

＿自我责任感能帮助你

某个晚上，我明白了"没有任何借口"的生活方式是多么让人兴奋！那时，我是西点军校的大四学生。一个周末，我与另外两名同学外出去参观位于纽约萨拉托加矿泉城的女子学校。虽然我们知道提前回校会是一个不错的选择（考虑到当时是冬天以及纽约北部的交通状况），却还是延迟了出发的时间。当我们最终离开时，就知道两个半小时的返程时间相当紧张。

在离西点军校还有两个小时车程的地方，汽车出现了故障，停在了奥尔巴尼，天又下起了暴风雪，这简直是糟透了。任何返校迟到的学生都要接受纪律处分。

外面下着大雪，车厢里一片安静。一想到我们即将要面对的后果，我的内心就感到害怕。我们仿佛看到自己在说："长官，没有任何借口！"说完就要接受纪律处分。对这种预期后果的恐惧心理，让我们不得不努力想办法。这最终促使我采取了"没有任何借口"的行动。我下了车，走出了公路，然后跳过围栏，穿越一片冰冻的田野，接着飞速经过一个停车场，然后走到了附近的一个教堂。我就像卡通漫画里的人物那样飞快奔跑，心里只有一个想法：快点找我妈妈过来帮忙。

我给在家的妈妈打电话——我家离纽约的金斯顿只有不到一个小时的车程，妈妈向我保证会过来接我的。接着，我们开始了一趟与时间赛跑的旅程，这其中发生的事情，我们三人都无法忘记。

只有当你开着你妈妈的车，在下着暴风雪的情况下沿着靠近西点军校的史东金山的高速公路上疾驶，妈妈坐在副驾驶位，两名后座的同学认为你还可以开得更快时，你才能真切地明白"没有任何借口"的生活所带来的兴奋感。

当我们回到西点军校时，非常狂喜地下车，心怀感恩地向我妈妈道别，并跟她说回去金斯顿的路上要小心开车（我的妈妈也是一位"没有任何借口"的人，绝对值得赞赏！）。接着，我们三人迅速冲到连部办公室的门口，上气不接下气地在回校学生登记表上签下名字。我们甚至不需找任何借口，责任感再加上妈妈的帮助，最终有惊无险。

虽然我在轻描淡写地讲述这个故事，但我们遭遇的困难与最终的成功，展现了"没有任何借口"的生活方式的精髓：在环境受限的情形下，做出超越常规的行为；尽最大努力去实现目标，并体验从中获得的满足感。

_ 公园里的小男孩

一个小男孩在公园走路，低头发现草地上有一枚闪亮的硬币。他捡起这枚硬币，为此感到兴奋与高兴。这件事让他充满了动力。每次外出的时候，他都会低着头想要找寻更多掉在地上的硬币。之后他在漫长的一生中，捡到了许多一美分、十美分、二十五美分甚至是几美元的钞票，共计十几美元。

他认为，这些钱并不需要他付出任何努力。而事实上，他付出的真正成本是他所错过的——他错过了大约三万次日落、三百多次彩虹，错过了他孩子成长的阶段，错过了小鸟在天空中歌唱与飞翔，错过了阳光、笑声以及其他美好的事情。这个故事传递出的道理，就是让我们要从日常生活中超脱出来，抬起头，好好地感受生活中有价值与美好的一切，真正享受人生的旅程。

_"没有任何借口"式生活的奖赏

在西点军校的人生经历是难以言喻的，它教育我要过上"没有任何借口"的生活，这反过来促使我传播这个理念，创作了这本书。

军队生涯带给我许多宝贵的人生经验，我从中学到了家庭、朋友、国家对于自身的价值并心存感激。军队生涯带给我的最大礼物，就是教会我要为自己的人生负责。同时，军队生涯还让我在设定了正确的目标之后，勇敢地面对全新的挑战——同时不去找任何借口！

过上"没有任何借口"的生活，勇敢地承担责任，为自己、家庭、工作与事业负责。追随内心的梦想，成为最好的自己。当事情变得棘手，要敢于说"没有任何借口"！继续追求梦想。当你将核心价值观、责任与平衡观融入你的个人与事业中，你就能取得最好的结果。

_"没有任何借口"：信条

我是一个"没有任何借口"的人。我要为自己的一切言行负责。我知道生命意味着什么，知道要出于使命感去做事。

我要宽恕自己过去所做的一切，尽管有一些失败的结果。我要宽恕自己所处的环境，努力克服眼前的障碍。我要抛下过去，勇敢前进，成就卓越。

　　我不要随意评判他人，而会无条件地接受他人，因为我们在上天眼中都是平等的。我不比任何人更好，也不比任何人更差。

　　作为一个"没有任何借口"的人，我始终对自己的才能与天赋充满自信。我要保持健康的身体，充满活力。

　　我要对自己的思想、话语、行动进行自控，有足够的耐心去完成目标。我始终要对自己与别人保持诚实，设定对我来说真实的目标。

　　我有一个足够大的梦想，这让我可以克服内心的恐惧，控制风险，过上自我选择的生活。我始终都在不断学习与成长——拓展着我的心智并学习全新的技能。

　　我关心他人，鼓励他们成为想要成为的人。我理解别人，并能与他们进行高效的沟通。我尊重家人与朋友，意识到他们对我的重要性。我尊重别人，欣赏他们的才华与能力，对所有人都心存爱意与怜悯之心。我有着服务别人与改变世界的强烈愿望。

　　我会在人生的七个方面——生理、心灵、精神、家庭、事业、经济与社交——平衡自己的人生。我的人生就是自身所做决定的产物，我是自己人生的主宰。我"没有任何借口"——我的所有借口都远去了。我要过上"没有任何借口"的生活!

　　我就是一个"没有任何借口"的人!

后记

本书的开头讲到，我在一千两百五十英尺的高空迅速下坠。降落伞的绳索缠绕在一起，无法正常打开。就在我以极快的速度要和地面"接吻"的时候，我意识到自己只有两个选择：要么立即死去；要么为自己的人生承担一切责任，采取必要的行动拯救自己。

我鼓起所有的勇气，运用平时学习的跳伞训练的知识，我选择为自己的人生负责。我命悬一线时，"没有任何借口"的人生哲学在我的耳边回响。这让我强迫自己不断抖动穿着沉重军靴的双脚，按照圆周的方式去移动，松开那些可能置我于死地的绳索。

我成功了！

我将自身最好的能力都释放了出来，降落伞奇迹般地打开了，而我也毫发无损地降落到地面上。

跳伞这个故事是"没有任何借口"原则的最好

注解。在掌握了跳伞所需的技能以及为自己的生命负责之后，我克服了一个无比巨大的困难。

当你接受了"没有任何借口"的生活原则，然后加以践行，就能安全到达目的地。

请认真思考"没有任何借口"的生活哲学与"法宝"的各个步骤，这些都是你开始全新生活的基础。记住，你没有必要陷入混乱的泥潭里。你之前学习到的教训就像降落伞一样，能够跨越任何困境。

当你最终"降落"在你想要去的地方，在接触地面后依然继续向前奔跑。你可以将拉升你的降落伞甩掉，为接受全新的挑战设定目标，将目光放在光明的地平线上，怀着无限的决心、乐观精神与能量，去实现你的梦想与目标。

准备践行"没有任何借口"原则的人们，祝你们好运！你们能为别人树立榜样。这并非是本书的"结束"，而仅仅是一个"开始"——你将过上对自己负责、有目标、正直的人生。愿上天保佑你们！勇敢前进，去努力改变世界吧！

关于作者

杰伊·瑞芬博瑞，一位丈夫兼父亲，也是一位职业演说家、培训师、咨询师与瑞芬博瑞培训与发展中心机构的创始人与主席。他毕业于西点军校，是一位经验丰富的空降兵与陆军指挥官。他还是一位顶尖的专业销售人员、企业经理与企业家。

杰伊在他的每一场演说与培训课程上，都在人际交往能力、军事经验与商业头脑方面提出了独特的观点。他是公认的个人发展与成功、自我激励、领袖能力、沟通能力、团队建设、家庭与人际关系等方面的专家。杰伊曾在不少世界500强企业、直营或是网络营销机构、协会、政府与许多高校发表过演说，在国际上享有盛誉。

_ 各界名流荐词

　　这本书非常不错，它传递出了极为重要的信息。它让我们的世界变成一个更美好与简单的所在。

　　　　——罗伯特·麦考密克，斯托克银行高管

　　这本书讲述了一种必备的人生哲学，让读者能够不断成长，成为更好的人。作为一名老师，"没有任何借口"的生活哲学，有助于解决教育过程中出现的难题。

　　　　——查尔斯·金泽尔，萨拉托加教师协会前任
　　　　　　　　　　　　　　　　　　　　　副会长

　　每一位企业家都会为自己从本书中获得的管理知识感到兴奋。

　　　　——格雷格·萨特利夫，萨特利夫汽车公司总裁

杰伊以一种温情、通俗且务实的方式，阐述了取得事业与个人成功的通用方法。他鼓励人们为自己的人生负责，做出健康与务实的选择。这本书能极大地激发读者前进的动力，让他们充满乐观的精神与能量。

——伯纳德·苏利文，医学博士，临床心理学家

这是一本非常棒的书。我对书中的能量与让人着迷的例子印象深刻。

——帕特·威廉姆斯，奥兰多Magic公司资深副总裁

"没有任何借口"的生活哲学是一种极好的商业工具。这是我第一次阅读杰伊的作品，但他这本书却给我的整个家庭带来了极大的帮助。他在传递这些信息的过程中显现的激情，让年龄从十岁到八十多岁的人都为之落泪与欢笑。它充满了家庭与工作的知识瑰宝。

——格夫·扬西，纽约州副州长的前任候选人

本书以充满热情与积极的方式，阐述了为自我负责的观点！杰伊在本书讲了很多发生在自己身上的故事。本书并没有只说"赶紧去做吧！"，也没有讲一些不痛不痒的故事。相反，它提供了许多如何通过对自我负责，最终取得成就的实用建议。

——爱德华·卡斯卡登，宾夕法尼亚州公共福利部前任办公厅首席秘书

本书提供了一个实用且富有目标的行动计划，帮助读者更好地实现梦想。本书阐述了这样一个观点，即"重视行动，去做最重要的事"。本书通过十二个步骤给予你指引，同时增强你的责任感。

——乔尔·古德曼博士，幽默项目公司的创始人与执行官，
《将幽默注入你的人生》一书的作者

对每一位阅读本书的读者而言，本书的内容将会填补你个人与职业生活的空白。通过杰伊的独特视角以及阐述的原则，本书提出了培养高效领袖与实现更高层次的组织架构的本质。它将会对你的家庭与工作产生持久的影响。

——约翰·布莱克，布莱克国际咨询公司主席

杰伊传递了一个永不过时的理念，并将其变成能助你成功的有用工具。
——马特·欧斯里，欧斯里研究机构的创办人，《向富人进行销售》等书的作者

_给予与索取

我露出一个微笑，这个微笑就会穿越生命波澜壮阔的大海。我无法计算出有多少海浪向我涌来。我在低声絮语时拍了一下别人，说："乌云会散去的。"我觉得自己的生命在那一天的每个小时都得到了别人的祝福。我向那些急需幸福的人发送了一个幸福的思想，我很快就发现自己的内心充盈着幸福的感觉。我睿智地与别人分享了我辛辛苦苦赚来的微薄金钱，却发现别人以百倍的方式返还给我。我帮助别人攀登上一座小山，做了一些小事，却得到了丰硕的回报，得到了一段全新的友情。每天早上起床的时候，我都会思考该怎样才能取得成功。现在，我知道了。当我服务别人的时候，才能更好地前进；当我给予别人的时候，才能收获更多。

——托马斯·盖恩斯